教科書ガイド

東京書籍版

数学I Advanced

TEXT BOOK GUIDE

あすとろ出版

目　次

4章 図形と計量

1節 鋭角の三角比

2節 三角比の拡張

3節 三角形への応用

5章 データの分析

1節 データの散らばりの大きさ

2節 データの相関

3節 データの分析の応用

巻末

探究・活用

はじめに

本書は，東京書籍版教科書「数学Ⅰ　Advanced」の内容を完全に理解し，予習や復習を能率的に進められるように編集した自習書です。

数学の力をもっと身に付けたいと思っているにも関わらず，どうも数学は苦手だとか，授業が難しいと感じているみなさんの予習や復習などのほか，家庭学習に役立てることができるよう編集してあります。

数学の学習は，レンガを積むのと同じです。基礎から一段ずつ積み上げて，理解していくものです。ですから，最初は本書を閉じて，自分自身で問題を考えてみましょう。そして，本書を参考にして改めて考えてみたり，結果が正しいかどうかを確かめたりしましょう。解答を丸写しにするのでは，決して実力はつきません。

本書は，自学自習ができるように，次のような構成になっています。

①**用語のまとめ**　学習項目ごとに，教科書の重要な用語をまとめ，学習の要点が分かるようになっています。

②**解き方のポイント**　内容ごとに，教科書の重要な定理・公式・解き方をまとめ，問題に即して解き方がまとめられるようになっています。

③**考え方**　解法の手がかりとなる着眼点を示してあります。独力で問題が解けなかったときに，これを参考にしてもう一度取り組んでみましょう。

④**解答**　詳しい解答を示してあります。最後の答えだけを見るのではなく，解答の筋道をしっかり理解するように努めましょう。

⑤**別解・参考・注意**　必要に応じて，別解や参考となる事柄，注意点を解説しています。

⑥**プラス＋**　やや進んだ考え方や解き方のテクニック，ヒントを掲載しています。

数学を理解するには，本を読んで覚えるだけでは不十分です。自分でよく考え，計算をしたり問題を解いたりしてみることが大切です。

本書を十分に活用して，数学の基礎力をしっかり身に付けてください。

1章　数と式

1節　式の計算

2節　実数

3節　1次不等式

関連する既習内容

多項式の展開と因数分解

- $(x+a)(x+b)=x^2+(a+b)x+ab$
- $(x+a)^2=x^2+2ax+a^2$
- $(x-a)^2=x^2-2ax+a^2$
- $(x+a)(x-a)=x^2-a^2$

平方根

a, bが正の数のとき

- $a>b$ならば　$\sqrt{a}>\sqrt{b}$
- $\sqrt{a^2b}=a\sqrt{b}$
- $\sqrt{a}\sqrt{b}=\sqrt{ab}$
- $\dfrac{\sqrt{a}}{\sqrt{b}}=\sqrt{\dfrac{a}{b}}$
- $\dfrac{a}{\sqrt{b}}=\dfrac{a\sqrt{b}}{b}$（分母の有理化）

等式の性質

$A=B$ならば

- $A+C=B+C$
- $A-C=B-C$
- $AC=BC$
- $\dfrac{A}{C}=\dfrac{B}{C}$（ただし，$C\neq 0$）

比例式の性質

- $a:b=m:n$ならば　$an=bm$

1節　式の計算

1　単項式と多項式

用語のまとめ

単項式

- 数，文字およびそれらの積として表される式を **単項式** という。単項式において，掛け合わされている文字の個数をその単項式の **次数** といい，数の部分を単項式の **係数** という。

多項式

- 単項式の和として表される式を **多項式** といい，その１つ１つの単項式を多項式の **項** という。
  単項式と多項式を合わせて **整式** ということもある。

多項式の整理

- 多項式において，文字の部分が同じ項を **同類項** といい，同類項を１つにまとめて式を簡単にすることを，多項式を **整理する** という。
- 整理された多項式において，各項の次数のうち最も高いものを，その多項式の **次数** といい，次数が n の多項式を **n 次式** という。
- 多項式の項の中で，文字を含まない項を **定数項** という。
- ある文字に着目して多項式を整理するとき，次数の高い項から順に並べることを **降べきの順** に整理するといい，次数の低い項から順に並べることを **昇べきの順** に整理するという。

● 単項式の次数と係数　　　　**解き方のポイント**

次数　×のついた式で表して，掛け合わされた文字の個数を数える。
係数　単項式の数の部分を答える。

教 p.6

問１　次の単項式の次数と係数を答えよ。

(1)　$5a^4$　　　(2)　xy^3　　　(3)　-7

考え方　(1)　$5a^4=5\times a\times a\times a\times a$ であるから，掛け合わされている文字の個数は４個で，数の部分は５である。

(2)　$xy^3=1\times x\times y\times y\times y$ であるから，掛け合わされている文字の個数は４個で，数の部分は１である。

(3) 定数 -7 は文字を含まない。すなわち，掛け合わされている文字の個数は 0 個である。

解答 (1) **次数は 4，係数は 5**

(2) **次数は 4，係数は 1**

(3) **次数は 0，係数は -7**

次数は文字の指数どうしの和に等しい。x は「x の 1 乗」と考える。文字のみの単項式の係数は 1，数のみの単項式の次数は 0 である。

$xy^3 = x^1y^3$ → 次数は 4（$1+3$）

特定の文字についての次数と係数（単項式）　解き方のポイント

次数　着目する文字についての次数を考える。

係数　着目する文字以外の文字は定数と考え，それらと数の積が係数となる。

教 p.6

問 2　〔 〕内の文字に着目したとき，次の単項式の次数と係数を答えよ。

(1) $4x^2y^3$ 〔y〕　　(2) $-2a^2bc^4$ 〔b と c〕

考え方　着目する文字とそれ以外の部分に分けて考える。

解答 (1) **次数は 3，係数は $4x^2$**

$4x^2y^3 = \underbrace{4x^2}_{\text{係数}} \times y^3$

(2) **次数は 5，係数は $-2a^2$**

$-2a^2bc^4 = \underbrace{-2a^2}_{\text{係数}} \times bc^4$

多項式を整理する　解き方のポイント

同類項の係数どうしを計算して，同類項をまとめる。

教 p.7

問 3　多項式 $3x^2y+4xy-7x^2y+5xy-4$ を整理せよ。

考え方　同類項をもれなく見つけてまとめる。

$3x^2y+4xy-7x^2y+5xy-4$

（$3x^2y$ と $-7x^2y$ が同類項，$4xy$ と $5xy$ が同類項）

解答

$3x^2y+4xy-7x^2y+5xy-4$

$=(3-7)x^2y+(4+5)xy-4$ ← 同類項の係数どうしを計算する。

$=-4x^2y+9xy-4$

特定の文字についての次数と定数項（多項式） 解き方のポイント

次数　着目している文字について整理し，着目している文字の次数を考える。
定数項　着目している文字を含まないすべての項を定数項と考え，それらの項の和で答える。

教 p.7

問4　多項式 $x^3+x^2y-y^2+7x-4y+1$ について，x に着目したときの次数と定数項を答えよ。また，y に着目したときについても答えよ。

考え方　着目している文字について整理する。
定数項は，着目している文字を含まないすべての項の和である。

解答　$x^3+x^2y-y^2+7x-4y+1$ を x に着目して整理すると

$$x^3+yx^2+7x+(-y^2-4y+1)$$

となり

x については，次数は 3 で，定数項は $-y^2-4y+1$

である。

$x^3+x^2y-y^2+7x-4y+1$ を y に着目して整理すると

$$-y^2+(x^2-4)y+(x^3+7x+1)$$

となり

y については，次数は 2 で，定数項は x^3+7x+1

である。

教 p.7

問5　次の多項式を x について降べきの順に整理せよ。

(1)　$5x^2-2+7x^3-3x$　　(2)　$2x^2+5xy+y^2-x+5y-4$

考え方　各項ごとに x についての次数を調べ，次数の高い項から順に並べる。

解答
(1)　$5x^2-2+7x^3-3x$
$=7x^3+5x^2-3x-2$

(2)　$2x^2+5xy+y^2-x+5y-4$
$=2x^2+5xy-x+y^2+5y-4$
$=2x^2+(5y-1)x+(y^2+5y-4)$

2 多項式の加法・減法・乗法

用語のまとめ

累乗と指数

- a をいくつか掛けたものを a の **累乗** という。a を n 個掛けたものを a の n 乗 といい，a^n と表す。このとき，n を a^n の **指数** という。
  特に，$a^1 = a$ である。

式の展開

- 多項式の積を単項式の和の形に表すことを **展開** するという。

多項式の加法・減法　解き方のポイント

括弧を外し，同類項をまとめて，降べきの順に整理する。

教 p.8

問6 次の多項式 A，B について，$A+B$，$A-B$ を求めよ。

(1) $A = x^3 - 4x^2 - 3$，$B = 3x^3 - 5x^2 - x + 3$

(2) $A = 2x^2 + y^2$，$B = -x^2 - 3xy + y^2$

考え方 括弧を外すとき

$+(\quad) \to$ 括弧内の各項の符号はそのまま

$-(\quad) \to$ 括弧内の各項の符号を変える

解答 (1)

$$\begin{aligned} A+B &= (x^3 - 4x^2 - 3) + (3x^3 - 5x^2 - x + 3) \\ &= x^3 - 4x^2 - 3 + 3x^3 - 5x^2 - x + 3 \\ &= x^3 + 3x^3 - 4x^2 - 5x^2 - x - 3 + 3 \\ &= (1+3)x^3 + (-4-5)x^2 - x - 3 + 3 \\ &= \boldsymbol{4x^3 - 9x^2 - x} \end{aligned}$$

括弧を外す
降べきの順に整理する
同類項をまとめる

$$\begin{aligned} A-B &= (x^3 - 4x^2 - 3) - (3x^3 - 5x^2 - x + 3) \\ &= x^3 - 4x^2 - 3 - 3x^3 + 5x^2 + x - 3 \\ &= x^3 - 3x^3 - 4x^2 + 5x^2 + x - 3 - 3 \\ &= (1-3)x^3 + (-4+5)x^2 + x - 3 - 3 \\ &= \boldsymbol{-2x^3 + x^2 + x - 6} \end{aligned}$$

(2)

$$\begin{aligned} A+B &= (2x^2 + y^2) + (-x^2 - 3xy + y^2) \\ &= 2x^2 + y^2 - x^2 - 3xy + y^2 \\ &= 2x^2 - x^2 - 3xy + y^2 + y^2 \\ &= (2-1)x^2 - 3xy + (1+1)y^2 \\ &= \boldsymbol{x^2 - 3xy + 2y^2} \end{aligned}$$

$$
\begin{aligned}
A-B&=(2x^2+y^2)-(-x^2-3xy+y^2)\\
&=2x^2+y^2+x^2+3xy-y^2\\
&=2x^2+x^2+3xy+y^2-y^2\\
&=(2+1)x^2+3xy+(1-1)y^2\\
&=3x^2+3xy
\end{aligned}
$$

別解 次のような形式で計算することもできる。

このとき，同類項が縦に並ぶように書き，同類項がないときはあけておく。

(1) $A+B$

$$
\begin{array}{rrrrr}
 & x^3 & -4x^2 & & -3\\
+) & 3x^3 & -5x^2 & -x & +3\\ \hline
 & 4x^3 & -9x^2 & -x &
\end{array}
$$

$A-B$

$$
\begin{array}{rrrrr}
 & x^3 & -4x^2 & & -3\\
-) & 3x^3 & -5x^2 & -x & +3\\ \hline
 & -2x^3 & +x^2 & +x & -6
\end{array}
$$

(2) $A+B$

$$
\begin{array}{rrrr}
 & 2x^2 & & +y^2\\
+) & -x^2 & -3xy & +y^2\\ \hline
 & x^2 & -3xy & +2y^2
\end{array}
$$

$A-B$

$$
\begin{array}{rrrr}
 & 2x^2 & & +y^2\\
-) & -x^2 & -3xy & +y^2\\ \hline
 & 3x^2 & +3xy &
\end{array}
$$

教 p.8

問7 $A=3x^2+2x+1$，$B=-x^2+3x-5$ のとき，次の式を計算せよ。

(1) $A+3B$　　(2) $2A-B$　　(3) $5(A-B)-3A$

考え方 (3) 括弧を外して式を整理してから，A，B の式を代入する。

解 答 (1)
$$
\begin{aligned}
A+3B&=(3x^2+2x+1)+3(-x^2+3x-5)\\
&=3x^2+2x+1-3x^2+9x-15\\
&=(3-3)x^2+(2+9)x+1-15\\
&=11x-14
\end{aligned}
$$

(2)
$$
\begin{aligned}
2A-B&=2(3x^2+2x+1)-(-x^2+3x-5)\\
&=6x^2+4x+2+x^2-3x+5\\
&=(6+1)x^2+(4-3)x+2+5\\
&=7x^2+x+7
\end{aligned}
$$

(3)
$$
\begin{aligned}
5(A-B)-3A&=5A-5B-3A\\
&=2A-5B\\
&=2(3x^2+2x+1)-5(-x^2+3x-5)\\
&=6x^2+4x+2+5x^2-15x+25\\
&=(6+5)x^2+(4-15)x+2+25\\
&=11x^2-11x+27
\end{aligned}
$$

● **指数法則** 解き方のポイント

m, n が正の整数のとき

$$a^m a^n = a^{m+n},\quad (a^m)^n = a^{mn},\quad (ab)^n = a^n b^n$$

教 p.9

問8 次の計算をせよ。

(1) $a^6 \times a^2$　　(2) $(ab^3)^3$

(3) $(x^3)^5 \times x^2$　　(4) $x^3 \times (x^2y^3)^4 \times y^2$

解答 (1) $a^6 \times a^2 = a^{6+2} = a^8$

(2) $(ab^3)^3 = a^3(b^3)^3 = a^3b^{3\times3} = a^3b^9$

(3) $(x^3)^5 \times x^2 = x^{3\times5} \times x^2 = x^{15} \times x^2 = x^{15+2} = x^{17}$

(4) $x^3 \times (x^2y^3)^4 \times y^2 = x^3 \times (x^2)^4(y^3)^4 \times y^2$

$= x^3 \times x^{2\times4} \times y^{3\times4} \times y^2$

$= x^3 \times x^8 \times y^{12} \times y^2$

$= x^{3+8} \times y^{12+2}$

$= x^{11}y^{14}$

● **単項式の乗法** 解き方のポイント

単項式の積は，係数，文字の部分の積をそれぞれ計算する。

教 p.9

問9 次の計算をせよ。

(1) $2a^3 \times \dfrac{1}{4}a^4$　　(2) $4a^2b^4 \times (-a^6b)$

(3) $(-3x^2)^4 \times (x^3)^2$　　(4) $64x^3y \times \left(\dfrac{1}{2}xy^2\right)^5$

解答 (1) $2a^3 \times \dfrac{1}{4}a^4 = 2 \times \dfrac{1}{4} \times a^3a^4 = \dfrac{1}{2}a^7$

(2) $4a^2b^4 \times (-a^6b) = 4 \times (-1) \times a^2a^6b^4b = -4a^8b^5$

(3) $(-3x^2)^4 \times (x^3)^2 = (-3)^4(x^2)^4 \times x^6 = 81 \times x^8x^6 = 81x^{14}$

(4) $64x^3y \times \left(\dfrac{1}{2}xy^2\right)^5 = 64x^3y \times \left(\dfrac{1}{2}\right)^5 x^5(y^2)^5$

$= 64 \times \dfrac{1}{32} \times x^3x^5yy^{10}$

$= 2x^8y^{11}$

式の展開　　解き方のポイント

多項式の積を計算するには，次の分配法則を用いる。

$$A(B+C)=AB+AC,\quad (A+B)C=AC+BC$$

教 p.10

問 10　次の式を展開せよ。

(1)　$3x(2x-7)$　　(2)　$(3x^2-2x+1)\times 5x^3$

(3)　$-4xy(2x^2-xy+y^2)$

解 答

(1)　$3x(2x-7)=3x\cdot 2x+3x\cdot(-7)=\boldsymbol{6x^2-21x}$

(2)　$(3x^2-2x+1)\times 5x^3=3x^2\cdot 5x^3-2x\cdot 5x^3+1\cdot 5x^3$

$=\boldsymbol{15x^5-10x^4+5x^3}$

(3)　$-4xy(2x^2-xy+y^2)=-4xy\cdot 2x^2-4xy\cdot(-xy)-4xy\cdot y^2$

$=\boldsymbol{-8x^3y+4x^2y^2-4xy^3}$

教 p.10

問 11　次の式を展開せよ。

(1)　$(x+6)(2x+3)$　　(2)　$(5x-4)(3x+7)$

(3)　$(x+4)(2x^2-8x+5)$　　(4)　$(2x-7)(4x^2-2x+3)$

考え方　分配法則を用いて展開する。

解 答

(1)　$(x+6)(2x+3)=x(2x+3)+6(2x+3)$

$=2x^2+3x+12x+18$

$=2x^2+(3+12)x+18$

$=\boldsymbol{2x^2+15x+18}$

(2)　$(5x-4)(3x+7)=5x(3x+7)-4(3x+7)$

$=15x^2+35x-12x-28$

$=15x^2+(35-12)x-28$

$=\boldsymbol{15x^2+23x-28}$

(3)　$(x+4)(2x^2-8x+5)=x(2x^2-8x+5)+4(2x^2-8x+5)$

$=2x^3-8x^2+5x+8x^2-32x+20$

$=2x^3+(-8+8)x^2+(5-32)x+20$

$=\boldsymbol{2x^3-27x+20}$

(4)　$(2x-7)(4x^2-2x+3)=2x(4x^2-2x+3)-7(4x^2-2x+3)$

$=8x^3-4x^2+6x-28x^2+14x-21$

$=8x^3+(-4-28)x^2+(6+14)x-21$

$=\boldsymbol{8x^3-32x^2+20x-21}$

別解 次のような形式で計算することもできる。

(3)
$$\begin{array}{rrrr} & 2x^2 & -8x & +5 \\ \times) & & x & +4 \\ \hline 2x^3 & -8x^2 & +5x & \\ & 8x^2 & -32x & +20 \\ \hline 2x^3 & & -27x & +20 \end{array}$$

(4)
$$\begin{array}{rrrr} & 4x^2 & -2x & +3 \\ \times) & & 2x & -7 \\ \hline 8x^3 & -4x^2 & +6x & \\ & -28x^2 & +14x & -21 \\ \hline 8x^3 & -32x^2 & +20x & -21 \end{array}$$

● 乗法公式(1) 解き方のポイント

[1] $(a+b)^2=a^2+2ab+b^2$　　[2] $(a-b)^2=a^2-2ab+b^2$

[3] $(a+b)(a-b)=a^2-b^2$　　[4] $(x+a)(x+b)=x^2+(a+b)x+ab$

教 p.11

問12 次の式を展開せよ。

(1) $(3x+y)^2$　　(2) $(8x-3y)^2$

(3) $(6x+5y)(6x-5y)$　　(4) $(x+2)(x-7)$

解答

(1) $(3x+y)^2=(3x)^2+2\cdot3x\cdot y+y^2=\boldsymbol{9x^2+6xy+y^2}$

(2) $(8x-3y)^2=(8x)^2-2\cdot8x\cdot3y+(3y)^2=\boldsymbol{64x^2-48xy+9y^2}$

(3) $(6x+5y)(6x-5y)=(6x)^2-(5y)^2=\boldsymbol{36x^2-25y^2}$

(4) $(x+2)(x-7)=x^2+(2-7)x+2\cdot(-7)=\boldsymbol{x^2-5x-14}$

● 乗法公式(2) 解き方のポイント

[5] $(ax+b)(cx+d)=acx^2+(ad+bc)x+bd$

教 p.11

問13 次の式を展開せよ。

(1) $(2x+1)(5x+2)$　　(2) $(3x-4)(2x+5)$

解答

(1)
$$\begin{aligned}&(2x+1)(5x+2)\\&=2\cdot5x^2+(2\cdot2+1\cdot5)x+1\cdot2\\&=\boldsymbol{10x^2+9x+2}\end{aligned}$$

$2\cdot2$ / $(2x+1)(5x+2)$ / $1\cdot5$

(2)
$$\begin{aligned}&(3x-4)(2x+5)\\&=3\cdot2x^2+(3\cdot5-4\cdot2)x-4\cdot5\\&=\boldsymbol{6x^2+7x-20}\end{aligned}$$

$3\cdot5$ / $(3x-4)(2x+5)$ / $(-4)\cdot2$

教 p.12

問14 次の式を展開せよ。

(1) $(x-3y)(4x-y)$　　(2) $(4x+y)(3x-2y)$

解答 (1) $(x-3y)(4x-y)=4x^2+\{1\cdot(-1)-3\cdot4\}xy-3\cdot(-1)y^2$

$=4x^2-13xy+3y^2$

(2) $(4x+y)(3x-2y)=4\cdot3x^2+\{4\cdot(-2)+1\cdot3\}xy+1\cdot(-2)y^2$

$=12x^2-5xy-2y^2$

教 p.12

問15 次の式を展開せよ。

(1) $(a+b)(a+b-5)$　　(2) $(a-b+3)(a-b-7)$

(3) $(x-y-z)(x+y-z)$　　(4) $(x+y-z)(x-y+z)$

考え方 式の一部をひとまとめにして，1つの文字のように見なし，分配法則，乗法公式を用いる。

(3), (4) 公式が使えるように式を整理する。

(3) $x-y-z=(x-z)-y$, $x+y-z=(x-z)+y$

(4) $x+y-z=x+(y-z)$, $x-y+z=x-(y-z)$

解答 (1) $(a+b)(a+b-5)=(a+b)\{(a+b)-5\}$

$=(a+b)^2-5(a+b)$

$=a^2+2ab+b^2-5a-5b$

(2) $(a-b+3)(a-b-7)=\{(a-b)+3\}\{(a-b)-7\}$

$=(a-b)^2-4(a-b)-21$

$=a^2-2ab+b^2-4a+4b-21$

(3) $(x-y-z)(x+y-z)=(x-z-y)(x-z+y)$

$=\{(x-z)-y\}\{(x-z)+y\}$

$=(x-z)^2-y^2$

$=x^2-2xz+z^2-y^2$

(4) $(x+y-z)(x-y+z)=\{x+(y-z)\}\{x-(y-z)\}$

$=x^2-(y-z)^2$

$=x^2-(y^2-2yz+z^2)$

$=x^2-y^2+2yz-z^2$

● 3つの項の式の平方 …… 解き方のポイント

$(a+b+c)^2=a^2+b^2+c^2+2ab+2bc+2ca$

教 p.12

問 16 次の式を展開せよ。

(1) $(a+b-c)^2$　　(2) $(a-b-c)^2$

(3) $(x-2y+3z)^2$

考え方 答えは，**輪環の順** に整理して答える。

解 答 (1)
$$(a+b-c)^2 \longleftarrow \{a+b+(-c)\}^2$$
$$=a^2+b^2+(-c)^2+2\cdot a\cdot b+2\cdot b\cdot(-c)+2\cdot(-c)\cdot a$$
$$=\boldsymbol{a^2+b^2+c^2+2ab-2bc-2ca}$$

(2)
$$(a-b-c)^2 \longleftarrow \{a+(-b)+(-c)\}^2$$
$$=a^2+(-b)^2+(-c)^2+2\cdot a\cdot(-b)+2\cdot(-b)\cdot(-c)+2\cdot(-c)\cdot a$$
$$=\boldsymbol{a^2+b^2+c^2-2ab+2bc-2ca}$$

(3)
$$(x-2y+3z)^2$$
$$=x^2+(-2y)^2+(3z)^2+2\cdot x\cdot(-2y)+2\cdot(-2y)\cdot 3z+2\cdot 3z\cdot x$$
$$=\boldsymbol{x^2+4y^2+9z^2-4xy-12yz+6zx}$$

教 p.13

問 17 例題 2 (1)の 4 つの多項式の積を 2 つずつの積に分ける方法は，上の方法のほかに次の 2 通り（省略）ある。①，②の手順にしたがって展開せよ。

解 答 ①
$$(x+2)(x+3)(x-2)(x-3)$$
$$=\{(x+2)(x+3)\}\{(x-2)(x-3)\}$$
$$=(x^2+5x+6)(x^2-5x+6)$$
$$=\{(x^2+6)+5x\}\{(x^2+6)-5x\}$$
$$=(x^2+6)^2-25x^2$$
$$=x^4+12x^2+36-25x^2$$
$$=\boldsymbol{x^4-13x^2+36}$$

②
$$(x+2)(x+3)(x-2)(x-3)$$
$$=\{(x+2)(x-3)\}\{(x+3)(x-2)\}$$
$$=(x^2-x-6)(x^2+x-6)$$
$$=\{(x^2-6)-x\}\{(x^2-6)+x\}$$
$$=(x^2-6)^2-x^2$$
$$=x^4-12x^2+36-x^2$$
$$=\boldsymbol{x^4-13x^2+36}$$

教 p.13

問 18　次の式を展開せよ。

(1)　$(x+2)(x+5)(x-2)(x-5)$　(2)　$(x+1)(x+2)(x+3)(x+4)$

(3)　$(a+2b)^2(a-2b)^2$　(4)　$(2x-3y)^2(2x+3y)^2$

考え方　(1), (2)　積の順序を工夫して，共通な項ができるようにする。

(3), (4)　$A^2B^2=(AB)^2$ を利用する。

解 答　(1)　
$$\begin{aligned}(x+2)(x+5)(x-2)(x-5) &= \{(x+2)(x+5)\}\{(x-2)(x-5)\}\\ &= (x^2+7x+10)(x^2-7x+10)\\ &= \{(x^2+10)+7x\}\{(x^2+10)-7x\}\\ &= (x^2+10)^2-(7x)^2\\ &= x^4+20x^2+100-49x^2\\ &= \boldsymbol{x^4-29x^2+100}\end{aligned}$$

(2)　
$$\begin{aligned}(x+1)(x+2)(x+3)(x+4) &= \{(x+1)(x+4)\}\{(x+2)(x+3)\}\\ &= (x^2+5x+4)(x^2+5x+6)\\ &= \{(x^2+5x)+4\}\{(x^2+5x)+6\}\\ &= (x^2+5x)^2+10(x^2+5x)+24\\ &= x^4+10x^3+25x^2+10x^2+50x+24\\ &= \boldsymbol{x^4+10x^3+35x^2+50x+24}\end{aligned}$$

(3)　
$$\begin{aligned}(a+2b)^2(a-2b)^2 &= \{(a+2b)(a-2b)\}^2\\ &= (a^2-4b^2)^2\\ &= \boldsymbol{a^4-8a^2b^2+16b^4}\end{aligned}$$

(4)　
$$\begin{aligned}(2x-3y)^2(2x+3y)^2 &= \{(2x-3y)(2x+3y)\}^2\\ &= (4x^2-9y^2)^2\\ &= \boldsymbol{16x^4-72x^2y^2+81y^4}\end{aligned}$$

別解　(1)　
$$\begin{aligned}(x+2)(x+5)(x-2)(x-5) &= \{(x+2)(x-2)\}\{(x+5)(x-5)\}\\ &= (x^2-4)(x^2-25)\\ &= x^4-29x^2+100\end{aligned}$$

教 p.13

問 19　$(a^2+1)(a+1)(a-1)$ を展開せよ。

考え方　$(A+B)(A-B)=A^2-B^2$ を繰り返し利用する。

解 答　
$$\begin{aligned}(a^2+1)(a+1)(a-1) &= (a^2+1)(a^2-1)\\ &= (a^2)^2-1^2\\ &= \boldsymbol{a^4-1}\end{aligned}$$

3 因数分解

用語のまとめ

因数分解

- 多項式を 1 次以上のいくつかの多項式の積の形に表すことを **因数分解** するという。このとき，積をつくる各多項式をもとの多項式の **因数** という。

● 共通因数をくくり出すこと ……… **解き方のポイント**

多項式の各項に共通な因数があるとき，分配法則を用いて，それを括弧の外にくくり出すことで多項式を因数分解することができる。

$$AB + AC = A(B + C)$$

教 p.14

問 20 次の式を因数分解せよ。

(1) $9a^2b - 6ac$ (2) $3xyz^2 + xy$

(3) $3a^3b^2 - 6a^2b^3 + 12a^2b^2c$

解答 (1) $9a^2b - 6ac = 3a \cdot 3ab - 3a \cdot 2c$

$= 3a(3ab - 2c)$

(2) $3xyz^2 + xy = xy \cdot 3z^2 + xy \cdot 1$

$= xy(3z^2 + 1)$

(3) $3a^3b^2 - 6a^2b^3 + 12a^2b^2c = 3a^2b^2 \cdot a - 3a^2b^2 \cdot 2b + 3a^2b^2 \cdot 4c$

$= 3a^2b^2(a - 2b + 4c)$

注意 (1) は $a(9ab - 6c)$ としても因数分解したことになるが，括弧の中に共通因数 3 が残っている。このような場合には，3 を括弧の外にくくり出して，できる限り因数分解する。

教 p.14

問 21 次の式を因数分解せよ。

(1) $(x + 5y)y - (x + 5y)z$ (2) $4x(y - 2) + y - 2$

(3) $(3a - b)x - 3a + b$ (4) $a(b - c) - 2c + 2b$

考え方 式の一部をひとまとめにして，1 つの文字のように見なすことにより，共通因数をくくり出して因数分解する。

解答 (1) $(x + 5y)y - (x + 5y)z = (x + 5y)(y - z)$

(2) $4x(y-2)+y-2=4x(y-2)+(y-2)$
$=(4x+1)(y-2)$
$y-2=1\cdot(y-2)$

(3) $(3a-b)x-3a+b=(3a-b)x-(3a-b)$
$=(3a-b)(x-1)$
$-(3a-b)=-1\cdot(3a-b)$

(4) $a(b-c)-2c+2b=a(b-c)+(2b-2c)$
$=a(b-c)+2(b-c)$
$=(a+2)(b-c)$

因数分解の公式(1) 解き方のポイント

1 $a^2+2ab+b^2=(a+b)^2$

2 $a^2-2ab+b^2=(a-b)^2$

3 $a^2-b^2=(a+b)(a-b)$

4 $x^2+(a+b)x+ab=(x+a)(x+b)$

教 p.15

問22 次の式を因数分解せよ。

(1) $16x^2+8x+1$ (2) $4x^2-28xy+49y^2$

(3) $64x^2-81y^2$ (4) $x^2+13x-30$

解答 (1) $16x^2+8x+1=(4x)^2+2\cdot4x\cdot1+1^2$
$=(4x+1)^2$

(2) $4x^2-28xy+49y^2=(2x)^2-2\cdot2x\cdot7y+(7y)^2$
$=(2x-7y)^2$

(3) $64x^2-81y^2=(8x)^2-(9y)^2$
$=(8x+9y)(8x-9y)$

(4) $x^2+13x-30=x^2+\{(-2)+15\}x+(-2)\cdot15$
$=(x-2)(x+15)$

教 p.15

問23 次の式を因数分解せよ。

(1) $25x^4-4x^2y^2$ (2) $ax^2+12ax+36a$

(3) x^3-2x^2-48x (4) $(a-b)x^2+(b-a)y^2$

考え方 はじめに共通因数をくくり出してから，因数分解の公式 1 ～ 4 を用いる。

解答 (1) $25x^4-4x^2y^2=x^2(25x^2-4y^2)$
$=x^2\{(5x)^2-(2y)^2\}$
$=x^2(5x+2y)(5x-2y)$

(2) $ax^2+12ax+36a=a(x^2+12x+36)$
$=a(x^2+2\cdot x\cdot 6+6^2)$
$=a(x+6)^2$

(3) $x^3-2x^2-48x=x(x^2-2x-48)$
$=x\{x^2+(6-8)x+6\cdot(-8)\}$
$=x(x+6)(x-8)$

(4) $(a-b)x^2+(b-a)y^2=(a-b)x^2-(a-b)y^2$
$=(a-b)(x^2-y^2)$
$=(a-b)(x+y)(x-y)$

● 因数分解の公式(2)　　解き方のポイント

5　$acx^2+(ad+bc)x+bd=(ax+b)(cx+d)$

x^2 の係数が ac，定数項が bd，x の係数が $ad+bc$ となるような a，b，c，d の組を，右のような形式の計算を用いて求める。

このような方法を たすき掛け の方法という。

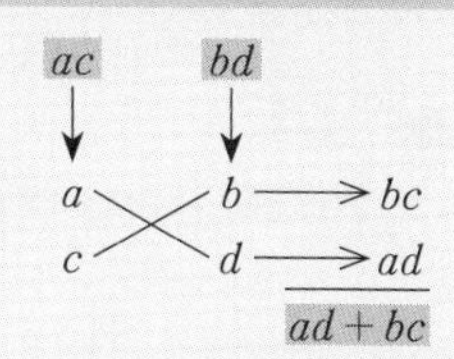

教 p.16

問 24　次の式を因数分解せよ。

(1) $2x^2+3x+1$　　(2) $3x^2-5x-2$

(3) $5x^2+7x-6$　　(4) $8x^2+6x-5$

(5) $6x^2-5x-6$　　(6) $4x^2-16x+15$

解答

(1)
$$\begin{array}{ccccc} 1 & \diagdown\!\!\!\!\diagup & 1 & \longrightarrow & 2 \\ 2 & & 1 & \longrightarrow & 1 \\ \hline & & & & 3 \end{array}$$

したがって　　$2x^2+3x+1=(x+1)(2x+1)$

(2)
$$\begin{array}{ccccc} 1 & \diagdown\!\!\!\!\diagup & -2 & \longrightarrow & -6 \\ 3 & & 1 & \longrightarrow & 1 \\ \hline & & & & -5 \end{array}$$

したがって　　$3x^2-5x-2=(x-2)(3x+1)$

(3)
$$\begin{array}{ccccc} 1 & \diagdown\!\!\!\!\diagup & 2 & \longrightarrow & 10 \\ 5 & & -3 & \longrightarrow & -3 \\ \hline & & & & 7 \end{array}$$

したがって　　$5x^2+7x-6=(x+2)(5x-3)$

(4)
$$\begin{array}{ccccc} 2 & \diagdown\!\!\!\diagup & -1 & \longrightarrow & -4 \\ 4 & & 5 & \longrightarrow & 10 \\ \hline & & & & 6 \end{array}$$

したがって　$8x^2+6x-5=(2x-1)(4x+5)$

(5)
$$\begin{array}{ccccc} 2 & \diagdown\!\!\!\diagup & -3 & \longrightarrow & -9 \\ 3 & & 2 & \longrightarrow & 4 \\ \hline & & & & -5 \end{array}$$

したがって　$6x^2-5x-6=(2x-3)(3x+2)$

(6)
$$\begin{array}{ccccc} 2 & \diagdown\!\!\!\diagup & -3 & \longrightarrow & -6 \\ 2 & & -5 & \longrightarrow & -10 \\ \hline & & & & -16 \end{array}$$

したがって　$4x^2-16x+15=(2x-3)(2x-5)$

教 p.17

問 25　次の式を因数分解せよ。

(1) $7x^2+11xy+4y^2$　　(2) $12x^2-xy-6y^2$

考え方　x についての 2 次式と考えて，因数分解の公式 5 を用いる。

(1) $7x^2+11xy+4y^2$

x の係数は $11y$，定数項は $4y^2$

(2) $12x^2-xy-6y^2$

x の係数は $-y$，定数項は $-6y^2$

解　答　(1)
$$\begin{array}{ccccc} 1 & \diagdown\!\!\!\diagup & y & \longrightarrow & 7y \\ 7 & & 4y & \longrightarrow & 4y \\ \hline & & & & 11y \end{array}$$

したがって　$7x^2+11xy+4y^2=(x+y)(7x+4y)$

(2)
$$\begin{array}{ccccc} 3 & \diagdown\!\!\!\diagup & 2y & \longrightarrow & 8y \\ 4 & & -3y & \longrightarrow & -9y \\ \hline & & & & -y \end{array}$$

したがって　$12x^2-xy-6y^2=(3x+2y)(4x-3y)$

教 p.17

問 26　次の式を因数分解せよ。

(1) $(a+4b)^2-b^2$　　(2) $9x^2-(y-z)^2$

(3) $(x-y)^2+4(x-y)-45$　　(4) $(2a+b)(2a+b-9)+20$

考え方　式の一部をひとまとめにして，1 つの文字のように見なすことにより，因数分解の公式を用いる。

解答 (1) $(a+4b)^2-b^2=\{(a+4b)+b\}\{(a+4b)-b\}$ ← $A^2-B^2=(A+B)(A-B)$

$=(a+5b)(a+3b)$

(2) $9x^2-(y-z)^2=(3x)^2-(y-z)^2$

$=\{3x+(y-z)\}\{3x-(y-z)\}$

$=(3x+y-z)(3x-y+z)$

(3) $(x-y)^2+4(x-y)-45$

$=\{(x-y)-5\}\{(x-y)+9\}$ ← $A^2+4A-45=(A-5)(A+9)$

$=(x-y-5)(x-y+9)$

(4) $(2a+b)(2a+b-9)+20$

$=(2a+b)\{(2a+b)-9\}+20$

$=(2a+b)^2-9(2a+b)+20$

$=\{(2a+b)-4\}\{(2a+b)-5\}$ ← $A^2-9A+20=(A-4)(A-5)$

$=(2a+b-4)(2a+b-5)$

教 p.18

問 27 次の式を因数分解せよ。

(1) $4xy^2-4y^2-x+1$ (2) $a^3-9ab^2+a^2c-9b^2c$

考え方 2つ以上の文字を含む多項式においては，最も次数の低い文字について整理する。

(1) x について1次式，y について2次式である。

(2) a について3次式，b について2次式，c について1次式である。

解答 (1) $4xy^2-4y^2-x+1=(4y^2-1)x+(-4y^2+1)$ ← x について整理する

$=(4y^2-1)x-(4y^2-1)$

$=(4y^2-1)(x-1)$

$=\{(2y)^2-1^2\}(x-1)$

$=(2y+1)(2y-1)(x-1)$

(2) $a^3-9ab^2+a^2c-9b^2c=(a^2-9b^2)c+(a^3-9ab^2)$ ← c について整理する

$=(a^2-9b^2)c+a(a^2-9b^2)$

$=(a^2-9b^2)(c+a)$

$=\{a^2-(3b)^2\}(c+a)$

$=(a+3b)(a-3b)(a+c)$

教 p.18

問 28　例題 5 の式を，y について整理して因数分解せよ。

解答

$$\begin{aligned}&2x^2+9xy+4y^2+5x+6y+2\\&=4y^2+(9x+6)y+(2x^2+5x+2)\\&=4y^2+(9x+6)y+(x+2)(2x+1)\\&=\{y+(2x+1)\}\{4y+(x+2)\}\\&=(2x+y+1)(x+4y+2)\end{aligned}$$

$$\begin{array}{ccccc}1 & \times & 2x+1 & \longrightarrow & 8x+4\\4 & & x+2 & \longrightarrow & x+2\\\hline & & & & 9x+6\end{array}$$

注意　どちらの文字について整理しても，因数分解した結果は同じになる。

教 p.18

問 29　次の式を因数分解せよ。

(1)　$2x^2+5xy+2y^2-5x-y-3$　(2)　$2x^2-xy-y^2+5x+y+2$

考え方　最も次数の低い文字が 2 つ以上あるときは，そのうちの 1 つの文字について整理する。

解答

(1)

$$\begin{aligned}&2x^2+5xy+2y^2-5x-y-3\\&=2x^2+(5y-5)x+(2y^2-y-3)\\&=2x^2+(5y-5)x+(y+1)(2y-3)\\&=\{x+(2y-3)\}\{2x+(y+1)\}\\&=(x+2y-3)(2x+y+1)\end{aligned}$$

x について整理する

定数項を因数分解する

$$\begin{array}{ccccc}1 & \times & 2y-3 & \longrightarrow & 4y-6\\2 & & y+1 & \longrightarrow & y+1\\\hline & & & & 5y-5\end{array}$$

(2)

$$\begin{aligned}&2x^2-xy-y^2+5x+y+2\\&=2x^2+(-y+5)x-(y^2-y-2)\\&=2x^2+(-y+5)x-(y-2)(y+1)\\&=\{x-(y-2)\}\{2x+(y+1)\}\\&=(x-y+2)(2x+y+1)\end{aligned}$$

$$\begin{array}{ccccc}1 & \times & -(y-2) & \longrightarrow & -2y+4\\2 & & y+1 & \longrightarrow & y+1\\\hline & & & & -y+5\end{array}$$

教 p.19

問 30　$a(b^2+c^2)+b(c^2+a^2)+c(a^2+b^2)+2abc$ を因数分解せよ。

考え方　この式は a，b，c のどの文字についても 2 次式であるから，例えば，a について整理する。

解答

$$\begin{aligned}&a(b^2+c^2)+b(c^2+a^2)+c(a^2+b^2)+2abc\\&=(b+c)a^2+(b^2+2bc+c^2)a+(b^2c+bc^2)\\&=(b+c)a^2+(b+c)^2a+bc(b+c)\\&=(b+c)\{a^2+(b+c)a+bc\}\\&=(b+c)(a+b)(a+c)\\&=(a+b)(b+c)(c+a)\end{aligned}$$

輪環の順に整理する

問　題　　教 p.19

1　2つの多項式の和が $6x^3+2x^2-3x-4$，差が $2x^3-6x^2+3x+12$ であるとき，この2つの多項式を求めよ。

考え方　求める2つの多項式を A，B とおくと

$A+B=6x^3+2x^2-3x-4$

$A-B=2x^3-6x^2+3x+12$

である。この2つの式から A，B を求める。

解　答　求める2つの多項式を A，B とおくと

$A+B=6x^3+2x^2-3x-4$　……①

$A-B=2x^3-6x^2+3x+12$　……②

①＋② より　$2A=8x^3-4x^2+8$

$A=4x^3-2x^2+4$

①－② より　$2B=4x^3+8x^2-6x-16$

$B=2x^3+4x^2-3x-8$

したがって，求める2つの多項式は

$\boldsymbol{4x^3-2x^2+4,\ 2x^3+4x^2-3x-8}$

2　次の式を展開せよ。

(1)　$(3x-1)(x^2+7x-5)$　　(2)　$(x^2-x+1)^2$

(3)　$\left(a-2b-\dfrac{1}{2}c\right)\left(a+2b+\dfrac{1}{2}c\right)$　　(4)　$(x-1)(x-2)(x+3)(x+6)$

考え方　(1)　分配法則を用いる。

(2)　公式 $(a+b+c)^2=a^2+b^2+c^2+2ab+2bc+2ca$ を用いる。

(3)　式の一部をひとまとめにして，1つの文字のように見なして乗法公式を用いる。

(4)　積の順序を工夫して，共通な項ができるようにする。

解　答　(1)　$(3x-1)(x^2+7x-5)=3x(x^2+7x-5)-(x^2+7x-5)$

$=3x^3+21x^2-15x-x^2-7x+5$

$=3x^3+21x^2-x^2-15x-7x+5$

$=\boldsymbol{3x^3+20x^2-22x+5}$

(2)　$(x^2-x+1)^2$

$=(x^2)^2+(-x)^2+1^2+2\cdot x^2\cdot(-x)+2\cdot(-x)\cdot 1+2\cdot 1\cdot x^2$

$=x^4+x^2+1-2x^3-2x+2x^2$

$=x^4-2x^3+x^2+2x^2-2x+1$

$=\boldsymbol{x^4-2x^3+3x^2-2x+1}$

(3) $\left(a-2b-\frac{1}{2}c\right)\left(a+2b+\frac{1}{2}c\right)=\left\{a-\left(2b+\frac{1}{2}c\right)\right\}\left\{a+\left(2b+\frac{1}{2}c\right)\right\}$

$$=a^2-\left(2b+\frac{1}{2}c\right)^2$$

$$=a^2-\left(4b^2+2bc+\frac{1}{4}c^2\right)$$

$$=a^2-4b^2-\frac{1}{4}c^2-2bc$$

(4) $(x-1)(x-2)(x+3)(x+6)=\{(x-1)(x+6)\}\{(x-2)(x+3)\}$

$$=(x^2+5x-6)(x^2+x-6)$$

$$=\{(x^2-6)+5x\}\{(x^2-6)+x\}$$

$$=(x^2-6)^2+(5x+x)(x^2-6)+5x\cdot x$$

$$=(x^2-6)^2+6x(x^2-6)+5x^2$$

$$=x^4-12x^2+36+6x^3-36x+5x^2$$

$$=x^4+6x^3-12x^2+5x^2-36x+36$$

$$=x^4+6x^3-7x^2-36x+36$$

3 教科書 16 ページの例 20 において，$3x^2+2x-5=(ax+b)(cx+d)$ を満たす a，b，c，d の組を見つけるとき，$ac=3$ を満たす整数の組として，$\begin{cases}a=1\\c=3\end{cases}$ だけを考えればよい理由を説明せよ。

解答 例 20 では

$$3x^2+2x-5=(x-1)(3x+5) \quad \cdots\cdots ①$$

と因数分解することができた。

a と c の値を入れかえたときは，b，d の値も入れかえて

$\begin{cases}a=3\\c=1\end{cases}$ のとき $\begin{cases}b=5\\d=-1\end{cases}$

とすれば　$ad+bc=2$

となり

$$3x^2+2x-5=(3x+5)(x-1) \quad \cdots\cdots ②$$

と因数分解することができる。

② の右辺は因数の順序は異なるが ① と同じ式である。

a，c それぞれに -1 を掛けたときは，b，d にも -1 を掛けて

$\begin{cases}a=-1\\c=-3\end{cases}$ のとき $\begin{cases}b=1\\d=-5\end{cases}$

とすれば　$ad+bc=2$

となり

$$3x^2+2x-5=(-x+1)(-3x-5) \quad \cdots\cdots ③$$

と因数分解できる。この右辺の因数のそれぞれから -1 をくくり出すと

$$3x^2+2x-5=(x-1)(3x+5)$$

となり，① と同じ式になる。

また，$\begin{cases} a=-3 \\ c=-1 \end{cases}$ のときは，$\begin{cases} b=-5 \\ d=1 \end{cases}$ とすれば，因数の順序は異なるが ③ と同じ式になる。すなわち，① と同じ式になる。

したがって，すべて同じ式になるから，$\begin{cases} a=1 \\ c=3 \end{cases}$ の場合だけを考えればよい。

4 次の式を因数分解せよ。

(1) $4x^3-18x^2-10x$　　(2) $8a^2-2ab-3b^2$

(3) $(x-3)^2+3-x$　　(4) $(x-y)^2-(2x-y)^2$

(5) $4ab^2-a+2b-1$　　(6) $x^2-(a-1)x-a$

(7) $6x^2+7xy+2y^2-x-y-1$　　(8) $a^3-ab^2+b^2c-a^2c$

考え方

(1) 共通因数をくくり出してから公式を用いる。

(2) a についての 2 次式と考えて公式を用いる。

(3) $x-3$ をひとまとめにして，1 つの文字のように見なす。

(4) $x-y$，$2x-y$ をそれぞれひとまとめにして，1 つの文字のように見なす。

(5), (8) 最も次数の低い文字について整理する。

(6) x についての 2 次式と考えて公式を用いる。

(7) x，y どちらの文字についても 2 次式であるから，どちらか 1 つの文字について整理する。

解答

(1) $4x^3-18x^2-10x=2x(2x^2-9x-5)$

$$\begin{array}{ccccc} 2 & \diagdown\!\!\!\!\diagup & 1 & \longrightarrow & 1 \\ 1 & & -5 & \longrightarrow & -10 \\ \hline & & & & -9 \end{array}$$

したがって　$4x^3-18x^2-10x=2x(2x+1)(x-5)$

(2)

$$\begin{array}{ccccc} 2 & \diagdown\!\!\!\!\diagup & b & \longrightarrow & 4b \\ 4 & & -3b & \longrightarrow & -6b \\ \hline & & & & -2b \end{array}$$

したがって　$8a^2-2ab-3b^2=(2a+b)(4a-3b)$

(3) $(x-3)^2+3-x=(x-3)^2-(x-3)$

$$=(x-3)\{(x-3)-1\}$$

$$=(x-3)(x-4)$$

(4) $(x-y)^2-(2x-y)^2=\{(x-y)+(2x-y)\}\{(x-y)-(2x-y)\}$

$=(3x-2y)(-x)$

$=-x(3x-2y)$

(5) a について整理すると ⟵ 最も次数の低い文字は a

$4ab^2-a+2b-1=(4b^2-1)a+(2b-1)$

$=(2b+1)(2b-1)a+(2b-1)$

$=(2b-1)\{(2b+1)a+1\}$

$=(2b-1)(2ab+a+1)$

(6)

$$\begin{array}{ccccc} 1 & \diagdown\!\!\!\diagup & 1 & \longrightarrow & 1 \\ 1 & & -a & \longrightarrow & -a \\ \hline & & & & -(a-1) \end{array}$$

したがって　$x^2-(a-1)x-a=(x+1)(x-a)$

(7) x について整理すると

$6x^2+7xy+2y^2-x-y-1=6x^2+(7y-1)x+(2y^2-y-1)$

$=6x^2+(7y-1)x+(y-1)(2y+1)$

$$\begin{array}{ccccc} 2 & \diagdown\!\!\!\diagup & y-1 & \longrightarrow & 3y-3 \\ 3 & & 2y+1 & \longrightarrow & 4y+2 \\ \hline & & & & 7y-1 \end{array}$$

したがって

$6x^2+7xy+2y^2-x-y-1=(2x+y-1)(3x+2y+1)$

(8) c について整理すると ⟵ 最も次数の低い文字は c

$a^3-ab^2+b^2c-a^2c=(b^2-a^2)c+(a^3-ab^2)$

$=-(a^2-b^2)c+a(a^2-b^2)$

$=(a^2-b^2)(a-c)$

$=(a+b)(a-b)(a-c)$

別解 (3) $(x-3)^2+3-x=(x^2-6x+9)+3-x$

$=x^2-7x+12=(x-3)(x-4)$

(6) 最も次数の低い文字 a について整理すると

$x^2-(a-1)x-a=x^2-ax+x-a=-(x+1)a+(x^2+x)$

$=-(x+1)a+x(x+1)=(x+1)(x-a)$

(7) y について整理すると

$6x^2+7xy+2y^2-x-y-1=2y^2+(7x-1)y+(6x^2-x-1)$

$=2y^2+(7x-1)y+(2x-1)(3x+1)$

$=(2y+3x+1)(y+2x-1)$

$=(3x+2y+1)(2x+y-1)$

複2次式の因数分解 教 p.20

● 複2次式 解き方のポイント

x についての多項式が

ax^4+bx^2+c …… ①

の形に表されるとき，①を **複2次式** という。

教 p.20

問1 次の式を因数分解せよ。

(1) x^4-13x^2+36　　(2) $8x^4+10x^2-3$

考え方 $x^2=X$ とおき，因数分解の公式を用いる。

解答 (1) $x^2=X$ とおくと

$$x^4-13x^2+36=X^2-13X+36=(X-4)(X-9)$$
$$=(x^2-4)(x^2-9)$$
$$=(x+2)(x-2)(x+3)(x-3)$$

(2) $x^2=X$ とおくと

$$8x^4+10x^2-3=8X^2+10X-3$$
$$=(4X-1)(2X+3)$$
$$=(4x^2-1)(2x^2+3)$$
$$=(2x+1)(2x-1)(2x^2+3)$$

4 ╳ −1 → −2
2 ╳ 3 → 12
10

教 p.20

問2 次の式を因数分解せよ。

(1) x^4+x^2+1　　(2) $9x^4-7x^2+1$

考え方 平方の差の形に変形し，$A^2-B^2=(A+B)(A-B)$ を用いる。

解答 (1) $x^4+x^2+1=(x^4+2x^2+1)-x^2$ ←― 平方の形に変形する

$$=(x^2+1)^2-x^2$$
$$=\{(x^2+1)+x\}\{(x^2+1)-x\}$$
$$=(x^2+x+1)(x^2-x+1)$$

（$A^2-B^2=(A+B)(A-B)$）

(2) $9x^4-7x^2+1=(9x^4-6x^2+1)-x^2$

$$=(3x^2-1)^2-x^2$$
$$=\{(3x^2-1)+x\}\{(3x^2-1)-x\}$$
$$=(3x^2+x-1)(3x^2-x-1)$$

発展　3次式の乗法公式と因数分解　教 p.21

● 3次式の乗法公式　解き方のポイント

1. $(a+b)^3=a^3+3a^2b+3ab^2+b^3$
2. $(a-b)^3=a^3-3a^2b+3ab^2-b^3$

教 p.21

問1　公式1，2が成り立つことを確かめよ。

考え方　次のように考えて展開する。

(1) $(a+b)(a+b)^2$　　(2) $(a-b)(a-b)^2$

解答

$$\begin{aligned}(a+b)^3&=(a+b)(a+b)^2\\&=(a+b)(a^2+2ab+b^2)\\&=a(a^2+2ab+b^2)+b(a^2+2ab+b^2)\\&=a^3+2a^2b+ab^2+a^2b+2ab^2+b^3\\&=a^3+3a^2b+3ab^2+b^3\end{aligned}$$

$$\begin{aligned}(a-b)^3&=(a-b)(a-b)^2\\&=(a-b)(a^2-2ab+b^2)\\&=a(a^2-2ab+b^2)-b(a^2-2ab+b^2)\\&=a^3-2a^2b+ab^2-a^2b+2ab^2-b^3\\&=a^3-3a^2b+3ab^2-b^3\end{aligned}$$

教 p.21

問2　次の式を展開せよ。

(1) $(x+1)^3$　　(2) $(2x-y)^3$

解答

(1) $$\begin{aligned}(x+1)^3&=x^3+3\cdot x^2\cdot 1+3\cdot x\cdot 1^2+1^3\\&=x^3+3x^2+3x+1\end{aligned}$$

(2) $$\begin{aligned}(2x-y)^3&=(2x)^3-3\cdot(2x)^2\cdot y+3\cdot 2x\cdot y^2-y^3\\&=8x^3-12x^2y+6xy^2-y^3\end{aligned}$$

● 3次式の因数分解の公式 解き方のポイント

[3] $a^3+b^3=(a+b)(a^2-ab+b^2)$

[4] $a^3-b^3=(a-b)(a^2+ab+b^2)$

教 p.21

問3 公式[3], [4]が成り立つことを，右辺を展開することにより確かめよ。

考え方 分配法則を用いて展開する。

解答

$$\begin{aligned}(a+b)(a^2-ab+b^2)&=a(a^2-ab+b^2)+b(a^2-ab+b^2)\\&=a^3-a^2b+ab^2+a^2b-ab^2+b^3\\&=a^3-a^2b+a^2b+ab^2-ab^2+b^3\\&=a^3+b^3\end{aligned}$$

$$\begin{aligned}(a-b)(a^2+ab+b^2)&=a(a^2+ab+b^2)-b(a^2+ab+b^2)\\&=a^3+a^2b+ab^2-a^2b-ab^2-b^3\\&=a^3+a^2b-a^2b+ab^2-ab^2-b^3\\&=a^3-b^3\end{aligned}$$

教 p.21

問4 次の式を因数分解せよ。

(1) x^3+125　　(2) $64x^3-27y^3$

解答

(1) $$\begin{aligned}x^3+125&=x^3+5^3\\&=(x+5)(x^2-x\cdot5+5^2)\\&=(x+5)(x^2-5x+25)\end{aligned}$$

(2) $$\begin{aligned}64x^3-27y^3&=(4x)^3-(3y)^3\\&=(4x-3y)\{(4x)^2+4x\cdot3y+(3y)^2\}\\&=(4x-3y)(16x^2+12xy+9y^2)\end{aligned}$$

2節　実数

1　実数

用語のまとめ

有理数

- 1, 2, 3, ⋯ を **正の整数** または **自然数**, −1, −2, −3, ⋯ を **負の整数** という。正の整数, 負の整数および 0 を合わせて **整数** という。
- 整数 a と 0 でない整数 b を用いて分数 $\dfrac{a}{b}$ の形に表すことのできる数を **有理数** という。
- それ以上約分できない分数を **既約分数** という。
- 整数でない有理数を小数で表すと **有限小数** になる場合と, 限りなく続く小数になる場合がある。小数点以下の部分が限りなく続く小数を **無限小数** という。特に, 同じ数の並びが繰り返し現れる無限小数を **循環小数** という。

実数

- 整数および有限小数や無限小数で表される数を合わせて **実数** という。
- 実数のうち有理数でないもの, すなわち, 分数で表すことのできない数を **無理数** という。
- 実数の加法と乗法については, 次の計算法則が成り立つ。

交換法則	$a+b=b+a$,	$ab=ba$
結合法則	$(a+b)+c=a+(b+c)$,	$(ab)c=a(bc)$
分配法則	$a(b+c)=ab+ac$,	$(a+b)c=ac+bc$

数直線

- 直線上の点にそれを表す実数を対応させた直線を **数直線**, 0 が対応する点 O を **原点** という。
- 数直線上の点 A に対応する実数 a を点 A の **座標** といい, 座標が a である点 A を $\mathrm{A}(a)$ で表す。

絶対値

- 実数 a に対して, 数直線上に点 $\mathrm{A}(a)$ をとるとき, 原点から点 $\mathrm{A}(a)$ までの距離 OA を a の **絶対値** といい, $|a|$ で表す。

教 p.22

問 1　次の小数を既約分数で表せ。

(1)　2.04　　　(2)　0.625

考え方 分母が10の累乗の分数に直す。約分できるときは約分する。

解　答 (1) $2.04=\dfrac{204}{100}=\dfrac{51}{25}$ 　(2) $0.625=\dfrac{625}{1000}=\dfrac{5}{8}$

教 p.23

問2 次の分数を循環小数の記号・を用いて表せ。

(1) $\dfrac{7}{18}$ 　(2) $\dfrac{2}{11}$ 　(3) $\dfrac{7}{55}$ 　(4) $\dfrac{48}{37}$

考え方 循環小数は循環する部分が分かるように，記号・を用いて表す。
分子を分母で割って小数で表し，循環する部分を見つける。

解　答 (1) $\dfrac{7}{18}=0.38888\cdots=0.3\dot{8}$ 　(2) $\dfrac{2}{11}=0.1818\cdots=0.\dot{1}\dot{8}$

(3) $\dfrac{7}{55}=0.1272727\cdots=0.1\dot{2}\dot{7}$ 　(4) $\dfrac{48}{37}=1.297297\cdots=1.\dot{2}9\dot{7}$

教 p.23

問3 次の循環小数を既約分数で表せ。

(1) $0.\dot{1}\dot{2}$ 　(2) $0.1\dot{2}$ 　(3) $1.\dot{2}3\dot{4}$

考え方 小数の部分が何桁ずつ繰り返されているか考える。

解　答 (1) 小数の部分が2桁ずつ繰り返しているから，$r=0.\dot{1}\dot{2}$ として，$100r$ と r との差を考えると，右の計算より

$$\begin{array}{rrl} & 100r = & 12.1212\cdots \\ -) & r = & 0.1212\cdots \\ \hline & 99r = & 12 \end{array}$$

$$r=\frac{12}{99}=\frac{4}{33}$$

(2) 小数第2位以下の小数の部分が1桁ずつ繰り返しているから，$r=0.1\dot{2}$ として，$10r$ と r との差を考えると，右の計算より

$$\begin{array}{rrl} & 10r = & 1.22222\cdots \\ -) & r = & 0.12222\cdots \\ \hline & 9r = & 1.1 \end{array}$$

$$r=\frac{11}{90}$$

(3) 小数の部分が3桁ずつ繰り返しているから，$r=1.\dot{2}3\dot{4}$ として，$1000r$ と r との差を考えると，右の計算より

$$\begin{array}{rrl} & 1000r = & 1234.234234\cdots \\ -) & r = & 1.234234\cdots \\ \hline & 999r = & 1233 \end{array}$$

$$r=\frac{1233}{999}=\frac{137}{111}$$

教 p.24

問 4　次の数を有理数と無理数に分類せよ。

$\dfrac{1}{7}$　　2π　　$\sqrt{7}$　　$0.2\dot{3}$　　$\sqrt{25}$

考え方　$\sqrt{25}=5$ である。π は無理数である。

解 答　有理数　$\dfrac{1}{7}$, $0.2\dot{3}$, $\sqrt{25}$　　無理数　2π, $\sqrt{7}$

教 p.25

問 5　数直線上に，次の点をとれ。

(1)　A(2)　　(2)　B(−3)　　(3)　$C\left(\dfrac{5}{4}\right)$

解 答

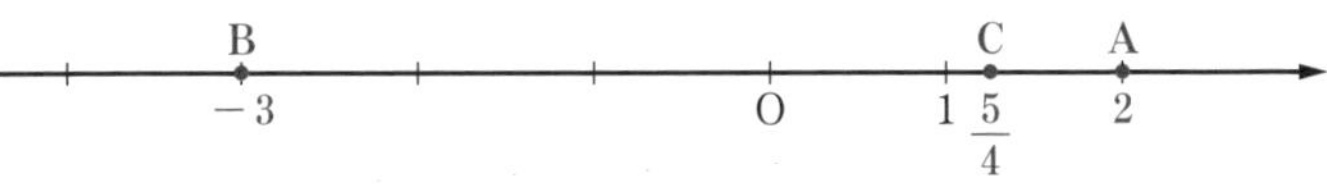

教 p.25

問 6　次の値を答えよ。

(1)　$|2.5|$　　(2)　$\left|-\dfrac{1}{3}\right|$　　(3)　$|0|$

解 答　(1)　$|2.5|=2.5$　　(2)　$\left|-\dfrac{1}{3}\right|=\dfrac{1}{3}$　　(3)　$|0|=0$

● 実数 a の絶対値 …… **解き方のポイント**

$a \geqq 0$ のとき　$|a|=a$　　$a<0$ のとき　$|a|=-a$

教 p.26

問 7　次の値を求めよ。

(1)　$|-4+3|$　　(2)　$\left|\dfrac{1}{3}-\dfrac{1}{4}\right|$　　(3)　$|1-\sqrt{3}|$

解 答　(1)　$|-4+3|=|-1|=-(-1)=1$

(2)　$\left|\dfrac{1}{3}-\dfrac{1}{4}\right|=\left|\dfrac{4}{12}-\dfrac{3}{12}\right|=\left|\dfrac{1}{12}\right|=\dfrac{1}{12}$

(3)　$1-\sqrt{3}<0$ であるから

$$|1-\sqrt{3}|=-(1-\sqrt{3})=-1+\sqrt{3}$$

2点間の距離　解き方のポイント

数直線上の2点 A (a)，B (b) 間の距離 AB は

$$AB = |b - a|$$

教 p.26

問8　次の2点 A，B 間の距離 AB を求めよ。

(1)　A(2)，B(5)　　(2)　A(-2)，B(5)　　(3)　A(-3)，B(-9)

解答　(1)　$AB = |5-2| = |3| = 3$

(2)　$AB = |5-(-2)| = |7| = 7$

(3)　$AB = |-9-(-3)| = |-6| = 6$

絶対値の性質　解き方のポイント

a，b を実数とすると

[1]　$|a| \geqq 0$，$|a| = 0$ となるのは $a = 0$ のときに限る。

[2]　$|-a| = |a|$　　[3]　$|a|^2 = a^2$

[4]　$|ab| = |a||b|$　　[5]　$\left|\dfrac{a}{b}\right| = \dfrac{|a|}{|b|}$　ただし，$b \neq 0$

教 p.26

問9　$a = -2$ のとき，[2]，[3] が成り立つことを確かめよ。

考え方　両辺の値が一致することを示せばよい。

解答　$a = -2$ のとき

$$|-a| = |-(-2)| = |2| = 2,\ |a| = |-2| = -(-2) = 2$$

$$|a|^2 = |-2|^2 = 2^2 = 4,\ a^2 = (-2)^2 = 4$$

であるから，[2]，[3] が成り立つ。

教 p.26

問10　$a = -3$，$b = 2$ のとき，[4]，[5] が成り立つことを確かめよ。

解答　$a = -3$，$b = 2$ のとき

$$|ab| = |(-3)\cdot 2| = |-6| = 6,\ |a||b| = |-3|\cdot|2| = 3\cdot 2 = 6$$

$$\left|\frac{a}{b}\right| = \left|\frac{-3}{2}\right| = \left|-\frac{3}{2}\right| = \frac{3}{2},\ \frac{|a|}{|b|} = \frac{|-3|}{|2|} = \frac{3}{2}$$

であるから，[4]，[5] が成り立つ。

2 根号を含む式の計算

用語のまとめ

平方根

- 実数 a に対して，2 乗（平方）すると a になる数を a の **平方根** という。

(i) $a>0$ のとき，a の平方根は正と負の 2 つあり，正のほうを $\sqrt{a}$，負のほうを $-\sqrt{a}$ と表す。

(ii) $a=0$ のとき，a の平方根は 0 だけであり，$\sqrt{0}=0$ とする。

(iii) $a<0$ のとき，a の平方根は実数の範囲には存在しない。

分母の有理化

- 分母に根号を含む式を，分母が根号を含まない式に変形することを **分母の有理化** という。

整数部分・小数部分

- 実数 a に対して，a を超えない最大の整数を n とすると

$$n \leqq a < n+1$$

が成り立つ。このとき，整数 n を a の **整数部分** といい，$a-n$ を a の **小数部分** という。

教 p.27

問 11 次の値を求めよ。

(1) 17 の平方根　(2) 25 の平方根　(3) $\sqrt{144}$

考え方 $a>0$ のとき，a の平方根は正と負の 2 つあり，$\pm\sqrt{a}$ である。

(3) 144 の平方根のうち，正のほうである。

解答 (1) $\sqrt{17}$ と $-\sqrt{17}$

(2) $\sqrt{25}=5,\ -\sqrt{25}=-5$

であるから，25 の平方根は　5 と -5

(3) $\sqrt{144}=\sqrt{12^2}=12$

● $\sqrt{a^2}$ …… 解き方のポイント

a を実数とすると　$\sqrt{a^2}=|a|$

教 p.27

問 12 $a-1<0$ のとき，$\sqrt{a^2-2a+1}$ を簡単にせよ。

解答 $\sqrt{a^2-2a+1}=\sqrt{(a-1)^2}=|a-1|$

$a-1<0$ であるから

$|a-1|=-(a-1)=-a+1$

したがって　$\sqrt{a^2-2a+1}=-a+1$

平方根の積と商　解き方のポイント

$a>0,\ b>0$ のとき

[1] $\sqrt{a}\sqrt{b}=\sqrt{ab}$　　[2] $\dfrac{\sqrt{a}}{\sqrt{b}}=\sqrt{\dfrac{a}{b}}$

特に [1] から　$m>0,\ a>0$ のとき　$\sqrt{m^2a}=m\sqrt{a}$

教 p.28

問 13　[2] を証明せよ。

考え方　[1] の証明と同様に，[2] の左辺を 2 乗する。

証明　$\dfrac{\sqrt{a}}{\sqrt{b}}$ を 2 乗すると　$\left(\dfrac{\sqrt{a}}{\sqrt{b}}\right)^2=\dfrac{(\sqrt{a})^2}{(\sqrt{b})^2}=\dfrac{a}{b}$

ここで，$\sqrt{a}>0,\ \sqrt{b}>0$ であるから　$\dfrac{\sqrt{a}}{\sqrt{b}}>0$

よって，$\dfrac{\sqrt{a}}{\sqrt{b}}$ は $\dfrac{a}{b}$ の正の平方根である。

したがって，[2] が成り立つ。

教 p.28

問 14　次の式を簡単にせよ。

(1) $\sqrt{24}$　　(2) $\sqrt{1700}$

(3) $\sqrt{8}+\sqrt{18}-\sqrt{72}$　　(4) $\sqrt{20}-3\sqrt{2}-\sqrt{\dfrac{5}{9}}+\sqrt{50}$

考え方　$\sqrt{m^2a}=m\sqrt{a}$ を用いて，根号の中の数はできるだけ小さくする。
同じ数の平方根を含む式は，同類項をまとめるのと同じように計算する。

解答

(1) $\sqrt{24}=\sqrt{2^2\cdot 6}=2\sqrt{6}$

(2) $\sqrt{1700}=\sqrt{10^2\cdot 17}=10\sqrt{17}$

(3) $\sqrt{8}+\sqrt{18}-\sqrt{72}=\sqrt{2^2\cdot 2}+\sqrt{3^2\cdot 2}-\sqrt{6^2\cdot 2}$

$=2\sqrt{2}+3\sqrt{2}-6\sqrt{2}$

$=-\sqrt{2}$

(4) $\sqrt{20}-3\sqrt{2}-\sqrt{\frac{5}{9}}+\sqrt{50}=\sqrt{2^2\cdot5}-3\sqrt{2}-\frac{\sqrt{5}}{\sqrt{3^2}}+\sqrt{5^2\cdot2}$

$=2\sqrt{5}-3\sqrt{2}-\frac{\sqrt{5}}{3}+5\sqrt{2}$

$=2\sqrt{5}-\frac{\sqrt{5}}{3}-3\sqrt{2}+5\sqrt{2}$

$=\frac{5\sqrt{5}}{3}+2\sqrt{2}$

教 p.29

問 15 次の式を簡単にせよ。

(1) $(\sqrt{7}+\sqrt{3})(\sqrt{7}-\sqrt{3})$　　(2) $(\sqrt{6}-\sqrt{10})^2$

考え方 乗法公式を用いて計算する。

解 答 (1) $(\sqrt{7}+\sqrt{3})(\sqrt{7}-\sqrt{3})$

$=(\sqrt{7})^2-(\sqrt{3})^2$　← $(a+b)(a-b)=a^2-b^2$

$=7-3$

$=4$

(2) $(\sqrt{6}-\sqrt{10})^2$

$=(\sqrt{6})^2-2\cdot\sqrt{6}\cdot\sqrt{10}+(\sqrt{10})^2$　← $(a-b)^2=a^2-2ab+b^2$

$=6-2\sqrt{60}+10$

$=6-2\cdot2\sqrt{15}+10$　← $\sqrt{60}=\sqrt{2^2\times15}=2\sqrt{15}$

$=16-4\sqrt{15}$

教 p.29

問 16 次の式の分母を有理化せよ。

(1) $\frac{1}{\sqrt{28}}$　　(2) $\frac{\sqrt{2}}{\sqrt{11}}$　　(3) $\frac{3}{\sqrt{15}}$

考え方 分母にある根号のついた数を，分母と分子のそれぞれに掛けて，分母を有理化する。

解 答 (1) $\frac{1}{\sqrt{28}}=\frac{1}{2\sqrt{7}}=\frac{1\cdot\sqrt{7}}{2\sqrt{7}\cdot\sqrt{7}}=\frac{\sqrt{7}}{14}$

(2) $\frac{\sqrt{2}}{\sqrt{11}}=\frac{\sqrt{2}\cdot\sqrt{11}}{\sqrt{11}\cdot\sqrt{11}}=\frac{\sqrt{22}}{11}$

(3) $\frac{3}{\sqrt{15}}=\frac{3\cdot\sqrt{15}}{\sqrt{15}\cdot\sqrt{15}}=\frac{3\sqrt{15}}{15}=\frac{\sqrt{15}}{5}$

教 p.29

問 17 次の式の分母を有理化せよ。

(1) $\dfrac{1}{\sqrt{6}+\sqrt{3}}$ (2) $\dfrac{\sqrt{3}}{\sqrt{3}-\sqrt{2}}$ (3) $\dfrac{3+\sqrt{5}}{3-\sqrt{5}}$

考え方 $(\sqrt{a}+\sqrt{b})(\sqrt{a}-\sqrt{b})=a-b$ を利用して分母を有理化する。

解 答

(1) $$\frac{1}{\sqrt{6}+\sqrt{3}}=\frac{\sqrt{6}-\sqrt{3}}{(\sqrt{6}+\sqrt{3})(\sqrt{6}-\sqrt{3})}=\frac{\sqrt{6}-\sqrt{3}}{(\sqrt{6})^2-(\sqrt{3})^2}$$
$$=\frac{\sqrt{6}-\sqrt{3}}{6-3}=\frac{\sqrt{6}-\sqrt{3}}{3}$$

(2) $$\frac{\sqrt{3}}{\sqrt{3}-\sqrt{2}}=\frac{\sqrt{3}(\sqrt{3}+\sqrt{2})}{(\sqrt{3}-\sqrt{2})(\sqrt{3}+\sqrt{2})}=\frac{(\sqrt{3})^2+\sqrt{3}\sqrt{2}}{(\sqrt{3})^2-(\sqrt{2})^2}$$
$$=\frac{3+\sqrt{6}}{3-2}=3+\sqrt{6}$$

(3) $$\frac{3+\sqrt{5}}{3-\sqrt{5}}=\frac{(3+\sqrt{5})^2}{(3-\sqrt{5})(3+\sqrt{5})}=\frac{3^2+2\cdot3\cdot\sqrt{5}+(\sqrt{5})^2}{3^2-(\sqrt{5})^2}$$
$$=\frac{9+6\sqrt{5}+5}{9-5}=\frac{14+6\sqrt{5}}{4}$$
$$=\frac{7+3\sqrt{5}}{2}$$

$$\frac{14+6\sqrt{5}}{4}=\frac{2(7+3\sqrt{5})}{4}$$

教 p.30

問 18 $x=\dfrac{1}{\sqrt{7}-\sqrt{5}}$, $y=\dfrac{1}{\sqrt{7}+\sqrt{5}}$ のとき，次の式の値を求めよ。

(1) $x+y$ (2) xy (3) x^2+y^2

考え方 (1), (2) x と y の分母を有理化してから，x, y の値を代入する。

(3) $x^2+y^2=(x+y)^2-2xy$ であることを用いる。

解 答

$$x=\frac{\sqrt{7}+\sqrt{5}}{(\sqrt{7}-\sqrt{5})(\sqrt{7}+\sqrt{5})}=\frac{\sqrt{7}+\sqrt{5}}{(\sqrt{7})^2-(\sqrt{5})^2}=\frac{\sqrt{7}+\sqrt{5}}{7-5}=\frac{\sqrt{7}+\sqrt{5}}{2}$$

$$y=\frac{\sqrt{7}-\sqrt{5}}{(\sqrt{7}+\sqrt{5})(\sqrt{7}-\sqrt{5})}=\frac{\sqrt{7}-\sqrt{5}}{(\sqrt{7})^2-(\sqrt{5})^2}=\frac{\sqrt{7}-\sqrt{5}}{7-5}=\frac{\sqrt{7}-\sqrt{5}}{2}$$

(1) $$x+y=\frac{\sqrt{7}+\sqrt{5}}{2}+\frac{\sqrt{7}-\sqrt{5}}{2}=\frac{2\sqrt{7}}{2}=\sqrt{7}$$

(2) $$xy=\frac{\sqrt{7}+\sqrt{5}}{2}\cdot\frac{\sqrt{7}-\sqrt{5}}{2}=\frac{(\sqrt{7}+\sqrt{5})(\sqrt{7}-\sqrt{5})}{4}=\frac{7-5}{4}=\frac{1}{2}$$

(3) $x^2+y^2=(x+y)^2-2xy$ であるから，(1), (2) より

$$x^2+y^2=(x+y)^2-2xy=(\sqrt{7})^2-2\cdot\frac{1}{2}=7-1=6$$

発展 x^3+y^3 の値 教 p.30

教 p.30

問 1 問 18 において，x^3+y^3 の値を求めよ。

解答 $x+y=\sqrt{7}$，$xy=\dfrac{1}{2}$ であるから

$$x^3+y^3=(x+y)^3-3xy(x+y)$$

$$=(\sqrt{7})^3-3\cdot\frac{1}{2}\cdot\sqrt{7}=7\sqrt{7}-\frac{3\sqrt{7}}{2}=\frac{11\sqrt{7}}{2}$$

教 p.31

問 19 $\sqrt{10}$ の整数部分と小数部分を求めよ。

考え方 n を整数として，$n \leqq \sqrt{10} < n+1$ のとき，n が $\sqrt{10}$ の整数部分，$\sqrt{10}-n$ が $\sqrt{10}$ の小数部分である。
$\sqrt{10}$ がどのような連続する整数の間にあるかを考える。

解答 $3^2<10<4^2$ より　$3<\sqrt{10}<4$
であるから，$\sqrt{10}$ を超えない最大の整数は 3 である。
よって，$\sqrt{10}$ の
　整数部分は 3，小数部分は $\sqrt{10}-3$

教 p.31

問 20 $\dfrac{4}{\sqrt{5}-1}$ の整数部分 a と小数部分 b を求めよ。

考え方 分母を有理化し，その数を超えない最大の整数を考える。

解答 $x=\dfrac{4}{\sqrt{5}-1}$ とおく。x の分母を有理化すると

$$x=\frac{4(\sqrt{5}+1)}{(\sqrt{5}-1)(\sqrt{5}+1)}=\frac{4(\sqrt{5}+1)}{(\sqrt{5})^2-1^2}=\frac{4(\sqrt{5}+1)}{4}=\sqrt{5}+1$$

となる。ここで，$2^2<5<3^2$ より，$2<\sqrt{5}<3$ であるから，$\sqrt{5}$ の整数部分は 2 である。

$$2+1<\sqrt{5}+1<3+1 \quad \text{すなわち} \quad 3<\sqrt{5}+1<4$$

であるから，x の整数部分 a は　$a=3$
また，x の小数部分 b は　$b=x-a=(\sqrt{5}+1)-3=\sqrt{5}-2$
したがって　　$a=3$，$b=\sqrt{5}-2$

問　題　　教 p.32

5 次の値を求めよ。

(1) $|3-\pi|+3$　　(2) $1-|\sqrt{2}-3|$

考え方　$a \geqq 0$ のとき　$|a|=a$，$a<0$ のとき　$|a|=-a$ である。
絶対値記号の中の値の正負を考える。

解　答　(1) $3-\pi<0$ であるから

$$|3-\pi|=-(3-\pi)=-3+\pi$$

したがって

$$|3-\pi|+3=-3+\pi+3=\pi$$

(2) $\sqrt{2}-3<0$ であるから

$$|\sqrt{2}-3|=-(\sqrt{2}-3)=-\sqrt{2}+3$$

したがって

$$1-|\sqrt{2}-3|=1-(-\sqrt{2}+3)$$
$$=\sqrt{2}-2$$

6 a，b は実数とする。次の式変形（省略）は，a，b の値によっては誤りである。誤りのある箇所を指摘し，a，b がどのような値でも正しくなるように式変形せよ。

解　答　誤りのある箇所　②
正しい式変形は

$$\sqrt{a^2-4ab+4b^2}$$
$$=\sqrt{(a-2b)^2}$$
$$=|a-2b|$$

7 次の計算をせよ。

(1) $(3\sqrt{2}+2\sqrt{3})(2-\sqrt{6})$　　(2) $(1+\sqrt{3}+\sqrt{5})^2$

(3) $\sqrt{48}-\dfrac{\sqrt{27}}{2}+\dfrac{1}{\sqrt{12}}$　　(4) $\dfrac{\sqrt{3}}{\sqrt{3}-\sqrt{2}}-\dfrac{\sqrt{3}}{\sqrt{3}+\sqrt{2}}$

考え方　(1) 分配法則を用いて計算する。
(2) $(a+b+c)^2=a^2+b^2+c^2+2ab+2bc+2ca$ を用いる。
(3) まず，$\dfrac{1}{\sqrt{12}}$ の分母を有理化してから計算する。
(4) 通分して計算する。

解答 (1) $(3\sqrt{2}+2\sqrt{3})(2-\sqrt{6})$

$=3\sqrt{2}\cdot 2+3\sqrt{2}\cdot(-\sqrt{6})+2\sqrt{3}\cdot 2+2\sqrt{3}\cdot(-\sqrt{6})$

$=6\sqrt{2}-3\sqrt{12}+4\sqrt{3}-2\sqrt{18}$

$=6\sqrt{2}-6\sqrt{3}+4\sqrt{3}-6\sqrt{2}$

$=-2\sqrt{3}$

(2) $(1+\sqrt{3}+\sqrt{5})^2$

$=1^2+(\sqrt{3})^2+(\sqrt{5})^2+2\cdot 1\cdot\sqrt{3}+2\cdot\sqrt{3}\cdot\sqrt{5}+2\cdot\sqrt{5}\cdot 1$

$=1+3+5+2\sqrt{3}+2\sqrt{15}+2\sqrt{5}$

$=2\sqrt{3}+2\sqrt{15}+2\sqrt{5}+9$

(3) $\sqrt{48}-\dfrac{\sqrt{27}}{2}+\dfrac{1}{\sqrt{12}}=4\sqrt{3}-\dfrac{3\sqrt{3}}{2}+\dfrac{1}{2\sqrt{3}}$

$=4\sqrt{3}-\dfrac{3\sqrt{3}}{2}+\dfrac{1\cdot\sqrt{3}}{2\sqrt{3}\cdot\sqrt{3}}$

$=4\sqrt{3}-\dfrac{3\sqrt{3}}{2}+\dfrac{\sqrt{3}}{6}$

$=\left(4-\dfrac{3}{2}+\dfrac{1}{6}\right)\sqrt{3}$

$=\dfrac{8\sqrt{3}}{3}$

(4) $\dfrac{\sqrt{3}}{\sqrt{3}-\sqrt{2}}-\dfrac{\sqrt{3}}{\sqrt{3}+\sqrt{2}}=\dfrac{\sqrt{3}(\sqrt{3}+\sqrt{2})-\sqrt{3}(\sqrt{3}-\sqrt{2})}{(\sqrt{3}-\sqrt{2})(\sqrt{3}+\sqrt{2})}$

$=\dfrac{(3+\sqrt{6})-(3-\sqrt{6})}{3-2}$

$=2\sqrt{6}$

8 $x=\dfrac{1}{\sqrt{5}-2}$，$y=\dfrac{1}{\sqrt{5}+2}$ のとき，次の式の値を求めよ。

(1) x^2-y^2 (2) $\dfrac{x}{y}+\dfrac{y}{x}$

考え方 まず，x，y の値の分母を有理化する。次に

$x^2-y^2=(x+y)(x-y)$

$\dfrac{x}{y}+\dfrac{y}{x}=\dfrac{x^2+y^2}{xy}=\dfrac{(x+y)^2-2xy}{xy}$

であるから，$x+y$，$x-y$，xy の値を求めて代入する。

解 答

$$x=\frac{\sqrt{5}+2}{(\sqrt{5}-2)(\sqrt{5}+2)}=\frac{\sqrt{5}+2}{5-4}=\sqrt{5}+2$$

$$y=\frac{\sqrt{5}-2}{(\sqrt{5}+2)(\sqrt{5}-2)}=\frac{\sqrt{5}-2}{5-4}=\sqrt{5}-2$$

したがって

$$x+y=(\sqrt{5}+2)+(\sqrt{5}-2)=2\sqrt{5}$$

$$x-y=(\sqrt{5}+2)-(\sqrt{5}-2)=4$$

$$xy=(\sqrt{5}+2)(\sqrt{5}-2)=5-4=1$$

(1) $x^2-y^2=(x+y)(x-y)=2\sqrt{5}\cdot 4=8\sqrt{5}$

(2) $\dfrac{x}{y}+\dfrac{y}{x}=\dfrac{x^2+y^2}{xy}=\dfrac{(x+y)^2-2xy}{xy}=\dfrac{(2\sqrt{5})^2-2\cdot 1}{1}$

$=20-2=18$

9 次の実数の整数部分と小数部分を求めよ。

(1) $2\sqrt{7}$　　(2) $\dfrac{7}{3+\sqrt{2}}$

考え方 実数 x の整数部分を a，小数部分を b とすると，$x=a+b$ である。

(1) 実数を 2 乗して a を見つける。

(2) 分母を有理化して a を見つける。

解 答 (1) $(2\sqrt{7})^2=28$ である。

$5^2<28<6^2$ より，$5<2\sqrt{7}<6$ であるから，$2\sqrt{7}$ を超えない最大の整数は 5 である。

したがって　　**整数部分は** 5，**小数部分は** $2\sqrt{7}-5$

(2) $x=\dfrac{7}{3+\sqrt{2}}$ とおく。x の分母を有理化すると

$$x=\frac{7(3-\sqrt{2})}{(3+\sqrt{2})(3-\sqrt{2})}=\frac{7(3-\sqrt{2})}{3^2-(\sqrt{2})^2}=\frac{7(3-\sqrt{2})}{7}$$

$$=3-\sqrt{2}$$

となる。ここで，$1^2<2<2^2$ より　　$1<\sqrt{2}<2$

したがって，$-2<-\sqrt{2}<-1$ であるから

$3-2<3-\sqrt{2}<3-1$　すなわち　$1<x<2$

であるから，x の整数部分は 1

また，小数部分は　$(3-\sqrt{2})-1=2-\sqrt{2}$

したがって　　**整数部分は** 1，**小数部分は** $2-\sqrt{2}$

探究　分母に３つの根号を含む式の有理化　教 p.33

考察１　分母に３つの根号を含む場合について考える。乗法公式を利用して，次の式の分母を有理化する方法を考えてみよう。

$$\frac{1}{\sqrt{2}+\sqrt{5}+\sqrt{6}}$$

解答　$(\sqrt{2}+\sqrt{5})-\sqrt{6}$ を $\dfrac{1}{\sqrt{2}+\sqrt{5}+\sqrt{6}}$ の分母と分子に掛けると

$$\begin{aligned}\frac{1}{\sqrt{2}+\sqrt{5}+\sqrt{6}} &= \frac{(\sqrt{2}+\sqrt{5})-\sqrt{6}}{\{(\sqrt{2}+\sqrt{5})+\sqrt{6}\}\{(\sqrt{2}+\sqrt{5})-\sqrt{6}\}}\\ &= \frac{\sqrt{2}+\sqrt{5}-\sqrt{6}}{(\sqrt{2}+\sqrt{5})^2-(\sqrt{6})^2} = \frac{\sqrt{2}+\sqrt{5}-\sqrt{6}}{(2+2\sqrt{10}+5)-6}\\ &= \frac{\sqrt{2}+\sqrt{5}-\sqrt{6}}{1+2\sqrt{10}} \quad \cdots\cdots ①\end{aligned}$$

上の計算のように，$(\sqrt{2}+\sqrt{5})-\sqrt{6}$ を分母と分子に掛けることにより，与えられた式を分母に２つの項を含む式に変形することができる。
分母に２つの項を含む式は教科書 p.33 の６行目の計算から分母を有理化することができる。したがって，分母に３つの根号を含む式についても，分母に２つの項を含む式に変形することによって，分母を有理化することができる。

考察２　分母に４つの根号を含む場合について考える。次の式の分母を有理化する方法を考えてみよう。

$$\frac{1}{\sqrt{2}+\sqrt{3}+\sqrt{5}+\sqrt{6}}$$

解答

$$\begin{aligned}&\{(\sqrt{2}+\sqrt{3})+(\sqrt{5}+\sqrt{6})\}\{(\sqrt{2}+\sqrt{3})-(\sqrt{5}+\sqrt{6})\}\\ &= (\sqrt{2}+\sqrt{3})^2-(\sqrt{5}+\sqrt{6})^2\\ &= (2+2\sqrt{6}+3)-(5+2\sqrt{30}+6)\\ &= -6+2\sqrt{6}-2\sqrt{30}\end{aligned}$$

であるから，$(\sqrt{2}+\sqrt{3})-(\sqrt{5}+\sqrt{6})$ を $\dfrac{1}{\sqrt{2}+\sqrt{3}+\sqrt{5}+\sqrt{6}}$ の分母と分子に掛けることにより，分母に３つの項を含む式に変形することができる。
分母に３つの項を含む式は，考察１より，分母を有理化することができるから，分母に４つの根号を含む式についても，分母の項を１つずつ減らすことによって，分母を有理化することができる。

発展 二重根号 教 p.34

二重根号を外す　解き方のポイント

$\sqrt{a+b+2\sqrt{ab}}=\sqrt{a}+\sqrt{b}$

$\sqrt{a+b-2\sqrt{ab}}=\sqrt{a}-\sqrt{b}$　ただし，$a>b$ とする。

このように変形することを **二重根号を外す** という。

教 p.34

問 1　次の式の二重根号を外して簡単にせよ。

(1) $\sqrt{4+2\sqrt{3}}$　(2) $\sqrt{6-2\sqrt{8}}$　(3) $\sqrt{7+\sqrt{24}}$

(4) $\sqrt{7-\sqrt{48}}$　(5) $\sqrt{11+4\sqrt{7}}$　(6) $\sqrt{3-\sqrt{5}}$

考え方　$\sqrt{A\pm2\sqrt{B}}$ において，$A=a+b$，$B=ab$ となる a，b を見つける。

(3)～(6)　$\sqrt{B}$ の前が 2 ではないから，次のようにして 2 をつくる。

(3) $\sqrt{24}=2\sqrt{6}$　(4) $\sqrt{48}=2\sqrt{12}$

(5) $4\sqrt{7}=2\sqrt{28}$　(6) $\sqrt{5}=\dfrac{2\sqrt{5}}{2}$

解 答

(1) $\sqrt{4+2\sqrt{3}}=\sqrt{(3+1)+2\sqrt{3\cdot1}}$
$=\sqrt{3}+\sqrt{1}=\sqrt{3}+1$

(2) $\sqrt{6-2\sqrt{8}}=\sqrt{(4+2)-2\sqrt{4\cdot2}}$
$=\sqrt{4}-\sqrt{2}=2-\sqrt{2}$

(3) $\sqrt{7+\sqrt{24}}=\sqrt{7+2\sqrt{6}}=\sqrt{(6+1)+2\sqrt{6\cdot1}}$
$=\sqrt{6}+\sqrt{1}=\sqrt{6}+1$

(4) $\sqrt{7-\sqrt{48}}=\sqrt{7-2\sqrt{12}}=\sqrt{(4+3)-2\sqrt{4\cdot3}}$
$=\sqrt{4}-\sqrt{3}=2-\sqrt{3}$

(5) $\sqrt{11+4\sqrt{7}}=\sqrt{11+2\sqrt{28}}=\sqrt{(7+4)+2\sqrt{7\cdot4}}$
$=\sqrt{7}+\sqrt{4}=\sqrt{7}+2$

(6) $\sqrt{3-\sqrt{5}}=\sqrt{\dfrac{6-2\sqrt{5}}{2}}=\dfrac{\sqrt{(5+1)-2\sqrt{5\cdot1}}}{\sqrt{2}}=\dfrac{\sqrt{5}-\sqrt{1}}{\sqrt{2}}$
$=\dfrac{(\sqrt{5}-1)\cdot\sqrt{2}}{\sqrt{2}\cdot\sqrt{2}}=\dfrac{\sqrt{10}-\sqrt{2}}{2}$

発展　対称式と交代式　教 p.35

用語のまとめ

対称式

- 文字を入れかえても，もとの式と同じ式になる多項式を **対称式** という。
- 特に，2つの対称式 $s=a+b$，$t=ab$ を **基本対称式** という。

交代式

- 文字を入れかえると，もとの式に -1 を掛けた式になる多項式を **交代式** という。

教 p.35

問 1　次の式のうち，対称式はどれか。

①　a^2+b^2　　②　a^2-b^2　　③　$(a-b)^2$

考え方　文字 a，b を入れかえても，もとの式と同じになるか調べる。

解答　文字を入れかえると

①　$b^2+a^2=a^2+b^2$　　②　$b^2-a^2=-(a^2-b^2)$

③　$(b-a)^2=b^2-2ab+a^2=(a-b)^2$

したがって，対称式は ①，③

教 p.35

問 2　問1の ①～③ のうち，対称式であるものを基本対称式で表せ。

考え方　$s=a+b$，$t=ab$ を用いて表す。

解答　①　$a^2+b^2=(a+b)^2-2ab=s^2-2t$

③　$(a-b)^2=a^2-2ab+b^2=a^2+b^2-2ab=(s^2-2t)-2t=s^2-4t$

参考　a，b の対称式は，基本対称式 s，t を用いて表されることが知られている。

教 p.35

問 3　次の式のうち，交代式はどれか。

①　a^3+b^3　　②　a^3-b^3　　③　$(a-b)^3$

考え方　文字 a，b を入れかえた式が，もとの式に -1 を掛けた式になるか調べる。

解答　文字を入れかえると

①　$b^3+a^3=a^3+b^3$　　②　$b^3-a^3=-(a^3-b^3)$

③　$(b-a)^3=\{-(a-b)\}^3=-(a-b)^3$

したがって，交代式は ②，③

3節　1次不等式

1　不等式とその性質

用語のまとめ

不等式

- 不等号（$>$，$<$，$\geqq$，$\leqq$）を用いて数量の間の大小関係を表した式を **不等式** という。
- 不等式において，不等号の左側を **左辺**，右側を **右辺**，合わせて **両辺** という。

教 p.36

問1　1冊 a 円のノートを3冊と，1本 b 円の鉛筆を4本購入すると，代金は500円以下になる。このとき，金額の間の大小関係を不等式で表せ。

より大きい………$>$
より小さい(未満)
…………………$<$
以上……………$\geqq$
以下……………$\leqq$

考え方　（ノート3冊の代金）＋（鉛筆4本の代金）が500円以下である。

解答　$3a+4b \leqq 500$

教 p.37

問2　次の a，b の値について，例2と例3の結果が正しいことを確かめよ。

(1)　$a=-4$，$b=2$　　(2)　$a=-10$，$b=-6$

考え方　不等式の左辺と右辺の値を求め，それぞれ大小関係を調べる。

解答　(1)　$a=-4$，$b=2$ のとき，$a<b$ である。

$a+3=-1$，$b+3=5$ で，$-1<5$ であるから　$a+3<b+3$

$a-2=-6$，$b-2=0$ で，$-6<0$ であるから　$a-2<b-2$

したがって，例2の結果は正しい。

$2a=-8$，$2b=4$ で，$-8<4$ であるから　$2a<2b$

$\dfrac{a}{2}=-2$，$\dfrac{b}{2}=1$ で，$-2<1$ であるから　$\dfrac{a}{2}<\dfrac{b}{2}$

したがって，例3の結果は正しい。

(2)　$a=-10$，$b=-6$ のとき，$a<b$ である。

$a+3=-7$，$b+3=-3$ で，$-7<-3$ であるから

$a+3<b+3$

$a-2=-12$，$b-2=-8$ で，$-12<-8$ であるから

$a-2<b-2$

したがって，例2の結果は正しい。

$2a=-20$，$2b=-12$ で，$-20<-12$ であるから

$2a<2b$

$\frac{a}{2}=-5$，$\frac{b}{2}=-3$ で，$-5<-3$ であるから

$\frac{a}{2}<\frac{b}{2}$

したがって，例 3 の結果は正しい。

教 p.37

問 3 次の a，b の値について，例 4 の結果が正しいことを確かめよ。

(1) $a=-6$，$b=4$　　(2) $a=-8$，$b=-4$

考え方 $(-2)a$，$(-2)b$ および $\frac{a}{-2}$，$\frac{b}{-2}$ の値を求め，それぞれ大小関係を調べる。

解 答 (1) $a=-6$，$b=4$ のとき，$a<b$ である。

$(-2)a=12$，$(-2)b=-8$ で，$12>-8$ であるから

$(-2)a>(-2)b$

$\frac{a}{-2}=3$，$\frac{b}{-2}=-2$ で，$3>-2$ であるから

$\frac{a}{-2}>\frac{b}{-2}$

したがって，例 4 の結果は正しい。

(2) $a=-8$，$b=-4$ のとき，$a<b$ である。

$(-2)a=16$，$(-2)b=8$ で，$16>8$ であるから

$(-2)a>(-2)b$

$\frac{a}{-2}=4$，$\frac{b}{-2}=2$ で，$4>2$ であるから

$\frac{a}{-2}>\frac{b}{-2}$

したがって，例 4 の結果は正しい。

● 不等式の性質 …… **解き方のポイント**

[1] $a<b$ ならば $a+c<b+c$，$a-c<b-c$

[2] $a<b$，$c>0$ ならば $ac<bc$，$\frac{a}{c}<\frac{b}{c}$

[3] $a<b$，$c<0$ ならば $ac>bc$，$\frac{a}{c}>\frac{b}{c}$

不等式の両辺に同じ負の数を掛けたり，両辺を同じ負の数で割ったりするときは，不等号の向きが変わる。

2 1次不等式の解法

用語のまとめ

1次不等式の解法

- x についての不等式を満たす x の値の範囲をその不等式の **解** といい，解を求めることをその不等式を **解く** という。
- 不等式においても等式の場合と同様に **移項** することができる。
- 移項して整理することにより

  (1次式) > 0，(1次式) < 0，(1次式) $\geqq 0$，(1次式) $\leqq 0$

  のいずれかの形に変形できる不等式を **1次不等式** という。

教 p.38

問4 $x = 1, 2, 3, 4$ のうち，不等式 ① を満たすものを求めよ。

考え方 x の値を不等式 ① に代入して，不等式 ① を満たすかどうかを調べる。

解答

$x = 1$ のとき　$2x + 3 = 5$ で　$5 < 7$

$x = 2$ のとき　$2x + 3 = 7$ で　$7 = 7$

$x = 3$ のとき　$2x + 3 = 9$ で　$9 > 7$

$x = 4$ のとき　$2x + 3 = 11$ で　$11 > 7$

したがって，$2x + 3 > 7$ を満たすものは

$\boldsymbol{x = 3,\ 4}$

教 p.39

問5 次の不等式を解け。

(1) $x + 5 > -1$　(2) $3x - 7 \leqq 5$　(3) $-5x + 3 > 12$

考え方 左辺の定数項を右辺に移項する。

解答

(1) $x + 5 > -1$

左辺の 5 を右辺に移項して　$x > -1 - 5$

整理すると　$\boldsymbol{x > -6}$

(2) $3x - 7 \leqq 5$

左辺の -7 を右辺に移項して　$3x \leqq 5 + 7$

整理すると　$3x \leqq 12$

両辺を 3 で割ると　$\boldsymbol{x \leqq 4}$

(3)　$-5x+3>12$

左辺の 3 を右辺に移項して　$-5x>12-3$

整理すると　$-5x>9$

両辺を -5 で割ると　$x<-\dfrac{9}{5}$

不等号の向きが変わる

● **不等式の解き方** ……………… **解き方のポイント**

$\boldsymbol{ax+b>cx+d}$

[1]　x を含む項を左辺に，定数項を右辺に移項する。

[2]　$px>q$ の形にする。

[3]　不等式の両辺を x の係数 p で割る。

このとき，負の数で割るときは，不等号の向きが変わることに注意する。

教 p.39

問 6　次の不等式を解け。

(1)　$6x+1<3x+7$　　(2)　$17-9x \leqq 2-3x$

考え方　(2)　両辺を負の数で割るとき，不等号の向きが変わることに注意する。

解　答　(1)　$6x+1<3x+7$

1 を右辺に，$3x$ を左辺に移項して　$6x-3x<7-1$

整理すると　$3x<6$

両辺を 3 で割ると　$x<2$

(2)　$17-9x \leqq 2-3x$

17 を右辺に，$-3x$ を左辺に移項して

$-9x+3x \leqq 2-17$

整理すると　$-6x \leqq -15$

両辺を -6 で割ると　$x \geqq \dfrac{5}{2}$

不等号の向きが変わる

教 p.39

問7 次の不等式を解け。

(1) $4(x-1)<-x+6$　　(2) $3x-2(1-x)\leqq 8+5(2x+1)$

(3) $\dfrac{x}{2}-\dfrac{2}{3}>\dfrac{5(x-2)}{6}$　　(4) $\dfrac{5-3x}{6}\geqq\dfrac{x+8}{4}-x$

考え方 (1), (2) 括弧を外してから整理する。

(3), (4) 係数が整数になるよう，両辺に分母の最小公倍数を掛ける。

解答 (1) $4(x-1)<-x+6$

左辺の括弧を外して　$4x-4<-x+6$

整理すると　$5x<10$

両辺を 5 で割ると　$x<2$

(2) $3x-2(1-x)\leqq 8+5(2x+1)$

両辺の括弧を外して　$3x-2+2x\leqq 8+10x+5$

整理すると　$-5x\leqq 15$

両辺を -5 で割ると　$x\geqq -3$

(3) $\dfrac{x}{2}-\dfrac{2}{3}>\dfrac{5(x-2)}{6}$

両辺に 6 を掛けて　$3x-4>5(x-2)$

$3x-4>5x-10$

整理すると　$-2x>-6$

両辺を -2 で割ると　$x<3$

(4) $\dfrac{5-3x}{6}\geqq\dfrac{x+8}{4}-x$

両辺に 12 を掛けて　$2(5-3x)\geqq 3(x+8)-12x$

$10-6x\geqq 3x+24-12x$

整理すると　$3x\geqq 14$

両辺を 3 で割ると　$x\geqq\dfrac{14}{3}$

注意 (4) 右辺の $-x$ の項にも 12 を掛けることを忘れないようにする。

3 不等式の応用

用語のまとめ

連立不等式

- 2つ以上の不等式を組み合わせたものを **連立不等式** という。また，それらの不等式を同時に満たす x の値の範囲をその連立不等式の **解** という。

連立不等式の解き方 …… **解き方のポイント**

連立不等式を解くには，それぞれの不等式を解き，それらの解の共通の範囲を求める。

教 p.40

問 8 次の連立不等式を解け。

(1) $\begin{cases} 3x+2<x+4 \\ 8x+1>6x-5 \end{cases}$ (2) $\begin{cases} 6-4x \leqq -2 \\ 2x-8<3(4-x) \end{cases}$

(3) $\begin{cases} x+5 \geqq 3x-1 \\ 1-x \leqq 2(x+1) \end{cases}$

解 答

(1) $\begin{cases} 3x+2<x+4 & \cdots\cdots ① \\ 8x+1>6x-5 & \cdots\cdots ② \end{cases}$

① より $3x-x<4-2$

整理すると $2x<2$

よって $x<1$ …… ③

② より $8x-6x>-5-1$

整理すると $2x>-6$

よって $x>-3$ …… ④

求める解は ③，④ の共通の範囲であるから

$-3<x<1$

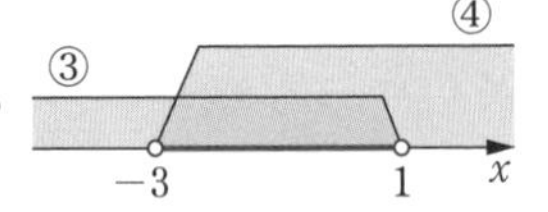

(2) $\begin{cases} 6-4x \leqq -2 & \cdots\cdots ① \\ 2x-8<3(4-x) & \cdots\cdots ② \end{cases}$

① より $-4x \leqq -2-6$

整理すると $-4x \leqq -8$

よって $x \geqq 2$ …… ③

② より $2x-8<12-3x$

$$2x+3x<12+8$$

整理すると　$5x<20$

よって　$x<4$　……④

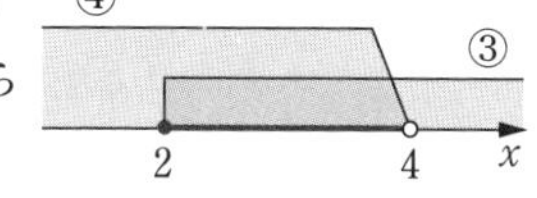

求める解は ③，④ の共通の範囲であるから

$2\leqq x<4$

(3) $\begin{cases} x+5\geqq 3x-1 & \cdots\cdots ① \\ 1-x\leqq 2(x+1) & \cdots\cdots ② \end{cases}$

① より　$x-3x\geqq -1-5$

整理すると　$-2x\geqq -6$

よって　$x\leqq 3$　……③

② より　$1-x\leqq 2x+2$

整理すると　$-x-2x\leqq 2-1$

$$-3x\leqq 1$$

よって　$x\geqq -\frac{1}{3}$　……④

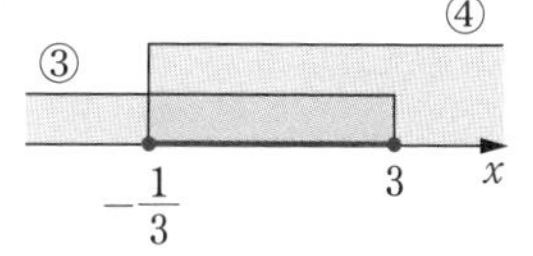

求める解は ③，④ の共通の範囲であるから

$-\frac{1}{3}\leqq x\leqq 3$

教 p.41

問9　次の連立不等式を解け。

(1) $\begin{cases} -x+4>3x+8 \\ 6x-5\leqq 3x+7 \end{cases}$　　(2) $\begin{cases} 5x-9\leqq 3x+1 \\ 2x-12\leqq -3x+8 \end{cases}$

解答　(1) $\begin{cases} -x+4>3x+8 & \cdots\cdots ① \\ 6x-5\leqq 3x+7 & \cdots\cdots ② \end{cases}$

① より　$-x-3x>8-4$

整理すると　$-4x>4$

よって　$x<-1$　……③

② より　$6x-3x\leqq 7+5$

整理すると　$3x\leqq 12$

よって　$x\leqq 4$　……④

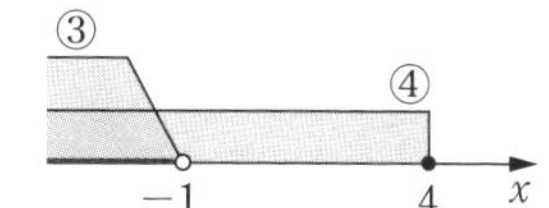

求める解は ③，④ の共通の範囲であるから

$x<-1$

(2) $\begin{cases} 5x-9 \leqq 3x+1 & \cdots\cdots ① \\ 2x-12 \leqq -3x+8 & \cdots\cdots ② \end{cases}$

① より　$5x-3x \leqq 1+9$

整理すると　$2x \leqq 10$

よって　$x \leqq 5$　……③

② より　$2x+3x \leqq 8+12$

整理すると　$5x \leqq 20$

よって　$x \leqq 4$　……④

求める解は ③，④ の共通の範囲であるから

$x \leqq 4$

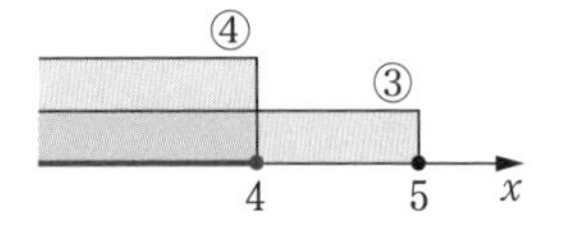

$A < B < C$ の形の不等式の解き方　解き方のポイント

不等式 $A < B < C$ が成り立つということは，2 つの不等式 $A < B$，$B < C$ がともに成り立つということである。

したがって，連立不等式 $\begin{cases} A < B \\ B < C \end{cases}$ を解けばよい。

教 p.41

問 10　不等式 $x+4 \leqq -3x-8 \leqq -2x+7$ を解け。

解答　$x+4 \leqq -3x-8 \leqq -2x+7$ より

$\begin{cases} x+4 \leqq -3x-8 & \cdots\cdots ① \\ -3x-8 \leqq -2x+7 & \cdots\cdots ② \end{cases}$

① より　$4x \leqq -12$

よって　$x \leqq -3$　……③

② より　$-x \leqq 15$

よって　$x \geqq -15$　……④

求める解は ③，④ の共通の範囲であるから

$-15 \leqq x \leqq -3$

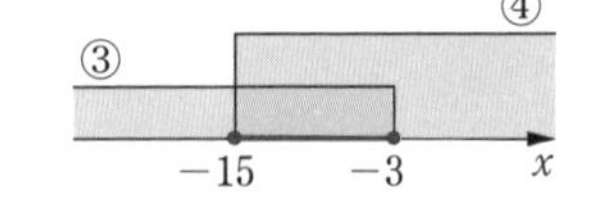

教 p.42

問 11　1 個 120 円のチョコレート菓子と 1 個 80 円のスナック菓子を合わせて 20 個購入し，200 円の紙袋に入れて，代金が 2100 円以下になるようにしたい。チョコレート菓子の個数をなるべく多くするには，チョコレート菓子とスナック菓子をそれぞれ何個購入すればよいか。

考え方 チョコレート菓子の個数を x 個とすると，スナック菓子の個数は $(20-x)$ 個と表される。代金が 2100 円以下になるようにするから

(チョコレート菓子の代金) + (スナック菓子の代金) + (紙袋の代金) ≦ 2100 円

となる。

解　答 チョコレート菓子の個数を x 個とすると，菓子と紙袋の代金の合計について，与えられた条件から次の不等式が成り立つ。

$$120x + 80(20-x) + 200 \leqq 2100$$

すなわち　$120x + 1600 - 80x + 200 \leqq 2100$

整理すると　$40x \leqq 300$

両辺を 40 で割ると　$x \leqq \dfrac{15}{2} = 7.5$

この不等式を満たす最大の整数 x は 7 である。

したがって，チョコレート菓子をなるべく多くするには，**チョコレート菓子を 7 個，スナック菓子を 13 個購入すればよい。**

● 絶対値と方程式　　解き方のポイント

$a > 0$ のとき

$|x| = a$ の解は

$x = \pm a$

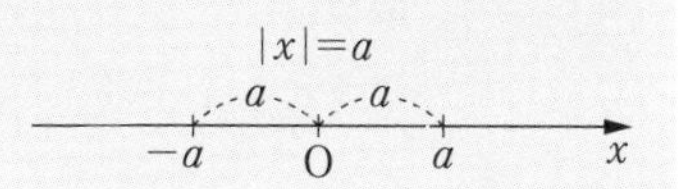

教 p.43

問 12　次の方程式を解け。

(1) $|x-2| = 4$　　(2) $|x+7| = 4$　　(3) $|5-2x| = 1$

解　答 (1) 方程式 $|x-2| = 4$ の解は

$x - 2 = \pm 4$　より　$x = 2 \pm 4$

すなわち　$x = 6,\ -2$

(2) 方程式 $|x+7| = 4$ の解は

$x + 7 = \pm 4$　より　$x = -7 \pm 4$

すなわち　$x = -3,\ -11$

(3) 方程式 $|5-2x| = 1$ の解は

$5 - 2x = \pm 1$　より　$-2x = -5 \pm 1$

$-2x = -4,\ -6$

すなわち　$x = 2,\ 3$

絶対値と不等式 解き方のポイント

$a > 0$ のとき

$|x| < a$ の解は

$-a < x < a$

$|x| > a$ の解は

$x < -a,\ a < x$

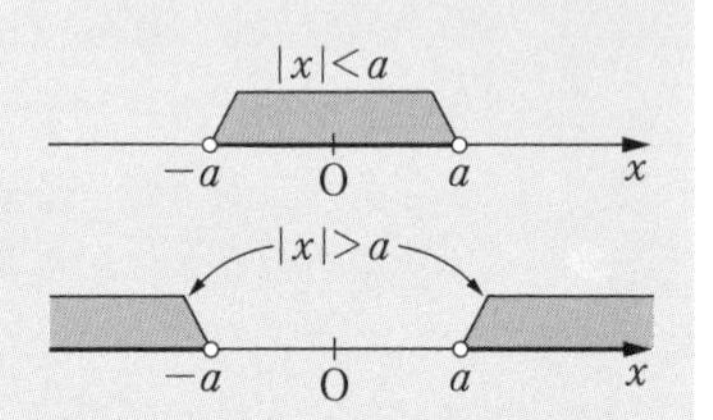

教 p.43

問13 次の不等式を解け。

(1) $|2x| < 4$　(2) $|x+2| \leqq 5$　(3) $|2x-5| > 3$

解答 (1) 不等式 $|2x| < 4$ の解は　$-4 < 2x < 4$

各辺を 2 で割って　$-2 < x < 2$

(2) 不等式 $|x+2| \leqq 5$ の解は　$-5 \leqq x+2 \leqq 5$

各辺に -2 を加えて　$-7 \leqq x \leqq 3$

(3) 不等式 $|2x-5| > 3$ の解は　$2x-5 < -3,\ 3 < 2x-5$

整理すると　$2x < 2,\ 8 < 2x$

よって　$x < 1,\ 4 < x$

絶対値記号を含む方程式・不等式

教 p.44-45

絶対値記号を外す 解き方のポイント

絶対値記号を外すには，次のことを利用して，場合分けして考える。

$a \geqq 0$ のとき　$|a| = a$

$a < 0$ のとき　$|a| = -a$

このとき，それぞれの場合で得られた x の値が，場合分けの条件を満たすかどうか確認する必要がある。

教 p.44

問1 次の方程式を解け。

(1) $|2x-4| = x+1$　(2) $|x+4| = 3x$

考え方 絶対値記号の中が，0 以上のときと，0 未満のときの 2 つの場合に分けて考える。

解答 (1) $|2x-4|=x+1$ …… ①

(i) $2x-4 \geqq 0$ すなわち $x \geqq 2$ のとき

$|2x-4|=2x-4$ であるから，① は

$2x-4=x+1$

よって $x=5$

これは条件 $x \geqq 2$ を満たす。

(ii) $2x-4<0$ すなわち $x<2$ のとき

$|2x-4|=-(2x-4)$ であるから，① は

$-(2x-4)=x+1$

よって $x=1$

これは条件 $x<2$ を満たす。

(i)，(ii) より，方程式 ① の解は **$x=1,\ 5$**

(2) $|x+4|=3x$ …… ①

(i) $x+4 \geqq 0$ すなわち $x \geqq -4$ のとき

$|x+4|=x+4$ であるから，① は

$x+4=3x$

よって $x=2$

これは条件 $x \geqq -4$ を満たす。

(ii) $x+4<0$ すなわち $x<-4$ のとき

$|x+4|=-(x+4)$ であるから，① は

$-(x+4)=3x$

よって $x=-1$

これは条件 $x<-4$ を満たさない。

(i)，(ii) より，方程式 ① の解は **$x=2$**

教 p.45

問2 次の不等式を解け。

(1) $|2x-4| \leqq x+1$　　(2) $|3x-6|>x+2$

(3) $|x+4|<-3x$

考え方 絶対値記号の中が，0 以上のときと，0 未満のときの 2 つの場合に分けて不等式を解き，得られた範囲と場合分けの条件の共通な範囲を求める。

解答 (1) $|2x-4| \leqq x+1$ … ①

(i) $2x-4 \geqq 0$ すなわち $x \geqq 2$ のとき

$|2x-4|=2x-4$ であるから，① は

$2x-4 \leqq x+1$

よって　　$x \leqq 5$

これと条件 $x \geqq 2$ との共通の範囲は

$2 \leqq x \leqq 5$　…②

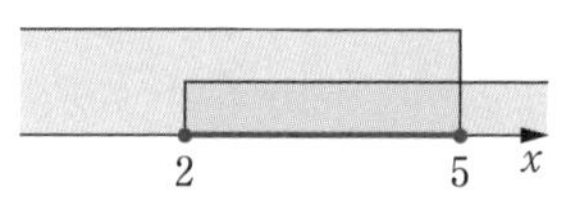

(ii)　$2x-4<0$　すなわち　$x<2$ のとき

$|2x-4|=-(2x-4)$ であるから，① は

$-(2x-4) \leqq x+1$

よって　　$x \geqq 1$

これと条件 $x<2$ との共通の範囲は

$1 \leqq x < 2$　…③

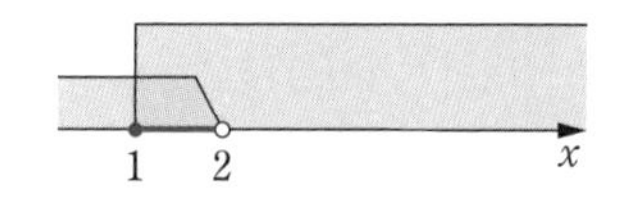

(i), (ii) より，不等式 ① の解は

② と ③ の範囲を合わせて

$1 \leqq x \leqq 5$

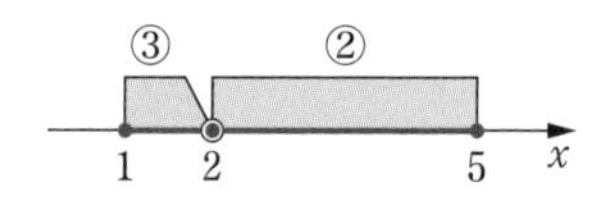

(2)　$|3x-6|>x+2$　…①

(i)　$3x-6 \geqq 0$　すなわち　$x \geqq 2$ のとき

$|3x-6|=3x-6$ であるから，① は

$3x-6>x+2$

よって　　$x>4$

これと条件 $x \geqq 2$ との共通の範囲は

$x>4$　　…②

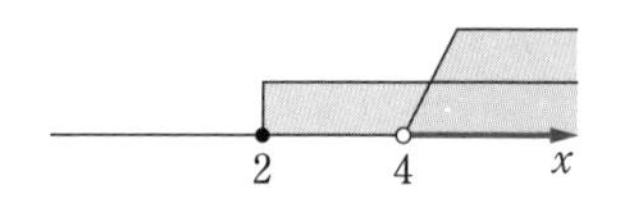

(ii)　$3x-6<0$　すなわち　$x<2$ のとき

$|3x-6|=-(3x-6)$ であるから，① は

$-(3x-6)>x+2$

よって　　$x<1$

これと条件 $x<2$ との共通の範囲は

$x<1$　　…③

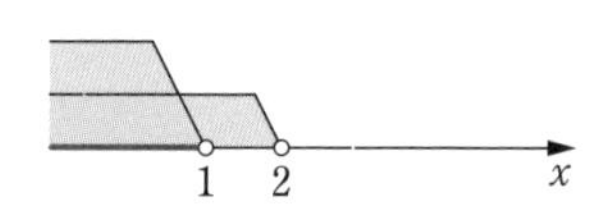

(i), (ii) より，不等式 ① の解は

② と ③ の範囲を合わせて

$x<1,\ 4<x$

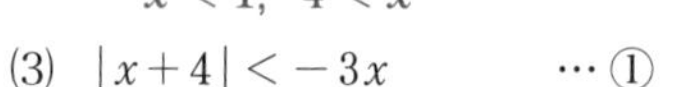

(3)　$|x+4|<-3x$　　…①

(i)　$x+4 \geqq 0$　すなわち　$x \geqq -4$ のとき

$|x+4|=x+4$ であるから，①は

$x+4<-3x$

よって　　$x<-1$

これと条件 $x \geqq -4$ との共通の範囲は

$-4 \leqq x < -1$　…②

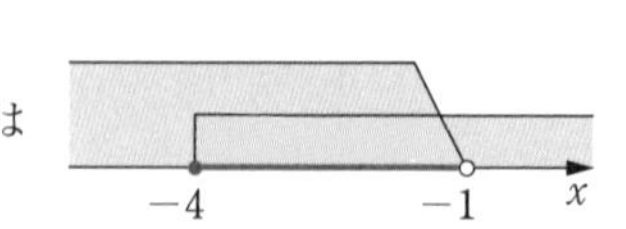

(ii) $x+4<0$ すなわち $x<-4$ のとき

$|x+4|=-(x+4)$ であるから，① は

$-(x+4)<-3x$

よって $x<2$

これと条件 $x<-4$ との共通の範囲は

$x<-4$ $\cdots$ ③

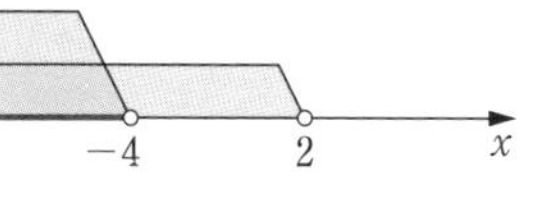

(i), (ii) より，不等式 ① の解は

② と ③ の範囲を合わせて

$x<-1$

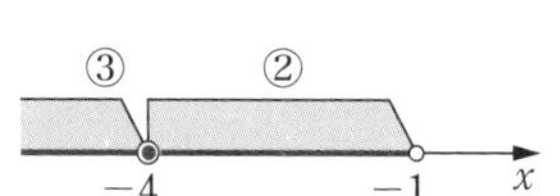

問　題

教 p.46

10 次の不等式を解け。

(1) $\dfrac{5x-2}{3}+1<\dfrac{4x-3}{5}-\dfrac{5}{3}$

(2) $0.3x-1.6 \geqq 0.7x+0.2$

考え方 係数を整数にしてから整理する。

解　答 (1) $\dfrac{5x-2}{3}+1<\dfrac{4x-3}{5}-\dfrac{5}{3}$

両辺に 15 を掛けて $5(5x-2)+15<3(4x-3)-25$

$25x-10+15<12x-9-25$

$13x<-39$

よって $x<-3$

(2) $0.3x-1.6 \geqq 0.7x+0.2$

両辺に 10 を掛けて $3x-16 \geqq 7x+2$

$-4x \geqq 18$

よって $x \leqq -\dfrac{9}{2}$

11 次の不等式を解け。

(1) $\begin{cases} 3(x-1) \geqq 5+x \\ \dfrac{x+2}{4} \leqq 3-\dfrac{2x-5}{10} \end{cases}$　(2) $\dfrac{x-3}{2}<x \leqq \dfrac{5x+4}{3}-1$

考え方 連立不等式を解くには，それぞれの不等式を解き，それらの解の共通の範囲を求める。

解 答 (1) $\begin{cases} 3(x-1) \geqq 5+x & \cdots\cdots ① \\ \dfrac{x+2}{4} \leqq 3-\dfrac{2x-5}{10} & \cdots\cdots ② \end{cases}$

① の括弧を外して　$3x-3 \geqq 5+x$

$2x \geqq 8$

よって　$x \geqq 4$　……③

② の両辺に 20 を掛けて　$5(x+2) \leqq 60-2(2x-5)$

$5x+10 \leqq 60-4x+10$

$9x \leqq 60$

よって　$x \leqq \dfrac{20}{3}$　……④

求める解は ③，④ の共通の範囲であるから

$4 \leqq x \leqq \dfrac{20}{3}$

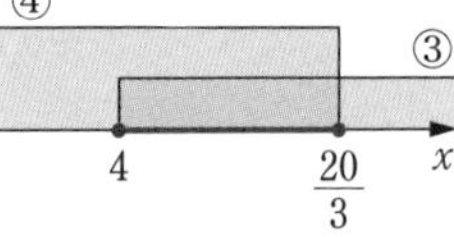

(2) $\dfrac{x-3}{2} < x \leqq \dfrac{5x+4}{3}-1$ より

$\begin{cases} \dfrac{x-3}{2} < x & \cdots\cdots ① \\ x \leqq \dfrac{5x+4}{3}-1 & \cdots\cdots ② \end{cases}$

① の両辺に 2 を掛けて　$x-3 < 2x$

$-x < 3$

よって　$x > -3$　……③

② の両辺に 3 を掛けて　$3x \leqq 5x+4-3$

$-2x \leqq 1$

よって　$x \geqq -\dfrac{1}{2}$　……④

求める解は ③，④ の共通の範囲であるから

$x \geqq -\dfrac{1}{2}$

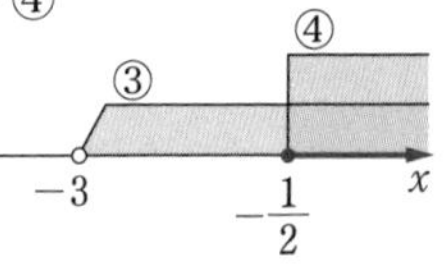

12 1 個 200 g のりんごと 1 個 150 g のかきがある。1 個の値段はりんごが 160 円，かきが 80 円である。このりんごとかきを合わせて 20 個購入し，重さは 3.6 kg 以上（①），代金は 2600 円以下（②）になるようにしたい。りんごとかきをそれぞれ何個購入すればよいか。

考え方 りんごの個数を x 個として，重さについての不等式と代金についての不等式をつくり，その連立不等式を解く。

解答 りんごの個数を x 個とすると，かきの個数は $(20-x)$ 個であるから，重さと代金について，与えられた条件からそれぞれ次の不等式が成り立つ。

$$\begin{cases} 200x+150(20-x) \geqq 3600 & \cdots\cdots ① \\ 160x+80(20-x) \leqq 2600 & \cdots\cdots ② \end{cases}$$

① より　$50x \geqq 600$　※1

よって　$x \geqq 12$　……③

② より　$80x \leqq 1000$　※2

よって　$x \leqq 12.5$　……④

求める解は ③，④ の共通の範囲であるから

$12 \leqq x \leqq 12.5$

x は整数であるから　$x=12$

このとき　$20-x=20-12=8$

したがって，**りんごを 12 個，かきを 8 個**購入すればよい。

※1
① の括弧を外すと
$200x+3000-150x \geqq 3600$
$50x \geqq 600$

※2
② の括弧を外すと
$160x+1600-80x \leqq 2600$
$80x \leqq 1000$

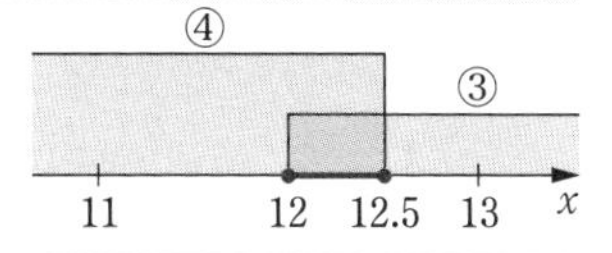

13 次の方程式，不等式を解け。

(1) $|3x+4|=5$　(2) $|4x+7|<3$　(3) $|5x-2|-3 \geqq 4$

考え方 $a>0$ のとき，絶対値記号を含む方程式，不等式の解は，次のようになる。

$|x|=a$ の解は　$x=\pm a$

$|x|<a$ の解は　$-a<x<a$

$|x|>a$ の解は　$x<-a$，$a<x$

解答 (1) $|3x+4|=5$ の解は　$3x+4=\pm 5$　より

$3x=-4\pm 5$

$3x=1,\ -9$

すなわち　$x=\dfrac{1}{3},\ -3$

(2) $|4x+7|<3$ の解は　$-3<4x+7<3$

各辺に -7 を加えて　$-10<4x<-4$

各辺を 4 で割って　$-\dfrac{5}{2}<x<-1$

(3) $|5x-2|-3 \geqq 4$ より　$|5x-2| \geqq 7$ であるから

$5x-2 \leqq -7$，　$7 \leqq 5x-2$

よって　$5x \leqq -5$，　$9 \leqq 5x$

すなわち　$x \leqq -1$，$\dfrac{9}{5} \leqq x$

14 不等式 $6x-4>8x-9$ を満たす x の値のうち，絶対値が5以下の整数をすべて求めよ。

考え方 不等式 $6x-4>8x-9$ の解を求め，その解の範囲に含まれる絶対値が5以下の整数をすべて求める。

解 答 $6x-4>8x-9$ より　　$-2x>-5$

したがって　　$x<2.5$　　　　　……①

また，$|x|\leqq 5$ より

　　$-5\leqq x\leqq 5$　　　　　……②

① と ② の共通の範囲は

　　$-5\leqq x<2.5$　　　　　……③

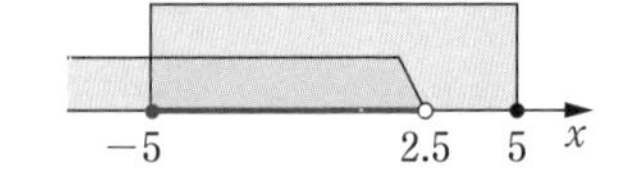

x は整数であるから，③ を満たす整数 x は

　　$-5,\ -4,\ -3,\ -2,\ -1,\ 0,\ 1,\ 2$

15 右の図は1次関数 $y=cx$ のグラフである。

実数 $a,\ b,\ c$ において

　　$a<b,\ c<0$ ならば $ac>bc$

であることを，右の図を用いて説明せよ。

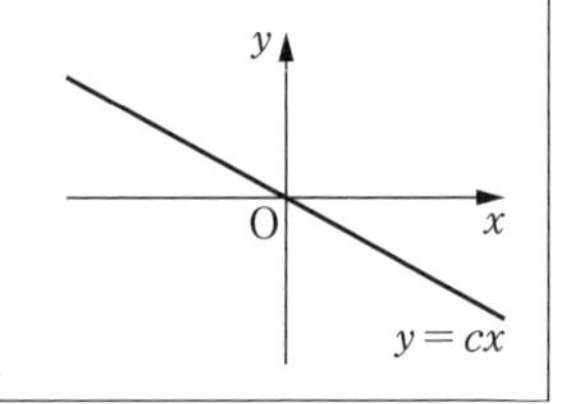

考え方 $y=cx$ で，$x=a$ のとき y の値は ac，$x=b$ のとき y の値は bc となることから，$x=a$，$x=b$ のときの y の値の大小を考える。

$c<0$ であるから，グラフは右下がりの直線となる。

解 答 $c<0$ であるから，$y=cx$ のグラフは右下がりの直線となる。

$a<b$ となるようにグラフ上に2点 A$(a,\ ac)$，B$(b,\ bc)$ をとり，ac と bc の大小を考えると，グラフは右下がりの直線であるから，$ac>bc$ となる。

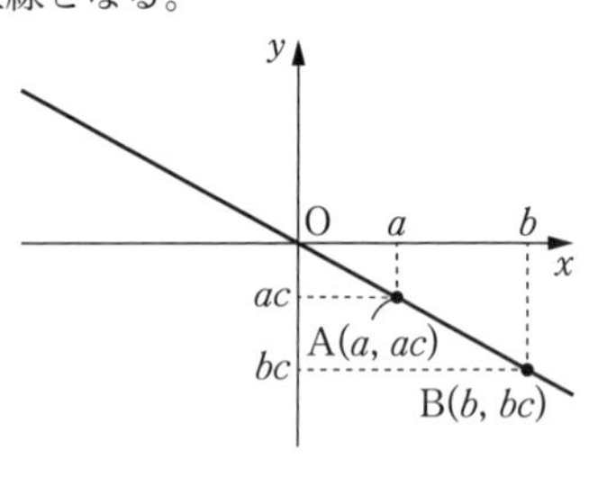

したがって

　　$a<b,\ c<0$ ならば $ac>bc$

である。

探究 係数に文字を含む不等式の解法［課題学習］ 教 p.47

考察 1　a を 0 でない実数とするとき，不等式 $ax+5>2$ の解はどうなるだろうか。

解答　5 を右辺に移項して

$ax>2-5$

$ax>-3$　……①

(i)　$a>0$ のとき

両辺を a で割ると　$x>-\frac{3}{a}$

(ii)　$a<0$ のとき

両辺を a で割ると　$x<-\frac{3}{a}$　⟵ $a<0$ より，不等号の向きが変わる

(i)，(ii) より，不等式 ① の解は

$a>0$ のとき　$x>-\frac{3}{a}$

$a<0$ のとき　$x<-\frac{3}{a}$

となる。

考察 2　$a=0$ とするとき，不等式 $ax+5>2$ の解はどうなるだろうか。
x についての不等式の解の定義を振り返って考えてみよう。

解答　$a=0$ のとき，不等式は $0\cdot x+5>2$　すなわち　$5<2$ となり，x の値に関わらず成り立つ。

したがって，不等式 $ax+5>2$ は

$a=0$ のとき　解はすべての実数

考察 3　$a=0$ とするとき，不等式 $ax+5<2$ の解はどうなるだろうか。

解答　$a=0$ のとき，与えられた不等式の

左辺は　$0\cdot x+5=5$

右辺は　2

となり，x にどのような値を代入しても，不等式は成り立たない。

したがって，不等式 $ax+5<2$ は

$a=0$ のとき　解なし

練　習　問　題　A

教 p.48

1 $A=x^2+3xy+2y^2$, $B=-x^2-2y^2$, $C=x^2+2xy-y^2$ のとき，次の計算をせよ。

(1) $3(A+2B)-2(3B+C)$　　(2) $AC+BC$

考え方 与えられた A, B, C についての式を簡単にしてから式を代入する。

(1) 括弧を外して，式を整理する。

(2) 共通因数 C をくくり出す。

解 答 (1) $3(A+2B)-2(3B+C)=3A+6B-6B-2C$

$$=3A-2C$$
$$=3(x^2+3xy+2y^2)-2(x^2+2xy-y^2)$$
$$=3x^2+9xy+6y^2-2x^2-4xy+2y^2$$
$$=\boldsymbol{x^2+5xy+8y^2}$$

(2) $AC+BC=(A+B)C$

$$=\{(x^2+3xy+2y^2)+(-x^2-2y^2)\}(x^2+2xy-y^2)$$
$$=3xy(x^2+2xy-y^2)$$
$$=\boldsymbol{3x^3y+6x^2y^2-3xy^3}$$

2 次の式を展開せよ。

(1) $(a+b-c+d)(a-b+c+d)$　　(2) $(x-2)(x+2)(x^2+4)(x^4+16)$

考え方 (1) 乗法公式を用いることができるよう，式のまとまりを考える。

(2) $(A+B)(A-B)^2=A^2-B^2$ を繰り返し利用する。

解 答 (1) $(a+b-c+d)(a-b+c+d)=\{(a+d)+(b-c)\}\{(a+d)-(b-c)\}$

$$=(a+d)^2-(b-c)^2$$
$$=(a^2+2ad+d^2)-(b^2-2bc+c^2)$$
$$=\boldsymbol{a^2+2ad+d^2-b^2+2bc-c^2}$$

(2) $(x-2)(x+2)(x^2+4)(x^4+16)=(x^2-4)(x^2+4)(x^4+16)$

$$=(x^4-16)(x^4+16)$$
$$=\boldsymbol{x^8-256}$$

3 次の式を因数分解せよ。

(1) $x^2+y^2-2xy-z^2$　　(2) $2x^2-3xy+y^2+7x-5y+6$

(3) $x^2y+y^2z-y^3-x^2z$　　(4) $(x-3)(x-1)(x+2)(x+4)+24$

考え方 (1) 項を並べかえ，式の一部を因数分解する。

(2) x について整理し，定数項にあたる y の式を因数分解する。

(3) 最も次数の低い z について整理する。

(4) $(x-3)(x+4)=x^2+x-12$, $(x-1)(x+2)=x^2+x-2$ であることに着目する。

解答 (1)
$$x^2+y^2-2xy-z^2=(x^2-2xy+y^2)-z^2$$
$$=(x-y)^2-z^2$$
$$=\{(x-y)+z\}\{(x-y)-z\}$$
$$=(x-y+z)(x-y-z)$$

(2)
$$2x^2-3xy+y^2+7x-5y+6$$
$$=2x^2+(-3y+7)x+(y^2-5y+6)$$
$$=2x^2+(-3y+7)x+(y-2)(y-3)$$
$$=\{x-(y-2)\}\{2x-(y-3)\}$$
$$=(x-y+2)(2x-y+3)$$

$1 \times -(y-2) \longrightarrow -2y+4$
$2 \times -(y-3) \longrightarrow -y+3$
$-3y+7$

(3) z について整理すると
$$x^2y+y^2z-y^3-x^2z=(y^2-x^2)z+(x^2y-y^3)$$
$$=-(x^2-y^2)z+y(x^2-y^2)$$
$$=(x^2-y^2)(y-z)$$
$$=(x+y)(x-y)(y-z)$$

(4)
$$(x-3)(x-1)(x+2)(x+4)+24$$
$$=\{(x-3)(x+4)\}\{(x-1)(x+2)\}+24$$
$$=(x^2+x-12)(x^2+x-2)+24$$
$$=\{(x^2+x)-12\}\{(x^2+x)-2\}+24$$
$$=(x^2+x)^2-14(x^2+x)+24+24$$
$$=(x^2+x)^2-14(x^2+x)+48$$
$$=(x^2+x-6)(x^2+x-8)$$
$$=(x+3)(x-2)(x^2+x-8)$$

$A^2-14A+48$
$=(A-6)(A-8)$

4 次の式を簡単にせよ。
$$\frac{1}{1+\sqrt{2}}+\frac{1}{\sqrt{2}+\sqrt{3}}+\frac{1}{\sqrt{3}+2}+\frac{1}{2+\sqrt{5}}$$

考え方 それぞれの分母を有理化して計算する。

解答
$$\frac{1}{1+\sqrt{2}}+\frac{1}{\sqrt{2}+\sqrt{3}}+\frac{1}{\sqrt{3}+2}+\frac{1}{2+\sqrt{5}}$$
$$=\frac{1-\sqrt{2}}{(1+\sqrt{2})(1-\sqrt{2})}+\frac{\sqrt{2}-\sqrt{3}}{(\sqrt{2}+\sqrt{3})(\sqrt{2}-\sqrt{3})}$$
$$+\frac{\sqrt{3}-2}{(\sqrt{3}+2)(\sqrt{3}-2)}+\frac{2-\sqrt{5}}{(2+\sqrt{5})(2-\sqrt{5})}$$

$$= \frac{1-\sqrt{2}}{1^2-(\sqrt{2})^2} + \frac{\sqrt{2}-\sqrt{3}}{(\sqrt{2})^2-(\sqrt{3})^2} + \frac{\sqrt{3}-2}{(\sqrt{3})^2-2^2} + \frac{2-\sqrt{5}}{2^2-(\sqrt{5})^2}$$

$$= -(1-\sqrt{2})-(\sqrt{2}-\sqrt{3})-(\sqrt{3}-2)-(2-\sqrt{5})$$

$$= -1+\sqrt{2}-\sqrt{2}+\sqrt{3}-\sqrt{3}+2-2+\sqrt{5}$$

$$= -1+\sqrt{5}$$

5 $x=\dfrac{\sqrt{5}-\sqrt{3}}{\sqrt{5}+\sqrt{3}}$ のとき，次の式の値を求めよ。

(1) $x+\dfrac{1}{x}$　　　(2) $x^2+\dfrac{1}{x^2}$

考え方 (2) $x^2+\dfrac{1}{x^2}=\left(x+\dfrac{1}{x}\right)^2-2$ であることを用いる。

解答 (1) $x=\dfrac{\sqrt{5}-\sqrt{3}}{\sqrt{5}+\sqrt{3}}=\dfrac{(\sqrt{5}-\sqrt{3})^2}{(\sqrt{5}+\sqrt{3})(\sqrt{5}-\sqrt{3})}=\dfrac{8-2\sqrt{15}}{5-3}$

$=4-\sqrt{15}$

$\dfrac{1}{x}=\dfrac{1}{4-\sqrt{15}}=\dfrac{4+\sqrt{15}}{(4-\sqrt{15})(4+\sqrt{15})}=\dfrac{4+\sqrt{15}}{16-15}=4+\sqrt{15}$

であるから

$x+\dfrac{1}{x}=(4-\sqrt{15})+(4+\sqrt{15})=8$

(2) $x^2+\dfrac{1}{x^2}=\left(x+\dfrac{1}{x}\right)^2-2=8^2-2=62$

6 次の不等式を解け。

(1) $3(4+x)>2x+7 \geqq 5x-3$

(2) $\begin{cases} 2x+3<5(x-6) \\ 2x-8>4(1-x) \end{cases}$　　　(3) $\begin{cases} 3x-2(x+2) \geqq -1 \\ 3x-5 \leqq -x+7 \end{cases}$

考え方 それぞれの不等式を解き，それらの解の共通の範囲を求める。

解答 (1) $3(4+x)>2x+7 \geqq 5x-3$ より

$\begin{cases} 3(4+x)>2x+7 & \cdots\cdots ① \\ 2x+7 \geqq 5x-3 & \cdots\cdots ② \end{cases}$

① より　$12+3x>2x+7$

よって　$x>-5$ ……③

② より　$-3x \geqq -10$

よって　$x \leqq \dfrac{10}{3}$ ……④

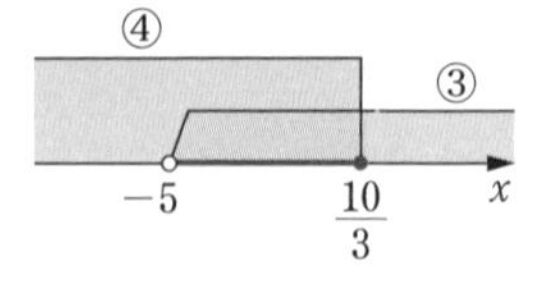

求める解は③，④の共通の範囲であるから　$-5<x \leqq \dfrac{10}{3}$

(2) $\begin{cases} 2x+3<5(x-6) & \cdots\cdots ① \\ 2x-8>4(1-x) & \cdots\cdots ② \end{cases}$

① より　$2x+3<5x-30$

$-3x<-33$

よって　$x>11$　……③

② より　$2x-8>4-4x$

$6x>12$

よって　$x>2$　……④

求める解は ③，④ の共通の範囲であるから　$x>11$

(3) $\begin{cases} 3x-2(x+2) \geqq -1 & \cdots\cdots ① \\ 3x-5 \leqq -x+7 & \cdots\cdots ② \end{cases}$

① より　$3x-2x-4 \geqq -1$

よって　$x \geqq 3$　……③

② より　$4x \leqq 12$

よって　$x \leqq 3$　……④

求める解は ③，④ の共通の範囲であるから　$x=3$

7　1本200円の鉛筆を，A店では1割引きで販売している。B店ではこの鉛筆を10本までは200円で，10本を超えると超えた分については2割引きで販売している。この鉛筆を何本以上購入すると，A店で購入するよりもB店で購入するほうが安くなるか。

考え方　購入する鉛筆の本数を x 本として，代金についての不等式をつくり，それを解く。

解答　鉛筆の本数を x 本とすると，B店で購入するほうが安くなるのは，少なくとも $x>10$ のときである。

A店での代金は　$200\cdot(1-0.1)\cdot x=180x$（円）

B店での代金は　$200\cdot 10+200\cdot(1-0.2)\cdot(x-10)=160x+400$（円）

B店で購入するほうが安くなるとすると，次の不等式が成り立つ。

$180x>160x+400$

$20x>400$

$x>20$

したがって，**21本以上**購入すると，B店のほうが安くなる。

練　習　問　題　B

教 p.49

8　$x+y+z=2$，$xy+yz+zx=1$ のとき，次の式の値を求めよ。

$x^2+y^2+z^2$

考え方　公式 $(a+b+c)^2=a^2+b^2+c^2+2ab+2bc+2ca$ を利用する。

解　答

$$(x+y+z)^2=x^2+y^2+z^2+2xy+2yz+2zx$$

であるから

$$\begin{aligned} x^2+y^2+z^2 &= (x+y+z)^2-2xy-2yz-2zx \\ &= (x+y+z)^2-2(xy+yz+zx) \\ &= 2^2-2\cdot 1=4-2=2 \end{aligned}$$

9　次の式を因数分解せよ。

(1)　$a(b^2-c^2)+b(c^2-a^2)+c(a^2-b^2)$

(2)　$abx^2-(a^2+b^2)x+(a^2-b^2)$

(3)　$(a+b+c+1)(a+1)+bc$

(4)　$(a+b+c)(ab+bc+ca)-abc$

考え方　(1), (4)　1つの文字について整理する。

(2)　x についての2次式と考えて，定数項を因数分解する。

(3)　式の一部をひとまとめにして，1つの文字のように見なして考える。

解　答　(1)　a について整理すると

$$\begin{aligned} & a(b^2-c^2)+b(c^2-a^2)+c(a^2-b^2) \\ &= (c-b)a^2-(c^2-b^2)a+(bc^2-b^2c) \\ &= (c-b)a^2-(c+b)(c-b)a+bc(c-b) \\ &= (c-b)\{a^2-(c+b)a+bc\} \\ &= (c-b)(a-c)(a-b) \\ &= (a-b)(b-c)(c-a) \end{aligned}$$

(2)

$$\begin{aligned} & abx^2-(a^2+b^2)x+(a^2-b^2) \\ &= abx^2-(a^2+b^2)x+(a+b)(a-b) \\ &= \{ax-(a+b)\}\{bx-(a-b)\} \\ &= (ax-a-b)(bx-a+b) \end{aligned}$$

$$\begin{array}{ccccc} a & \diagdown\!\!\!\!\diagup & -(a+b) & \longrightarrow & -ab-b^2 \\ b & & -(a-b) & \longrightarrow & -a^2+ab \\ \hline & & & & -(a^2+b^2) \end{array}$$

(3)

$$\begin{aligned} & (a+b+c+1)(a+1)+bc \\ &= \{(a+1)+b+c\}(a+1)+bc \\ &= (a+1)^2+(b+c)(a+1)+bc \\ &= (a+1+b)(a+1+c) \\ &= (a+b+1)(a+c+1) \end{aligned}$$

$$\begin{array}{ccccc} a+1 & \diagdown\!\!\!\!\diagup & b & \longrightarrow & b(a+1) \\ a+1 & & c & \longrightarrow & c(a+1) \\ \hline & & & & (b+c)(a+1) \end{array}$$

(4) a について整理すると

$$
\begin{aligned}
&(a+b+c)(ab+bc+ca)-abc \\
&=\{a+(b+c)\}\{(b+c)a+bc\}-abc \\
&=(b+c)a^2+abc+(b+c)^2a+(b+c)bc-abc \\
&=(b+c)a^2+(b+c)^2a+(b+c)bc \\
&=(b+c)\{a^2+(b+c)a+bc\} \\
&=(b+c)(a+b)(a+c) \\
&=(a+b)(b+c)(c+a)
\end{aligned}
$$

輪環の順に整理する

10 $\dfrac{1}{1+\sqrt{2}+\sqrt{3}}$ の分母を有理化せよ。

解答

$$
\begin{aligned}
\frac{1}{1+\sqrt{2}+\sqrt{3}} &= \frac{1+\sqrt{2}-\sqrt{3}}{(1+\sqrt{2}+\sqrt{3})(1+\sqrt{2}-\sqrt{3})} \quad ※ \\
&= \frac{1+\sqrt{2}-\sqrt{3}}{2\sqrt{2}} \\
&= \frac{(1+\sqrt{2}-\sqrt{3})\cdot\sqrt{2}}{2\sqrt{2}\cdot\sqrt{2}} \\
&= \frac{2+\sqrt{2}-\sqrt{6}}{4}
\end{aligned}
$$

※
分母を計算すると

$$
\begin{aligned}
&(1+\sqrt{2}+\sqrt{3})(1+\sqrt{2}-\sqrt{3}) \\
&=(1+\sqrt{2})^2-(\sqrt{3})^2 \\
&=1+2\sqrt{2}+2-3 \\
&=2\sqrt{2}
\end{aligned}
$$

11 $\dfrac{1}{3-\sqrt{7}}$ の整数部分を a，小数部分を b とするとき，次の問に答えよ。

(1) a，b の値を求めよ。

(2) $a^2+2ab+4b^2$ の値を求めよ。

考え方 $\dfrac{1}{3-\sqrt{7}}$ の分母を有理化して，a，b の値を求める。

解答 (1)

$$
\frac{1}{3-\sqrt{7}} = \frac{3+\sqrt{7}}{(3-\sqrt{7})(3+\sqrt{7})} = \frac{3+\sqrt{7}}{3^2-(\sqrt{7})^2} = \frac{3+\sqrt{7}}{2}
$$

ここで，$2^2<7<3^2$ より，$2<\sqrt{7}<3$ であるから

$$
\frac{3+2}{2} < \frac{3+\sqrt{7}}{2} < \frac{3+3}{2} \quad \text{すなわち} \quad \frac{5}{2} < \frac{1}{3-\sqrt{7}} < 3
$$

したがって，整数部分 a は　$a=2$

また，小数部分 b は　$b=\dfrac{3+\sqrt{7}}{2}-2=\dfrac{\sqrt{7}-1}{2}$

したがって

$$
a=2,\ b=\frac{\sqrt{7}-1}{2}
$$

(2) $a^2+2ab+4b^2=2^2+2\cdot2\cdot\dfrac{\sqrt{7}-1}{2}+4\cdot\left(\dfrac{\sqrt{7}-1}{2}\right)^2$

$=4+2(\sqrt{7}-1)+(\sqrt{7}-1)^2$

$=4+2\sqrt{7}-2+7-2\sqrt{7}+1$

$=10$

プラス+ (2) $a+2b=2+2\cdot\dfrac{\sqrt{7}-1}{2}=\sqrt{7}+1$

$ab=2\cdot\dfrac{\sqrt{7}-1}{2}=\sqrt{7}-1$

したがって

$a^2+2ab+4b^2=(a+2b)^2-2ab$

$=(\sqrt{7}+1)^2-2(\sqrt{7}-1)$

$=(8+2\sqrt{7})-2\sqrt{7}+2$

$=10$

12 $a+b\geqq0$, $a-b\leqq0$ のとき

$\sqrt{a^2+2ab+b^2}+\sqrt{a^2-2ab+b^2}$

を簡単にせよ。

考え方 $\sqrt{A^2}=|A|$ であることを用いる。

解答 $\sqrt{a^2+2ab+b^2}+\sqrt{a^2-2ab+b^2}=\sqrt{(a+b)^2}+\sqrt{(a-b)^2}$

$=|a+b|+|a-b|$

$a+b\geqq0$, $a-b\leqq0$ であるから

$|a+b|=a+b$, $|a-b|=-(a-b)$

したがって

$\sqrt{a^2+2ab+b^2}+\sqrt{a^2-2ab+b^2}=(a+b)+\{-(a-b)\}$

$=a+b-a+b$

$=2b$

13 不等式 $4-x\leqq3x\leqq2x+a$ を満たす整数 x がちょうど3個存在するような定数 a の値の範囲を求めよ。

考え方 連立不等式の解を a で表して，その解の範囲に整数がちょうど3個含まれるような a の値の範囲を求める。

解答 $4-x \leqq 3x \leqq 2x+a$ ……① より

$$\begin{cases} 4-x \leqq 3x & \cdots\cdots② \\ 3x \leqq 2x+a & \cdots\cdots③ \end{cases}$$

② より　$4 \leqq 4x$

したがって　$1 \leqq x$ ……④

③ より　$x \leqq a$ ……⑤

① の解は存在して，④，⑤ の共通の範囲であるから

$1 \leqq x \leqq a$ ……⑥

⑥ の範囲に整数がちょうど 3 個含まれるならば，その整数は

$x=1,\ 2,\ 3$

したがって，求める a の値の範囲は

$3 \leqq a < 4$

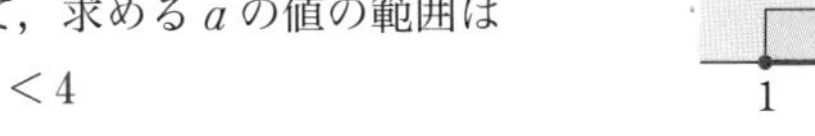

14 2 つの不等式

$|x-7|<2$ ……①

$|x-3|<k$ ……②

について，次の問に答えよ。ただし，k は正の定数とする。

(1) ①，② をともに満たす実数 x が存在するような k の値の範囲を求めよ。

(2) ① の解が ② の解に含まれるような k の値の範囲を求めよ。

考え方 $a>0$ のとき，不等式 $|x|<a$ の解は $-a<x<a$ であることを用いて，①，② の解を求め，それらの解を数直線上に表す。

解答 $|x-7|<2$ ……①

$|x-3|<k$ ……②

① より　$-2<x-7<2$

各辺に 7 を加えて　$5<x<9$ ……③

$k>0$ であるから，② より　$-k<x-3<k$

各辺に 3 を加えて　$3-k<x<3+k$ ……④

(1) ①，② をともに満たす実数 x は，③，④ をともに満たすから，③，④ に共通な範囲が存在すればよい。

すなわち　$5<3+k$

したがって　$k>2$

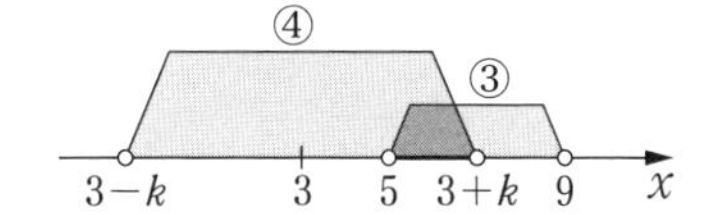

(2) ① の解が ② の解に含まれるとき，③ が ④ に含まれるから

$9 \leqq 3+k$

したがって　$k \geqq 6$

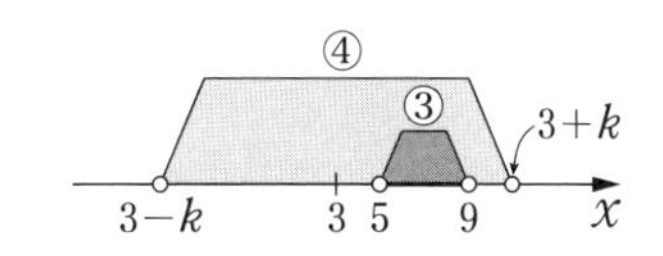

活用 江戸の数学〈開平法〉 教 p.50

考察1 [2] では，$\sqrt{19}$ の小数第1位の数字を x とすると，x は

$$\left(4+\frac{1}{10}x\right)^2 \leqq 19 \quad \cdots\cdots ①$$

を満たす最大の整数であり，それを求めている。① を展開して，① を満たす最大の整数が [2] の方法で求められることを説明してみよう。

解答 ① の左辺を展開して整理すると

$$16+\frac{4}{5}x+\frac{1}{100}x^2 \leqq 19$$

$$1600+80x+x^2 \leqq 1900$$

$$(80+x)x \leqq 300 \quad \cdots\cdots ②$$

したがって，8□×□のうち，300 以下で 300 に最も近くなるような□の値を求めればよい。これを満たす最大の値は，$83\times3=249$，$84\times4=336$ であるから，3 である。

考察2 [3] の手順について，説明してみよう。

解答 [3] では，$\sqrt{19}$ の小数第2位の 5 を求めて，5100 から 4325 を引いている。この 4325 は，86□×□のうち，5100 以下で 5100 に最も近くなるように□の値を決めて得られたものである。

このことは，次のように説明できる。

$\sqrt{19}$ の小数第2位の数字を x とすると，考察1と同様にして x は

$$\left(4+\frac{3}{10}+\frac{1}{100}x\right)^2 \leqq 19 \quad \cdots\cdots ②$$

を満たす最大の整数である。② の左辺を展開して

$$4^2+\left(\frac{3}{10}\right)^2+\left(\frac{1}{100}x\right)^2+2\cdot4\cdot\frac{3}{10}+2\cdot\frac{3}{10}\cdot\frac{1}{100}x+2\cdot\frac{1}{100}x\cdot4 \leqq 19$$

両辺に 10000 を掛けて整理すると

$$160000+900+x^2+24000+60x+800x \leqq 190000$$

$$860x+x^2 \leqq 5100$$

$$(860+x)x \leqq 5100$$

したがって，86□×□のうち，5100 以下で 5100 に最も近くなるような□の値を求めればよい。これを満たす最大の値は，$865\times5=4325$，$866\times6=5196$ であるから，5 である。

2章　集合と論証

1節　集合

2節　命題と論証

1節 集合

1 集合

用語のまとめ

集合

- ある条件を満たすもの全体の集まりを **集合** といい，集合をつくっている個々のものを，その集合の **要素** という。
- a が集合 A の要素であるとき，a は集合 A に **属する** といい，$a \in A$ で表す。また，b が集合 A の要素でないことを，$b \notin A$ で表す。

部分集合

- 集合 A のすべての要素が集合 B にも属しているとき，すなわち，$x \in A$ ならば $x \in B$ であるとき，A を B の **部分集合** といい，$A \subset B$ または $B \supset A$ で表す。
  このとき，A は B に **含まれる**，または，B は A を **含む** という。

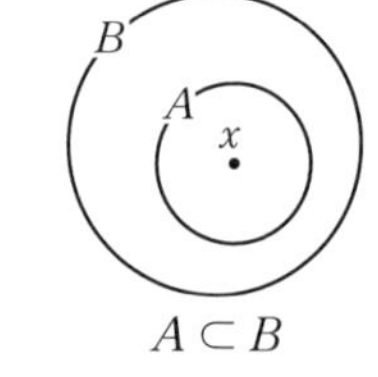

$A \subset B$

- 集合 A と集合 B の要素がすべて一致しているとき，集合 A，B は **等しい** といい，$A = B$ と書く。
- $A \subset B$ であるが $A = B$ でないとき，A を B の **真部分集合** という。

共通部分と和集合

- 集合 A，B のどちらにも属する要素全体の集合を，A と B の **共通部分** といい，$A \cap B$ で表す。すなわち
  $$A \cap B = \{x \mid x \in A \quad かつ \quad x \in B\}$$

$A \cap B$

- 集合 A，B の少なくとも一方に属する要素全体の集合を，A と B の **和集合** といい，$A \cup B$ で表す。すなわち
  $$A \cup B = \{x \mid x \in A \quad または \quad x \in B\}$$

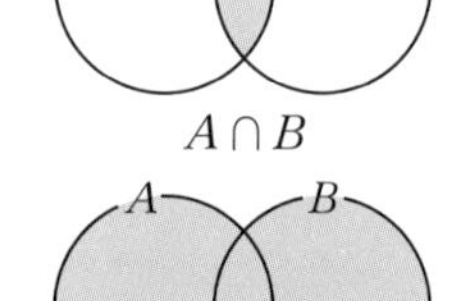

$A \cup B$

- 3つの集合については
  A，B，C の共通部分を
  $A \cap B \cap C$
  A，B，C の和集合を
  $A \cup B \cup C$
  で表す。

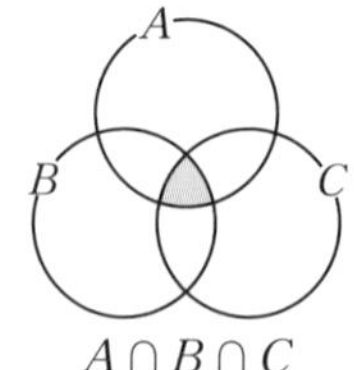

$A \cap B \cap C$

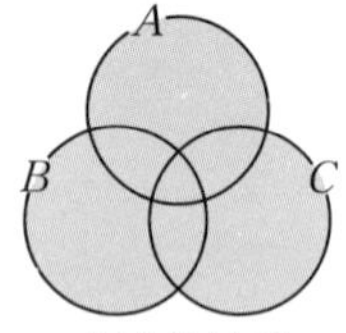

$A \cup B \cup C$

空集合

- 要素をもたない集合を **空集合** といい，記号 $\varnothing$ で表す。

補集合

- 集合を考えるときは，あらかじめ1つの集合 U を定め，その部分集合について考えることが多い。このとき，U を **全体集合** という。
- 全体集合 U の部分集合 A に対して，U の要素で A に属さないもの全体の集合を A の **補集合** といい，$\overline{A}$ で表す。すなわち

$\overline{A}=\{x\,|\,x\in U$ かつ $x\notin A\}$

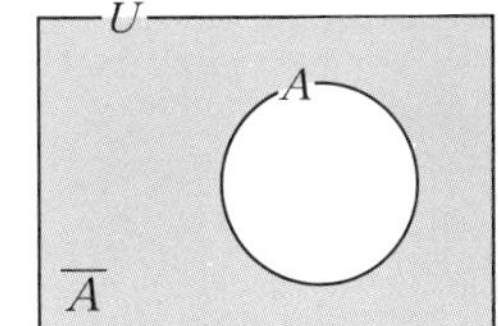

教 p.52

問1 次の□の中に $\in$, $\notin$ のいずれかを書き入れよ。

(1) 正の奇数全体の集合を A とするとき　$5\,\square\,A$, $6\,\square\,A$

(2) 18 の正の約数全体の集合を B とするとき　$5\,\square\,B$, $6\,\square\,B$

考え方 5，6 が A，B の要素であるかどうかを調べる。

解 答 (1) A は，1，3，5，7，9，…を要素とする集合であるから，5 は A の要素であり，6 は A の要素でない。

したがって　$5\in A$, $6\notin A$

(2) B は，1，2，3，6，9，18 を要素とする集合であるから，5 は B の要素ではなく，6 は B の要素である。

したがって　$5\notin B$, $6\in B$

集合の表し方

解き方のポイント

集合の表し方には，次の2通りの方法がある。

(ア) **要素を書き並べる方法**

(イ) **要素の条件を述べる方法**

教 p.53

問2 次の集合を，要素を書き並べる方法で表せ。

(1) 10 以下の素数全体　(2) 100 以下の正の奇数全体

(3) $\{x\,|\,x^2=4\}$　(4) $\{5x\,|\,x$ は整数，$x\geqq 2\}$

考え方 集合の要素の個数が多い場合や，要素の個数が有限個でない場合には，一部の要素だけを書き，残りを…で表すこともある。

(3) 方程式 $x^2=4$ の解を書き並べる。

解答 (1) $\{2,\ 3,\ 5,\ 7\}$

(2) $\{1,\ 3,\ 5,\ \cdots,\ 99\}$

(3) $x^2=4$ を解くと，$x=\pm 2$ であるから　$\{-2,\ 2\}$

(4) $\{10,\ 15,\ 20,\ \cdots\}$

教 p.53

問3　次の集合を，要素の条件を述べる方法で表せ。

(1) $\{1,\ 3,\ 5,\ 7,\ 9\}$　　(2) $\{2,\ 3,\ 5,\ 7,\ 11\}$

解答 (1) $\{x\,|\,x$ **は 10 以下の正の奇数**$\}$　など

(2) $\{x\,|\,x$ **は 11 以下の素数**$\}$　など

教 p.54

問4　4 つの集合

$A=\{1,\ 2,\ 3\}$, $B=\{1,\ 2,\ 4\}$, $C=\{3\}$, $D=\{x\,|\,x$ は 6 の正の約数$\}$

のうち，$E=\{1,\ 2,\ 3,\ 6\}$ の部分集合であるものはどれか。

考え方　集合 $A\sim D$ の要素それぞれがすべて E の要素になっているか調べる。$D=\{1,\ 2,\ 3,\ 6\}$ である。

解答 A, C, D

教 p.54

問5　次の集合のうち，集合 $\{1,\ 3\}$ に等しいものはどれか。

$A=\{x\,|\,x$ は正の整数，$x<4\}$

$B=\{x\,|\,x^2-4x+3=0\}$

考え方　集合 A, B それぞれについて，要素を書き並べる方法で表して考える。

解答 $x<4$ を満たす正の整数は 1, 2, 3 であるから　　$A=\{1,\ 2,\ 3\}$

$x^2-4x+3=0$ の解は $x=1,\ 3$ であるから　　$B=\{1,\ 3\}$

集合 $\{1,\ 3\}$ に等しいのは，**集合 B** である。

教 p.55

問6　次の集合 A, B について，$A\cap B$, $A\cup B$ を求めよ。

(1) $A=\{1,\ 2,\ 3,\ 4,\ 5\}$, $B=\{2,\ 3,\ 5,\ 7\}$

(2) $A=\{x\,|\,x$ は実数, $-2<x<6\}$, $B=\{x\,|\,x$ は実数, $-5\leqq x\leqq 0\}$

考え方　$A\cap B$ は A, B のどちらにも属する要素全体の集合であり，$A\cup B$ は A, B の少なくとも一方に属する要素全体の集合である。

解答 (1) $A\cap B=\{2,\ 3,\ 5\}$

$A\cup B=\{1,\ 2,\ 3,\ 4,\ 5,\ 7\}$

(2) $A \cap B = \{x \mid x$ は実数, $-2 < x \leqq 0\}$

$A \cup B = \{x \mid x$ は実数, $-5 \leqq x < 6\}$

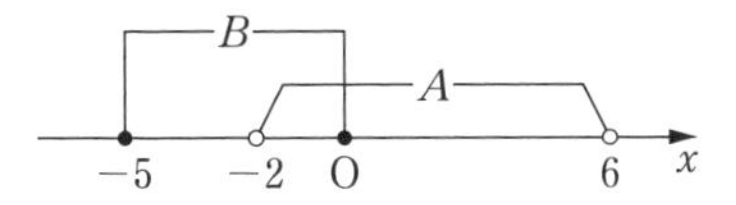

教 p.56

問7 $A = \{1, 2, 3, 4, 5, 6\}$, $B = \{2, 4, 6, 8, 10\}$, $C = \{1, 2, 4, 8, 16\}$ について, $A \cap B \cap C$, $A \cup B \cup C$ を求めよ。

考え方 $A \cap B \cap C$ は A, B, C のどれにも属する要素全体の集合であり, $A \cup B \cup C$ は A, B, C の少なくとも 1 つに属する要素全体の集合である。

解答 $A \cap B \cap C = \{2, 4\}$

$A \cup B \cup C = \{1, 2, 3, 4, 5, 6, 8, 10, 16\}$

教 p.56

問8 集合 $\{3, 4, 5\}$ の部分集合をすべて挙げよ。

考え方 3, 4, 5 の少なくとも 1 つを要素にもつ集合をすべて挙げる。また, 空集合 $\varnothing$ も部分集合であることに注意する。

解答 $\varnothing$, $\{3\}$, $\{4\}$, $\{5\}$, $\{3, 4\}$, $\{3, 5\}$, $\{4, 5\}$, $\{3, 4, 5\}$

教 p.57

問9 $U = \{x \mid x$ は 10 より小さい自然数$\}$ を全体集合とする。

$A = \{2, 4, 6\}$, $B = \{1, 3, 4, 7\}$ について, 次の集合を求めよ。

(1) $\overline{A}$　(2) $A \cap \overline{B}$　(3) $\overline{A} \cup \overline{B}$　(4) $\overline{A \cap B}$

考え方 (1) U の要素であって, A に属さないもの全体の集合である。

(4) U の要素であって, $A \cap B$ に属さないもの全体の集合である。

解答 $U = \{1, 2, 3, 4, 5, 6, 7, 8, 9\}$ である。

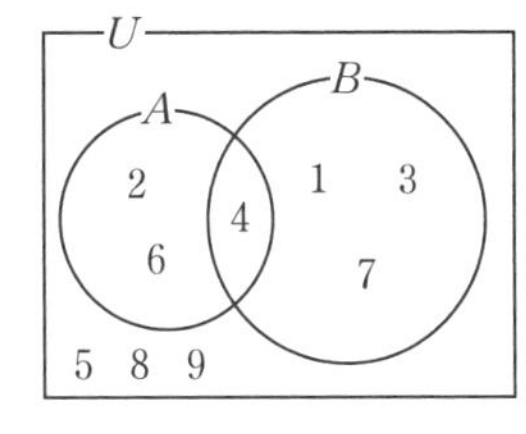

(1) $\overline{A} = \{1, 3, 5, 7, 8, 9\}$

(2) $\overline{B} = \{2, 5, 6, 8, 9\}$ であるから

$A \cap \overline{B} = \{2, 6\}$

(3) $\overline{A}$ と $\overline{B}$ の和集合を求めて

$\overline{A} \cup \overline{B} = \{1, 2, 3, 5, 6, 7, 8, 9\}$

(4) $A \cap B = \{4\}$ であるから

$\overline{A \cap B} = \{1, 2, 3, 5, 6, 7, 8, 9\}$

参考 (3), (4) より $\overline{A} \cup \overline{B} = \overline{A \cap B}$ であることが分かる。

● 補集合の性質 ……………… 解き方のポイント

$A\cap\overline{A}=\varnothing$,　$A\cup\overline{A}=U$,　$\overline{(\overline{A})}=A$

$\overline{U}=\varnothing$,　$\overline{\varnothing}=U$

教 p.57

問 10　$A\subset B$ ならば $\overline{A}\supset\overline{B}$ であることを，右の図を用いて確かめよ。

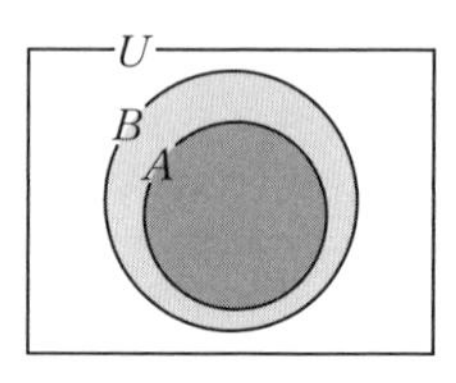

考え方　$\overline{A}$，$\overline{B}$ をそれぞれ図に表して，$\overline{B}$ が $\overline{A}$ に含まれることを確かめる。

解 答　$\overline{A}$，$\overline{B}$ をそれぞれ図示すると，下の図の色で示した部分である。

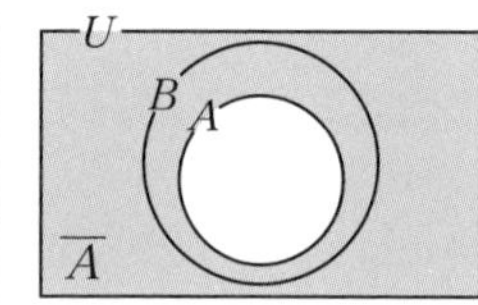

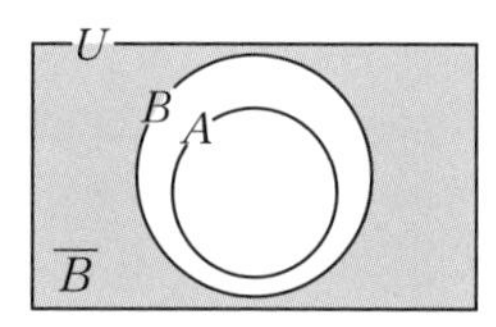

このとき，$\overline{B}$ が $\overline{A}$ に含まれることが分かる。

したがって，$A\subset B$ ならば，$\overline{A}\supset\overline{B}$ である。

● ド・モルガンの法則 ……………… 解き方のポイント

$\overline{A\cup B}=\overline{A}\cap\overline{B}$　（和集合の補集合は，補集合の共通部分に等しい。）

$\overline{A\cap B}=\overline{A}\cup\overline{B}$　（共通部分の補集合は，補集合の和集合に等しい。）

教 p.58

問 11　$\overline{A\cap B}=\overline{A}\cup\overline{B}$ を，例 8 にならって確かめよ。

考え方　$\overline{A\cap B}$，$\overline{A}$，$\overline{B}$ をそれぞれ図示する。

解 答　$\overline{A\cap B}$ は図 1 の色で示した部分である。

$\overline{A}$ は図 2，$\overline{B}$ は図 3 の色で示した部分であるから，$\overline{A\cap B}$ は $\overline{A}\cup\overline{B}$ に一致する。

図 1

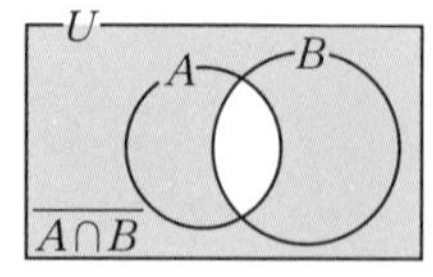

図 2

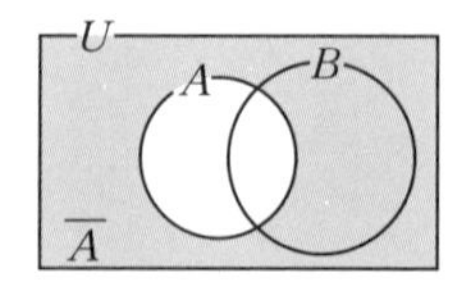

図 3

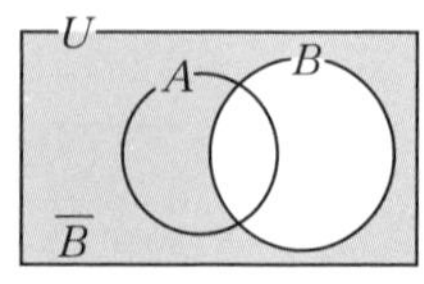

教 p.58

問 12 $U=\{x\,|\,x$ は 10 より小さい自然数$\}$ を全体集合とする。

$$A=\{2,\ 4,\ 6\},\ B=\{1,\ 3,\ 4,\ 7\}$$

について，$\overline{A}\cap\overline{B}$ を求めよ。

考え方 ド・モルガンの法則 $\overline{A\cup B}=\overline{A}\cap\overline{B}$ を用いて求める。

解答 全体集合は $U=\{1,\ 2,\ 3,\ 4,\ 5,\ 6,\ 7,\ 8,\ 9\}$ となる。

$A=\{2,\ 4,\ 6\}$，$B=\{1,\ 3,\ 4,\ 7\}$ より

$$A\cup B=\{1,\ 2,\ 3,\ 4,\ 6,\ 7\}$$

であるから，ド・モルガンの法則により

$$\overline{A}\cap\overline{B}=\overline{A\cup B}=\{5,\ 8,\ 9\}$$

問　題

教 p.58

1 $U=\{x\,|\,x$ は 実数$\}$ を全体集合とする。

$$A=\{x\,|\,-1<x<5\},\ B=\{x\,|\,x\leqq 2\}$$

について，次の集合を求めよ。

(1) $A\cap B$　　(2) $A\cup B$

(3) $\overline{A}\cap\overline{B}$　　(4) $\overline{A}\cup\overline{B}$

考え方 数直線上に表して考える。

解答 (1) 集合 A，B のどちらにも属する要素は，$-1<x\leqq 2$ であるから

$$A\cap B=\{x\,|\,-1<x\leqq 2\}$$

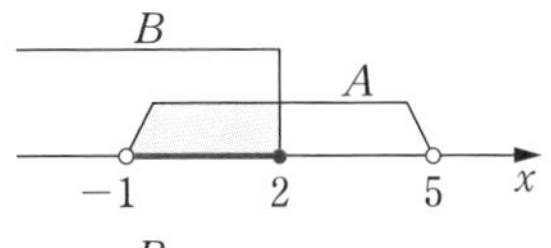

(2) 集合 A，B の少なくとも一方に属する要素は，$x<5$ であるから

$$A\cup B=\{x\,|\,x<5\}$$

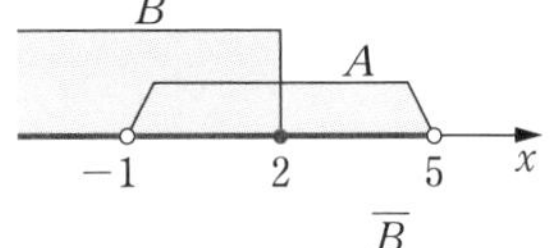

(3) ド・モルガンの法則により，

$\overline{A}\cap\overline{B}=\overline{A\cup B}$ であるから，(2) より

$$\overline{A}\cap\overline{B}=\{x\,|\,x\geqq 5\}$$

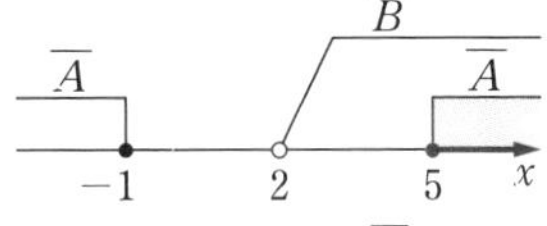

(4) ド・モルガンの法則により，

$\overline{A}\cup\overline{B}=\overline{A\cap B}$ であるから，(1) より

$$\overline{A}\cup\overline{B}=\{x\,|\,x\leqq -1,\ 2<x\}$$

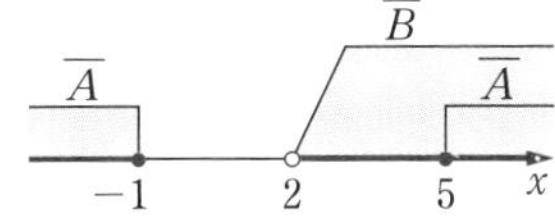

2 $A \cap B = \varnothing$ のときや，$A \subset B$ のときにも，ド・モルガンの法則は成り立つことをそれぞれ図を用いて確かめよ。

考え方 図はそれぞれ下のようになる。

$A \cap B = \varnothing$

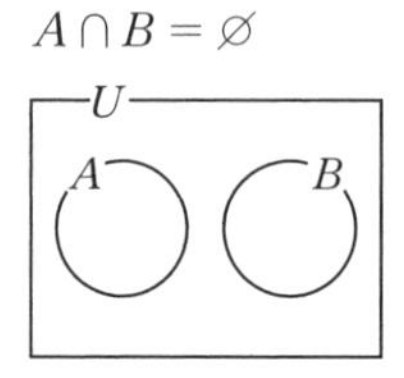

$A \subset B$

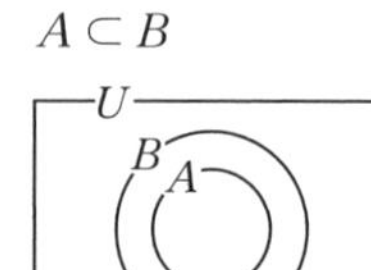

解答 **$A \cap B = \varnothing$ のとき**

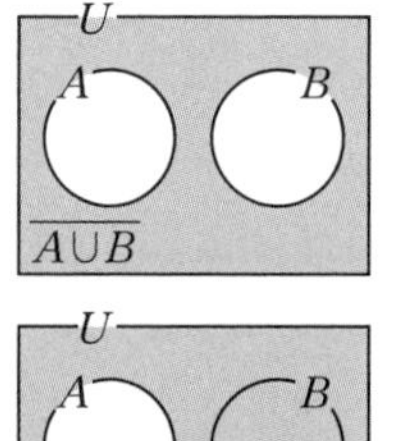

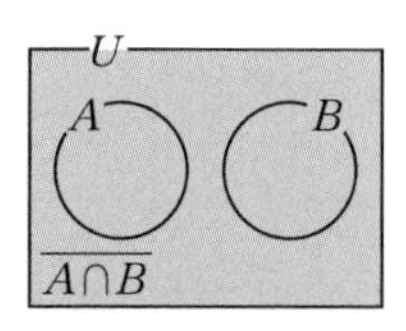

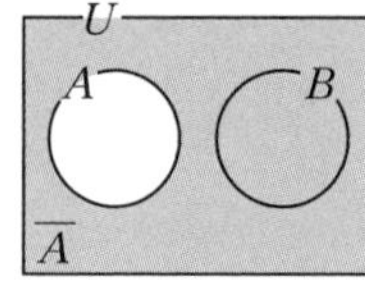

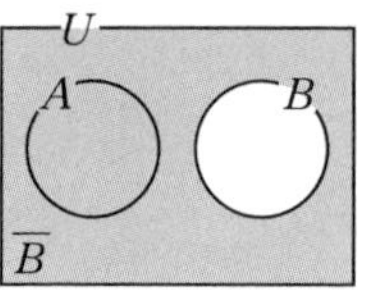

$\overline{A \cup B}$，$\overline{A \cap B}$，$\overline{A}$，$\overline{B}$ は，それぞれ上の図の色で示した部分であるから

$\overline{A \cup B}$ は $\overline{A} \cap \overline{B}$ に一致する。

$\overline{A \cap B}$ は $\overline{A} \cup \overline{B}$ に一致する。

したがって，ド・モルガンの法則は成り立つ。

$A \subset B$ のとき

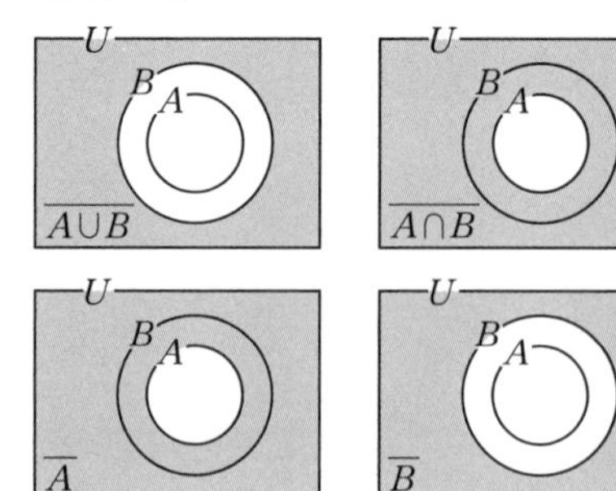

$\overline{A \cup B}$，$\overline{A \cap B}$，$\overline{A}$，$\overline{B}$ は，それぞれ上の図の色で示した部分であるから

$\overline{A \cup B}$ は $\overline{A} \cap \overline{B}$ に一致する。

$\overline{A \cap B}$ は $\overline{A} \cup \overline{B}$ に一致する。

したがって，ド・モルガンの法則は成り立つ。

2節　命題と論証

1　命題と条件

用語のまとめ

命題と条件

- 正しいか正しくないかが定まる文や式を **命題** という。命題が正しいとき，その命題は **真** である，または，成り立つといい，正しくないとき，**偽** である，または，成り立たないという。
- 変数 x を含む文や式で，x に様々な値を代入するごとに真偽が決まる文や式を x に関する **条件** という。

命題「$p \Longrightarrow q$」

- 2つの条件 p，q を「ならば」で結ぶと「p ならば q である」という形の命題ができる。この命題を $\Longrightarrow$ という記号を使って，「$p \Longrightarrow q$」と表す。このとき，p をこの命題の **仮定**，q を **結論** という。
- ある命題「$p \Longrightarrow q$」が偽であることを示すには「条件 p を満たすが，条件 q は満たさない」という例を1つ挙げればよい。このような例を，その命題に対する **反例** という。

必要条件と十分条件

- 2つの条件 p，q について，命題「$p \Longrightarrow q$」が真であるとき
  p は q であるための **十分条件** である
  q は p であるための **必要条件** である
  という。

$p \Longrightarrow q$
十分条件　必要条件

- 2つの条件 p，q について，「$p \Longleftrightarrow q$」であるとき，p は q であるための **必要十分条件** であるという。このとき，q は p であるための必要十分条件でもある。また，p と q は **同値** であるともいう。

条件の否定

- 条件 p に対し，「p でない」という条件を p の **否定** といい，$\overline{p}$ で表す。$\overline{p}$ を満たすもの全体の集合は，p を満たすもの全体の集合 P の補集合 $\overline{P}$ となる。

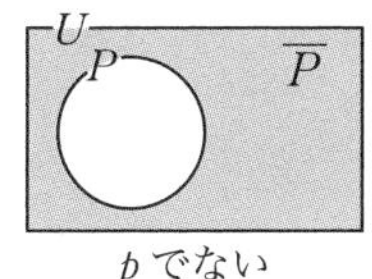

p でない

教 p.59

問1　次の命題の真偽を答えよ。

(1)　$3^3+4^3+5^3=6^3$　　(2)　$\sqrt{(-3)^2}=-3$

考え方 それぞれの命題が正しいかどうかを判断する。
命題が正しければ真，正しくなければ偽である。

解　答 (1) $3^3+4^3+5^3=27+64+125=216$，$6^3=216$
したがって，命題「$3^3+4^3+5^3=6^3$」は **真** である。

(2) $\sqrt{(-3)^2}=\sqrt{9}=3$
したがって，命題「$\sqrt{(-3)^2}=-3$」は **偽** である。

教 p.59

問 2 x は実数とする。条件「$3x+12>0$」が真となるような x の値の範囲を求めよ。

考え方 「$3x+12>0$」が真となるような x の値の範囲は，$3x+12>0$ の解である。

解　答 条件「$3x+12>0$」について
$3x+12>0$ を解くと　$3x>-12$
すなわち　$x>-4$
したがって，条件「$3x+12>0$」が真となるような x の値の範囲は
$x>-4$

命題の真偽と集合　　解き方のポイント

条件 p，q を満たすもの全体の集合をそれぞれ P，Q で表すとき
命題「$p \Longrightarrow q$」が真
であることは　$P \subset Q$
が成り立つことと同じである。

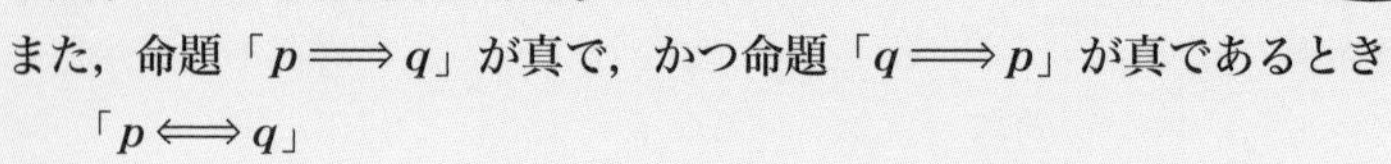

また，命題「$p \Longrightarrow q$」が真で，かつ命題「$q \Longrightarrow p$」が真であるとき
「$p \Longleftrightarrow q$」
と表す。これは，$P=Q$ が成り立つことと同じである。

教 p.61

問 3 x は実数，n は自然数とする。次の条件 p，q について，命題「$p \Longrightarrow q$」の真偽を，集合を考えることによって答えよ。

(1) $p：-2<x$　　$q：x<5$
(2) $p：-8<x<-5$　　$q：x<1$
(3) $p：n$ は 12 の倍数　　$q：n$ は 3 の倍数
(4) $p：n$ は 72 の約数　　$q：n$ は 84 の約数

解答　(1)　条件 p, q を満たす x の値全体の集合は，それぞれ右の図の数直線上の集合 P, Q で表される。

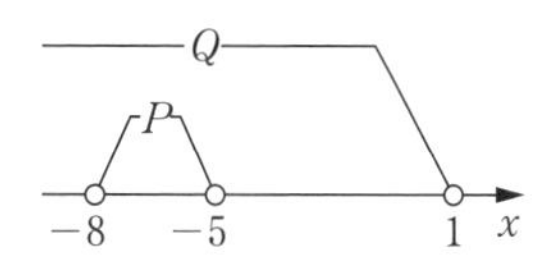

右の図より，$P \subset Q$ が成り立たないから，命題「$p \Longrightarrow q$」は **偽** である。

(2)　条件 p, q を満たす x の値全体の集合は，それぞれ右の図の数直線上の集合 P, Q で表される。

右の図より，$P \subset Q$ が成り立つから，命題「$p \Longrightarrow q$」は **真** である。

(3)　条件 p, q を満たす n の値全体の集合をそれぞれ P, Q とすると

$P = \{12,\ 24,\ 36,\ 48,\ 60,\ \cdots\}$

$Q = \{3,\ 6,\ 9,\ 12,\ 15,\ 18,\ 21,\ 24,\ \cdots\}$

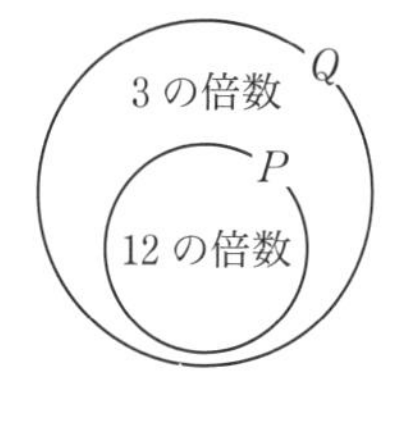

右の図より，$P \subset Q$ が成り立つから，命題「$p \Longrightarrow q$」は **真** である。

(4)　条件 p, q を満たす n の値全体の集合をそれぞれ P, Q とすると

$P = \{1,\ 2,\ 3,\ 4,\ 6,\ 8,\ 9,\ 12,\ 18,\ 24,\ 36,\ 72\}$

$Q = \{1,\ 2,\ 3,\ 4,\ 6,\ 7,\ 12,\ 14,\ 21,\ 28,\ 42,\ 84\}$

例えば，$8 \in P$ であるが，$8 \notin Q$ であるので，$P \subset Q$ は成り立たない。
したがって，命題「$p \Longrightarrow q$」は **偽** である。

教 p.61

問4　x は実数，n は自然数とする。次の命題の真偽を答えよ。また，偽であるときは反例を挙げよ。

(1)　$5x = 15 \Longrightarrow x = 3$

(2)　$x^2 = 2x \Longrightarrow x = 2$

(3)　n は素数 $\Longrightarrow$ n は奇数

考え方　(3)　素数であっても奇数ではない自然数 n があるかどうかを調べる。

解答　(1)　$5x = 15$ を解くと　$x = 3$
したがって，この命題は **真** である。

(2)　$x^2 = 2x$ を解くと　$x = 0,\ 2$
したがって，この命題は **偽** で，反例は　$x = 0$

(3)　$n = 2$ とすると，2 は素数であるが奇数ではない自然数である。
したがって，この命題は **偽** で，反例は　$n = 2$

教 p.62

問 5 x は実数，m，n は整数とする。次の □ の中に，「必要条件であるが，十分条件ではない」，「十分条件であるが，必要条件ではない」，「必要十分条件である」，「必要条件でも十分条件でもない」のうち，適切なものを入れよ。

(1) $x < 3$ は $-1 < x < 2$ であるための □。

(2) $x = 6$ は $x^2 = 36$ であるための □。

(3) m，n が同符号であることは mn が正であるための □。

(4) 四角形 F の内角の大きさがすべて等しいことは辺の長さがすべて等しいための □。

考え方 命題「$p \Longrightarrow q$」，「$q \Longrightarrow p$」の真偽を考える。

命題「$p \Longrightarrow q$」が真であるとき，p は q であるための十分条件

命題「$q \Longrightarrow p$」が真であるとき，p は q であるための必要条件

2 つの命題「$p \Longrightarrow q$」，「$q \Longrightarrow p$」がともに真であるとき，p は q であるための必要十分条件

である。

解 答 (1) 2 つの条件

$p : x < 3$，$q : -1 < x < 2$

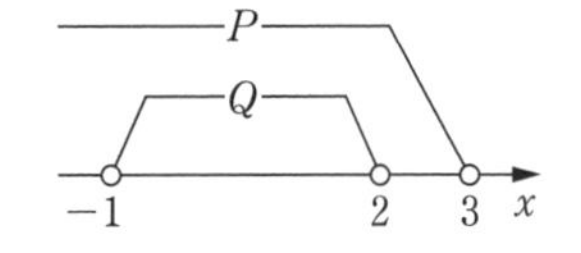

について，命題「$q \Longrightarrow p$」は真であるが，命題「$p \Longrightarrow q$」は $x = -2$ という反例があるから偽である。

したがって，$x < 3$ は $-1 < x < 2$ であるための

必要条件であるが，十分条件ではない。

(2) 2 つの条件

$p : x = 6$，$q : x^2 = 36$

について，命題「$p \Longrightarrow q$」は真であるが，命題「$q \Longrightarrow p$」は $x = -6$ という反例があるから偽である。

したがって，$x = 6$ は $x^2 = 36$ であるための

十分条件であるが，必要条件ではない。

(3) 2 つの条件

$p : m$，n は同符号，$q : mn$ は正

について，命題「$p \Longrightarrow q$」，命題「$q \Longrightarrow p$」はともに真であるから「$p \Longleftrightarrow q$」である。

したがって，m，n が同符号であることは mn が正であるための

必要十分条件である。

(4) 2つの条件

p：四角形 F の内角の大きさがすべて等しい

q：四角形 F の辺の長さがすべて等しい

について

命題「$p \Longrightarrow q$」は，F が正方形でない長方形

命題「$q \Longrightarrow p$」は，F が正方形でないひし形

という反例がそれぞれあるから，ともに偽である。

したがって，四角形 F の内角の大きさがすべて等しいことは辺の長さがすべて等しいための

必要条件でも十分条件でもない。

教 p.63

問6 x は実数とする。次の条件の否定を述べよ。

(1) $x=-2$　　(2) $x \leqq 3$

(3) x は無理数である。

考え方 条件 p に対して，p の否定は「$\overline{p}$ でない」という条件である。

解答 (1) 条件「$x=-2$」の否定は，「$x \neq -2$」である。

(2) 条件「$x \leqq 3$」の否定は，「$x > 3$」である。

(3) 条件「x は無理数である。」の否定は「x は無理数でない。」

すなわち「**x は有理数である。**」である。

注意 (1) 「$x \neq -2$」は「$x < -2$，$x > -2$」と表すこともできる。

●ド・モルガンの法則（「かつ」の否定，「または」の否定）……解き方のポイント

$\overline{p \text{ かつ } q} \Longleftrightarrow \overline{p} \text{ または } \overline{q}$

$\overline{p \text{ または } q} \Longleftrightarrow \overline{p} \text{ かつ } \overline{q}$

教 p.63

問7 x，y は実数とする。次の条件の否定を述べよ。

(1) $x \geqq 1$ かつ $y \leqq 4$

(2) $x \leqq 5$ または $y > 8$

(3) $x+y$ は無理数 かつ xy は有理数

解答 (1) 条件「$x \geqq 1$ かつ $y \leqq 4$」の否定は「**$x < 1$ または $y > 4$**」である。

(2) 条件「$x \leqq 5$ または $y > 8$」の否定は「**$x > 5$ かつ $y \leqq 8$**」である。

(3) 条件「$x+y$ は無理数 かつ xy は有理数」の否定は「**$x+y$ は有理数または xy は無理数**」である。

2 論証

用語のまとめ

命題の逆・裏・対偶

- 命題「$p \Longrightarrow q$」に対して

  命題「$q \Longrightarrow p$」を「$p \Longrightarrow q$」の **逆**

  命題「$\overline{p} \Longrightarrow \overline{q}$」を「$p \Longrightarrow q$」の **裏**

  命題「$\overline{q} \Longrightarrow \overline{p}$」を「$p \Longrightarrow q$」の **対偶**

  という。

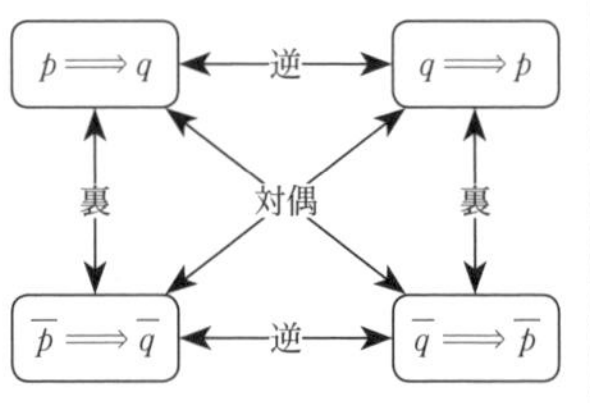

- 命題が真であっても，その命題の **逆は真とは限らない**。
  また，その命題の裏も真とは限らない。

教 p.64

問8 x は実数，n は自然数とする。次の命題の逆，裏，対偶をつくり，その真偽を答えよ。

(1) $x=0 \Longrightarrow x^2=0$

(2) n は 6 の約数 $\Longrightarrow n$ は 12 の約数

解答 (1) 逆は「$x^2=0 \Longrightarrow x=0$」で，**真** である。

裏は「$x \neq 0 \Longrightarrow x^2 \neq 0$」で，**真** である。

対偶は「$x^2 \neq 0 \Longrightarrow x \neq 0$」で，**真** である。

(2) 6 の約数は　1，2，3，6

12 の約数は　1，2，3，4，6，12

である。

逆　「n は 12 の約数 $\Longrightarrow n$ は 6 の約数」で，$n=4$ という反例をもつから，**偽** である。

裏　「n は 6 の約数でない $\Longrightarrow n$ は 12 の約数でない」で，$n=4$ という反例をもつから，**偽** である。

対偶　「n は 12 の約数でない $\Longrightarrow n$ は 6 の約数でない」で，**真** である。

命題と対偶 …… 解き方のポイント

命題「$p \Longrightarrow q$」と，その対偶「$\overline{q} \Longrightarrow \overline{p}$」とは，真偽が一致する。

教 p.65

問 9 n は整数とする。n^2 が 3 の倍数ならば，n は 3 の倍数であることを，対偶を用いて証明せよ。

考え方 ある命題を証明するとき，その命題の対偶が真であることを示すことにより，もとの命題が真であることを証明することができる。

証 明 この命題の対偶は

「n は 3 の倍数でない $\Longrightarrow n^2$ は 3 の倍数でない」

である。

3 の倍数でない n は，ある整数 k を用いて

$n=3k+1$ または $n=3k+2$

と表される。

したがって

$n^2=(3k+1)^2=9k^2+6k+1=3(3k^2+2k)+1$

または

$n^2=(3k+2)^2=9k^2+12k+4=3(3k^2+4k+1)+1$

ここで，$3k^2+2k$，$3k^2+4k+1$ はともに整数であるから，n^2 は 3 の倍数でない。

以上より，対偶が真であるから，もとの命題も真である。

背理法による証明 …… 解き方のポイント

ある命題を証明するとき

「その命題が成り立たないと仮定すると，矛盾が生じる。したがって，その命題は成り立たなければならない。」

とする論法がある。

このような論法を **背理法** という。

教 p.66

問 10 8 個の球を青，黄，赤の 3 つの箱のどれかに入れる。

このとき，入っている球が 2 個以下の箱があることを証明せよ。

考え方 入っている球が 2 個以下の箱がないと仮定して，矛盾を導く。

証明 青，黄，赤の箱に，8 個の球をそれぞれ a 個，b 個，c 個入れたとすると

$a+b+c=8$

が成り立つ。

入っている球が 2 個以下の箱がないと仮定すると

$a \geqq 3,\ b \geqq 3,\ c \geqq 3$

が成り立つ。

（1 命題が成り立たないと仮定する）

よって　$a+b+c \geqq 9$

となる。

これは，$a+b+c=8$ であることに矛盾する。

（2 矛盾を導く）

したがって，入っている球が 2 個以下の箱がある。

教 p.67

問 11　$\sqrt{3}$ が無理数であることを証明せよ。
ただし，教科書 65 ページの問 9 の結果を用いてよい。

考え方 $\sqrt{3}$ が無理数でないと仮定して，矛盾を導く。

証明 $\sqrt{3}$ が無理数でないと仮定すると，$\sqrt{3}$ は有理数である。

このとき，1 以外の公約数をもたない自然数 m，n を用いて

$\sqrt{3}=\dfrac{m}{n}$　…… ①

と表すことができる。

① の分母をはらって，両辺を 2 乗すると

$3n^2=m^2$　…… ②

② の左辺は 3 で割り切れるから，m^2 は 3 の倍数である。

よって，m も 3 の倍数である。（教科書 p.65 問 9）

ゆえに，m はある自然数 k を用いて，$m=3k$ と表される。

これを ② の右辺に代入して，両辺を 3 で割ると

$n^2=3k^2$

n^2 は 3 の倍数であるから，n も 3 の倍数である。　⟵ 教科書 p.65 問 9

したがって，m，n はともに 3 の倍数となり，3 という公約数をもつことになる。

これは m，n が 1 以外の公約数をもたないということに矛盾する。

したがって，$\sqrt{3}$ は有理数ではない。

すなわち，$\sqrt{3}$ は無理数である。

発展　「すべて」と「ある」　教 p.68-69

教 p.68

問1　次の命題の真偽を答えよ。

(1)　すべての実数 x について　$x^2+2x+1>0$

(2)　すべての整数 n について，n^2+n は偶数である。

考え方　すべての要素が条件を満たすかどうかを調べる。

(1)　実数の2乗は正または0である。

(2)　連続する2つの整数の積は偶数である。

解答　(1)　$x^2+2x+1=(x+1)^2$ より

$x=-1$ のとき，$(x+1)^2=0$ である。

したがって，もとの命題は **偽** である。

(2)　n を整数とするとき，$n^2+n=n(n+1)$ で，n，$n+1$ は連続する2つの整数であるから，どちらか一方は必ず偶数である。

ゆえに，$n(n+1)$ も偶数である。

したがって，もとの命題は **真** である。

教 p.69

問2　次の命題の真偽を答えよ。

(1)　ある実数 x について　$x^2=x$

(2)　ある実数 x について　$x^2<0$

考え方　$x^2=x$，$x^2<0$ をそれぞれ満たす実数 x が少なくとも1つあるかどうかを調べる。

解答　(1)　$x^2=x$ を解くと，$x(x-1)=0$ より　$x=0,\ 1$

であるから，$x=0$（または $x=1$）のとき，$x^2=x$ となる。

したがって，この命題は **真** である。

(2)　すべての実数 x について $x^2\geqq 0$ であるから，$x^2<0$ となる実数 x は存在しない。

したがって，この命題は **偽** である。

● ド・モルガンの法則（「すべて」の否定，「ある」の否定） ……… 解き方のポイント

「すべての x について $p(x)$」の否定は　「ある x について $\overline{p(x)}$」

「ある x について $p(x)$」の否定は　「すべての x について $\overline{p(x)}$」

教 p.69

問 3 次の命題の否定を述べよ。

(1) すべての実数 x について　$x^2 \geqq 0$

(2) ある実数 x について　$x^2 \neq 2$

解 答 (1) ある実数 x について　$x^2 < 0$

(2) すべての実数 x について　$x^2 = 2$

問　題

教 p.70

3 条件 p, q, r を満たすもの全体の集合をそれぞれ P, Q, R とする。次の①, ②について, 図を用いて説明せよ。

① p は q の十分条件であり, q は r の十分条件であるとき, p は r の十分条件である。

② p は q の必要条件でも十分条件でもなく, q は r の必要条件でも十分条件でもないとき, p は r の必要条件でも十分条件でもないとは限らない。

考え方 次のように考えて, 集合 P, Q, R の関係を図に表す。

① p は q の十分条件 → 命題「$p \Longrightarrow q$」が真
→ $P \subset Q$ が成り立つ

② p は q の必要条件でも十分条件でもない
→ P は Q に含まれない, かつ, Q は P に含まれない

解 答 ① 右の図のような場合

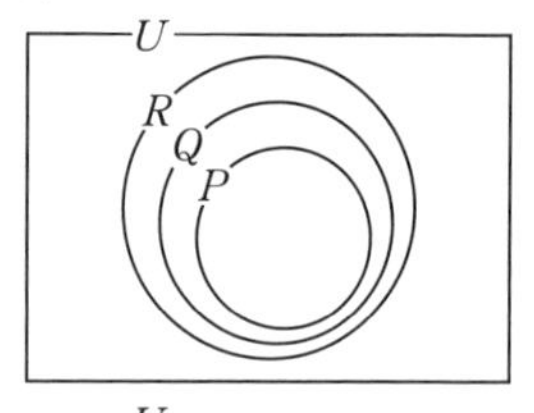

$P \subset Q$　かつ　$Q \subset R$　であるから

$P \subset R$

である。

したがって, p は r の十分条件である。

② 例えば, 右の図のような場合

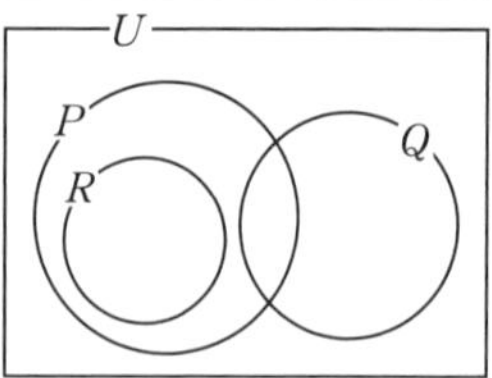

p は q の必要条件でも十分条件でもなく, q は r の必要条件でも十分条件でもない。
しかし, p は r の必要条件であり, p は r の必要条件でも十分条件でもないとは限らない。

4 a, b, c は実数とする。次の条件 p, q について，p は q であるための必要条件であるが十分条件ではない，十分条件であるが必要条件ではない，必要十分条件である，必要条件でも十分条件でもない，のうち適切なものを答えよ。

(1) $p : a+c=b+c$　　$q : a=b$

(2) $p : ac=bc$　　$q : a=b$

(3) $p : a+b>0$　　$q : ab>0$

(4) $p : a>1$ かつ $b>1$　　$q : a+b>2$

考え方　命題「$p \Longrightarrow q$」が真であるならば，p は q であるための十分条件
命題「$q \Longrightarrow p$」が真であるならば，p は q であるための必要条件
命題「$p \Longrightarrow q$」，命題「$q \Longrightarrow p$」がともに真であるならば，p は q であるための必要十分条件
である。

解答　(1) 「$p : a+c=b+c$」のとき

$a+c-c=b+c-c$　すなわち　「$q : a=b$」

であるから，命題「$p \Longrightarrow q$」は真である。

また，「$q : a=b$」のとき

$a+c=b+c$　すなわち　「$p : a+c=b+c$」

であるから，命題「$q \Longrightarrow p$」も真である。

したがって　$p \Longleftrightarrow q$

すなわち，p は q であるための **必要十分条件である。**

(2) $c=0$ とすれば，$a=3$, $b=4$ のとき

「$p : ac=bc=0$」であるが，$a \neq b$ となるから，命題「$p \Longrightarrow q$」は偽である。

しかし,「$q : a=b$」ならば, $ac=bc$ は成り立つから, 命題「$q \Longrightarrow p$」は真である。

したがって，p は q であるための **必要条件であるが十分条件ではない。**

(3) $a=-2$, $b=3$ のとき

$a+b=1>0$ であるが，$ab=-6<0$ となるから，命題「$p \Longrightarrow q$」は偽である。

また，$a=-3$, $b=-2$ のとき

$ab=6>0$ であるが，$a+b=-5<0$ となるから，命題「$q \Longrightarrow p$」も偽である。

したがって，p は q であるための **必要条件でも十分条件でもない。**

(4) 「p：$a>1$　かつ　$b>1$」のとき

$$a+b>1+1=2$$

すなわち「q：$a+b>2$」となる。

したがって，命題「$p \Longrightarrow q$」は真である。

しかし，$a=6$，$b=-3$ のとき

「q：$a+b>2$」であるが，$b<1$ となるから，命題「$q \Longrightarrow p$」は偽である。

したがって，p は q であるための **十分条件であるが必要条件ではない。**

5 x は実数，n は自然数とする。次の条件の否定を述べよ。

(1) $2<x<5$

(2) n は3の倍数であるか，または，n は4の倍数である。

考え方 条件 p に対して，p の否定は「p でない」という条件である。

ド・モルガンの法則

$$\overline{p \text{ かつ } q} \Longleftrightarrow \overline{p} \text{ または } \overline{q}, \quad \overline{p \text{ または } q} \Longleftrightarrow \overline{p} \text{ かつ } \overline{q}$$

を用いる。

(1) $2<x<5$ は，$2<x$ かつ $x<5$ という条件をまとめて表したものである。

解答 (1) **$x \leqq 2$ または $5 \leqq x$**

(2) **n は3の倍数でなく，かつ，n は4の倍数でない。**

6 次の命題の逆および対偶をつくり，その真偽を答えよ。

(1) △ABC が正三角形であるならば，△ABC は二等辺三角形である。

(2) x は実数とする。$x=1$ ならば，$x^2+1=2x$ である。

考え方 命題「$p \Longrightarrow q$」の

逆は「$q \Longrightarrow p$」

対偶は「$\overline{q} \Longrightarrow \overline{p}$」

である。

解答 (1) 逆　**「△ABC が二等辺三角形であるならば，△ABC は正三角形である。」**で，**偽** である。

対偶　**「△ABC が二等辺三角形でないならば，△ABC は正三角形でない。」**で，もとの命題が真であるから，対偶も **真** である。

(2) 逆　「$x^2+1=2x$ ならば，$x=1$ である。」
$x^2+1=2x$ より　$x^2-2x+1=0$
これを解くと　$(x-1)^2=0$
より　$x=1$
したがって，逆は **真** である。
対偶　「$x^2+1 \neq 2x$ ならば，$x \neq 1$ である。」で，もとの命題が真であるから，対偶も **真** である。

7 x，y は実数とする。$x^2+y^2 \neq 0$ ならば，$x \neq 0$ または $y \neq 0$ であることを，対偶を用いて証明せよ。

考え方 ある命題とその対偶の真偽が一致することを用いる。

証明 この命題の対偶
「$x=0$ かつ $y=0$ ならば，$x^2+y^2=0$ である」
は真である。
したがって，もとの命題も真である。

8 x，y は実数とする。次の条件 p，q において，p は q であるための必要十分条件であることを証明せよ。
p：$x>0$ かつ $y>0$　　q：$x+y>0$ かつ $xy>0$

考え方 命題「$p \Longrightarrow q$」，命題「$q \Longrightarrow p$」がともに真であることを示す。

証明 (i) 命題「$p \Longrightarrow q$」が真となること
$x>0$ かつ $y>0$ であるから　$x>0$ の両辺に正の数 y を加えて
$x+y>y$　すなわち　$x+y>0$
$x>0$ の両辺に正の数 y を掛けて
$xy>0$
したがって，命題「$p \Longrightarrow q$」は真である。

(ii) 命題「$q \Longrightarrow p$」が真となること
$xy>0$ より，x，y は同符号である。
さらに，$x+y>0$ であるから，x，y はともに正である。
すなわち，$x>0$ かつ $y>0$ である。
したがって，命題「$q \Longrightarrow p$」は真である。

(i)，(ii) より，p は q であるための必要十分条件である。

練習問題 教 p.71

1 整数を要素とする2つの集合を

$A=\{3,\ 7,\ a^2\}$

$B=\{2,\ 4,\ a+1,\ a+b\}$

とするとき，$A\cap B=\{4,\ 7\}$ となるような定数 a，b の値を求めよ。
また，そのときの $A\cup B$ を求めよ。

考え方 A，B のどちらにも属する要素が4，7であるから

$4\in A$ より $a^2=4$ がいえる。

$7\in B$ より，$a+1=7$ または $a+b=7$ がいえる。

解答 4，7が A，B のどちらにも属する要素であるから　$a^2=4$

したがって　　$a=\pm 2$

(i) $a=2$ のとき　　$A=\{3,\ 7,\ 4\}$，$B=\{2,\ 4,\ 3,\ 2+b\}$

このとき，3が A，B のどちらにも属する要素になるから，

$A\cap B=\{4,\ 7\}$ という条件に合わない。

(ii) $a=-2$ のとき　　$A=\{3,\ 7,\ 4\}$，$B=\{2,\ 4,\ -1,\ -2+b\}$

このとき，4は確かに A，B のどちらにも属する要素である。

そこで，7が A，B のどちらにも属する要素となるためには，

$-2+b=7$ であればよい。

したがって　$a=-2$，$b=9$

(i)，(ii) より　　$A=\{3,\ 4,\ 7\}$，$B=\{-1,\ 2,\ 4,\ 7\}$

であるから　　$A\cup B=\{-1,\ 2,\ 3,\ 4,\ 7\}$

2 $U=\{x\mid x\text{は実数}\}$ を全体集合とする。集合 $A=\{x\mid 3\leqq x\leqq a\}$，
$B=\{x\mid 5<x<8\}$ について，次の問に答えよ。
ただし，a は3より大きい定数とする。

(1) $A\cap B=\varnothing$ となるような a の値の範囲を求めよ。

(2) $A\cap B$ が整数を1つだけ含むような a の値の範囲を求めよ。

(3) $\overline{A}\subset\overline{B}$ となるような a の値の範囲を求めよ。

考え方 (1) 集合 A，B を数直線上に表し，A と B のどちらにも属する要素がないような a の値の範囲を考える。

(3) 集合 $\overline{A}$，$\overline{B}$ を要素の条件を述べる方法で表し，$\overline{A}\subset\overline{B}$ を考える。

解答 (1) $A\cap B=\varnothing$ となるのは，右の図より

$3<a\leqq 5$

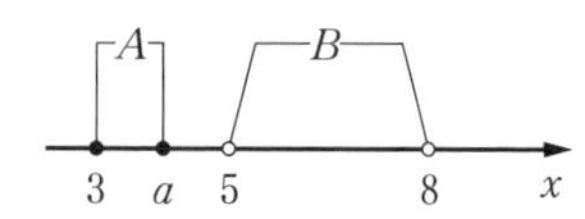

(2) $A\cap B$ が整数を1つだけ含むのは，右の図より

$6\leqq a<7$

(3) $\overline{A}=\{x\mid x<3,\ a<x\}$

$\overline{B}=\{x\mid x\leqq 5,\ 8\leqq x\}$

であるから，$\overline{A}\subset\overline{B}$ となるのは，右の図より

$a\geqq 8$

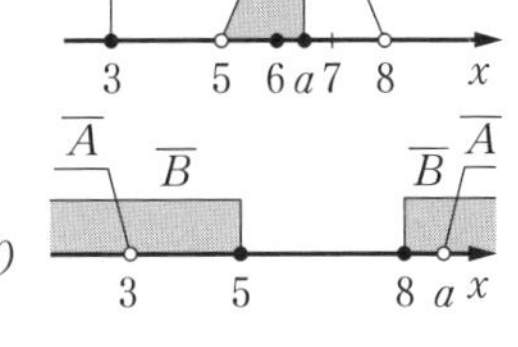

別解 (3) $\overline{A}\subset\overline{B}$ ならば $A\supset B$ であり，右の図より

$a\geqq 8$

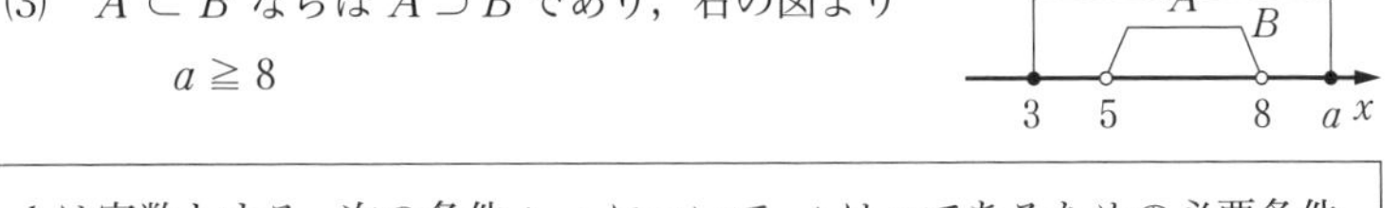

---

3 a, b は実数とする。次の条件 p, q について，p は q であるための必要条件であるが十分条件ではない，十分条件であるが必要条件ではない，必要十分条件である，必要条件でも十分条件でもない，のうち適切なものを答えよ。

(1) $p：a^2=b^2$　　$q：|a|=|b|$

(2) $p：a^2<b^2$　　$q：a<b$

(3) $p：a^2+b^2=0$　　$q：a=0$

(4) $p：a^2+b^2>0$　　$q：a>0$

考え方

命題「$p\Longrightarrow q$」が真であるとき，p は q であるための十分条件

命題「$q\Longrightarrow p$」が真であるとき，p は q であるための必要条件

命題「$p\Longrightarrow q$」，命題「$q\Longrightarrow p$」がともに真であるとき，p は q であるための必要十分条件

である。

解答 (1) $a^2=b^2$ より　$a^2-b^2=0$　であるから　$(a+b)(a-b)=0$

これを解くと　$a+b=0$　または　$a-b=0$

すなわち　$a=b$　または　$a=-b$

であるから

$a^2=b^2\Longleftrightarrow a=b$　または　$a=-b$

また

$|a|=|b|\Longleftrightarrow a=b$　または　$a=-b$

したがって　$p\Longleftrightarrow q$

すなわち，p は q であるための **必要十分条件である。**

(2) $a=3$, $b=-4$ のとき，$a^2<b^2$ であるが，$a>b$ となるから，命題「$p\Longrightarrow q$」は偽である。

また，$a=-4$, $b=3$ のとき，$a<b$ であるが，$a^2>b^2$ となるから，命題「$q\Longrightarrow p$」は偽である。

したがって，p は q であるための **必要条件でも十分条件でもない。**

(3)　　$a^2+b^2=0 \Longleftrightarrow a=0$　かつ　$b=0$

であるから，命題「$p \Longrightarrow q$」は真である。しかし，$a=0$ のとき，$b=2$ とすると $a^2+b^2 \neq 0$ となるから，命題「$q \Longrightarrow p$」は偽である。

したがって，p は q であるための **十分条件であるが必要条件ではない。**

(4)　$a=-3$，$b=2$ のとき，$a^2+b^2>0$ であるが，$a<0$ となるから，命題「$p \Longrightarrow q$」は偽である。

$a>0$　ならば　$a^2>0$ であり，$b^2 \geqq 0$ であるから $a^2+b^2>0$ である。

したがって，命題「$q \Longrightarrow p$」は真である。

したがって，p は q であるための **必要条件であるが十分条件ではない。**

4　a，b は正の数とする。$a^2+b^2>50$ ならば，a または b は5より大きい。
このことを，この命題の対偶を用いて証明せよ。

考え方　ある命題とその対偶の真偽が一致することを用いて証明する。

証明　この命題の対偶は，a，b が正の数のとき

「$a \leqq 5$ かつ $b \leqq 5 \Longrightarrow a^2+b^2 \leqq 50$」

である。正の数 a，b について

$a \leqq 5$ のとき　$a^2 \leqq 25$，$b \leqq 5$ のとき　$b^2 \leqq 25$

であるから　　$a^2+b^2 \leqq 50$

以上より，対偶が真であるから，もとの命題も真である。

5　a，b は有理数とする。

$a+b\sqrt{2}=0$　ならば　$a=b=0$

であることを証明せよ。

ただし，$\sqrt{2}$ が無理数であることを用いてよい。

証明　$b \neq 0$ と仮定すると，$a+b\sqrt{2}=0$ より

$$\sqrt{2}=-\frac{a}{b}$$

a，b は有理数であるから，$-\dfrac{a}{b}$ も有理数である。

これは $\sqrt{2}$ が無理数であることに矛盾する。

したがって　　$b=0$

このとき，$a+b\sqrt{2}=0$ であるから　　$a=0$

すなわち

$a+b\sqrt{2}=0$　ならば　$a=b=0$

結論が「p かつ q」という形の命題を背理法を用いて証明するときは，$\overline{p}$（または $\overline{q}$）のみを仮定して推論を進めるとよい。

活用 うそつきと正直者［課題学習］ 教 p.72

考察 1 このことから，正直者はBであることを背理法を用いて，証明してみよう。

考え方 Bが正直者でないと仮定して，矛盾を導く。

証明 正直者であることを○，うそつきであることを×で表すことにすると，条件は次のように整理することができる。

Bの「Aはうそつきです」という発言から，次のどちらか一方のみが成り立つ。

① Bが○ $\Longrightarrow$ Aが×　　② Bが× $\Longrightarrow$ Aが○

Cの「Bはうそつきです」という発言から，次のどちらか一方のみが成り立つ。

③ Cが○ $\Longrightarrow$ Bが×　　④ Cが× $\Longrightarrow$ Bが○

Aの「私は正直者です」という発言から，次のどちらか一方のみが成り立つ。

⑤ Aが○ $\Longrightarrow$ Aが○　　⑥ Aが× $\Longrightarrow$ Aが×

条件より，3人のうち正直者はただ1人で，残りの2人はうそつきである。
Bが×と仮定すると，②より，Aが○となるから，⑤が成り立つ。
ただ1人の正直者はAであるから，Cが×となり，④より，Bが○となる。
これはBが×であることに矛盾する。
したがって，Bが○，すなわち，正直者はBである。

考察 2 次の問題を考えてみよう。

> A，B，C，D，Eの5人は，次のように言っています。
> A：私は正直者です。
> B：Aはうそつきです。
> C：Bはうそつきです。
> D：Cはうそつきです。
> E：Dはうそつきです。
> 5人のうち，正直者は2人で，残りの3人はうそつきです。
> この5人から正直者を見つけるにはどうすればいいでしょうか。

考え方 だれか1人を正直者だと仮定したときと，うそつきだと仮定したときを考える。

解 答 条件は次のように整理することができる。

Bの「Aはうそつきです」という発言から，次のどちらか一方のみが成り立つ。

① Bが○ ⟹ Aが×　　② Bが× ⟹ Aが○

Cの「Bはうそつきです」という発言から，次のどちらか一方のみが成り立つ。

③ Cが○ ⟹ Bが×　　④ Cが× ⟹ Bが○

Dの「Cはうそつきです」という発言から，次のどちらか一方のみが成り立つ。

⑤ Dが○ ⟹ Cが×　　⑥ Dが× ⟹ Cが○

Eの「Dはうそつきです」という発言から，次のどちらか一方のみが成り立つ。

⑦ Eが○ ⟹ Dが×　　⑧ Eが× ⟹ Dが○

Aの「私は正直者です」という発言から，次のどちらか一方のみが成り立つ。

⑨ Aが○ ⟹ Aが○　　⑩ Aが× ⟹ Aが×

条件より，5人のうち正直者は2人で，残りの3人はうそつきである。

(i) Eが○と仮定すると，⑦，⑥，③，②，⑨が順に成り立つ。

Eが○ $\underset{⑦}{\Longrightarrow}$ Dが× $\underset{⑥}{\Longrightarrow}$ Cが○ $\underset{③}{\Longrightarrow}$ Bが× $\underset{②}{\Longrightarrow}$ Aが○ $\underset{⑨}{\Longrightarrow}$ Aが○

このとき，正直者はA，C，Eの3人，うそつきはB，Dの2人となり，条件を満たさない。

(ii) Eが×と仮定すると，⑧，⑤，④，①，⑩が順に成り立つ。

Eが× $\underset{⑧}{\Longrightarrow}$ Dが○ $\underset{⑤}{\Longrightarrow}$ Cが× $\underset{④}{\Longrightarrow}$ Bが○ $\underset{①}{\Longrightarrow}$ Aが× $\underset{⑩}{\Longrightarrow}$ Aが×

このとき，うそつきはA，C，Eの3人，正直者はB，Dの2人となり，条件を満たす。

(i)，(ii)より，正直者はBとDである。

3章 2次関数

1節 関数とグラフ

2節 2次方程式・2次不等式

関連する既習内容

1次関数

- 1次関数 $y = ax + b$（a, b は定数）の変化の割合は a（一定）であり，そのグラフの傾きは a，切片は b

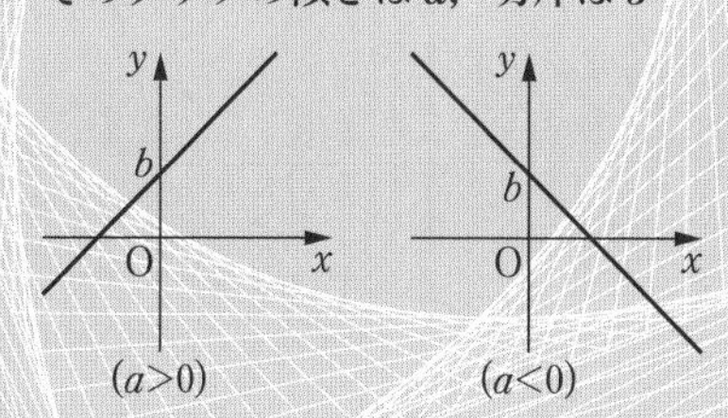

2乗に比例する関数

- 関数 $y = ax^2$（a は定数）のグラフ

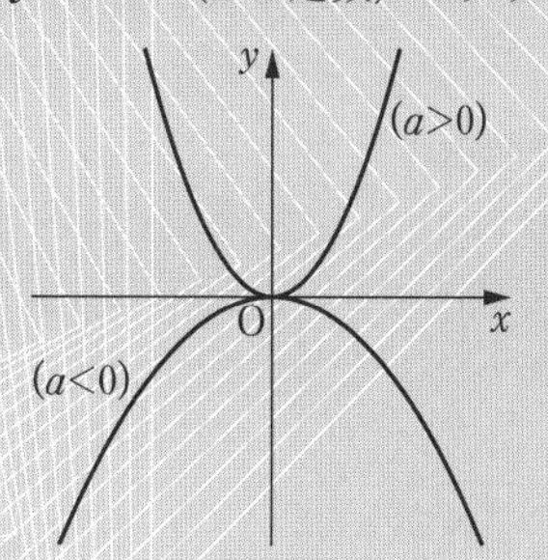

1節 関数とグラフ

1 関数

用語のまとめ

関数

- 2つの変数 x，y があって，x の値を定めるとそれに応じて y の値がただ1つだけ定まるとき，y は x の**関数** であるという。
- y が x の関数であることを

  $y=f(x)$,　　$y=g(x)$

  などと表す。
- 関数 $y=f(x)$ において，x の値 a に対応する y の値を $f(a)$ で表し，$f(a)$ を $x=a$ のときの **関数 $f(x)$ の値** という。

座標

- 平面上に座標軸を定めると，その平面上の点Pの位置は，右の図のように，2つの実数の組 (a, b) で表される。この組 $(a,\ b)$ を点Pの **座標** といい

  $\mathrm{P}(a,\ b)$

  と書く。

第2象限　第1象限
y　b　$\mathrm{P}(a,\ b)$
O　a　x
第3象限　第4象限

- 座標軸の定められた平面を **座標平面** という。
- 座標平面は座標軸によって4つの部分に分けられる。これらを上の図のように，それぞれ **第1象限**，**第2象限**，**第3象限**，**第4象限** という。ただし，座標軸上の点はどの象限にも含まれないものとする。

関数のグラフ

- 関数 $y=f(x)$ において，x の値とそれに対応する y の値の組 $(x,\ y)$ を座標とする点全体からなる図形を，**関数 $y=f(x)$ のグラフ** という。

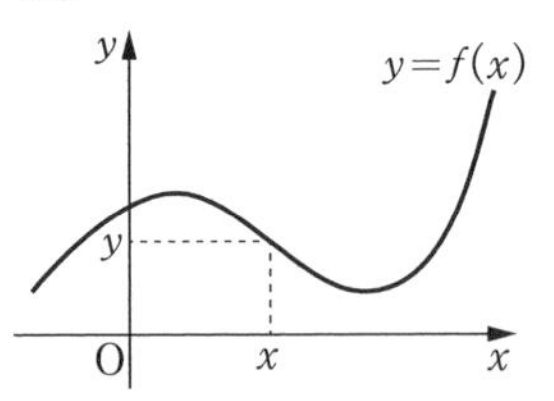

関数の定義域・値域

- 関数 $y=f(x)$ において，x の変域，すなわち，変数 x のとり得る値の範囲を，この関数の **定義域** という。
- 関数 $y=f(x)$ において，y の変域，すなわち，x が定義域内のすべての値をとるときの y の値全体を，この関数の **値域** という。

関数の最大値・最小値

- 関数 $y=f(x)$ において，その値域に最大の値，最小の値があるとき，これらをそれぞれこの関数の **最大値**，**最小値** という。

教 p.74

問 1　$f(x)=-4x+3$ のとき，$f(0)$，$f(1)$，$f(-2)$，$f(a+1)$ を求めよ。

考え方　$f(x)$ の式の x に，0，1，-2，$a+1$ をそれぞれ代入する。

解　答　$f(x)=-4x+3$ であるから

$f(0)=-4\cdot 0+3=3$

$f(1)=-4\cdot 1+3=-1$

$f(-2)=-4\cdot(-2)+3=11$

$f(a+1)=-4(a+1)+3=-4a-4+3=-4a-1$

教 p.75

問 2　次の点はどの象限にあるか。

(1)　A(3, -2)　(2)　B(6, 5)　(3)　C(-5, -1)　(4)　D(-3, 1)

考え方　x 座標，y 座標の符号から判定する。
座標平面上に点を記入してみるとよい。

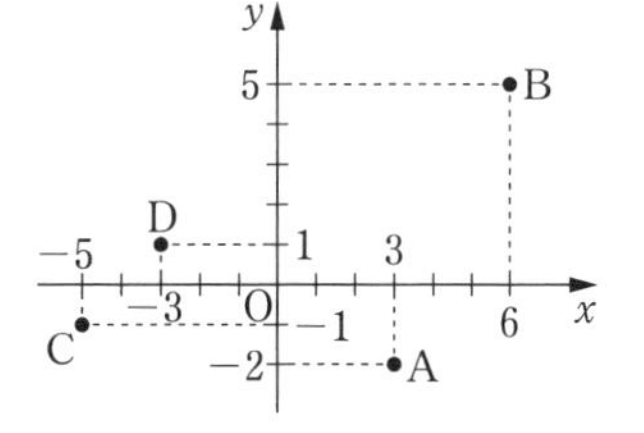

解　答　(1)　第 4 象限

(2)　第 1 象限

(3)　第 3 象限

(4)　第 2 象限

各象限の x，y の値の正負は，右の図のようになる。

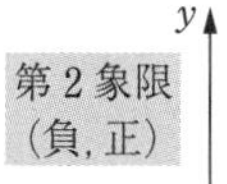

第 2 象限（負, 正）	第 1 象限（正, 正）
第 3 象限（負, 負）	第 4 象限（正, 負）

教 p.76

問 3　関数 $y=-x^2$ のグラフをかいて，値域を求めよ。

考え方　グラフをかいて，y のとり得る値の範囲を調べる。

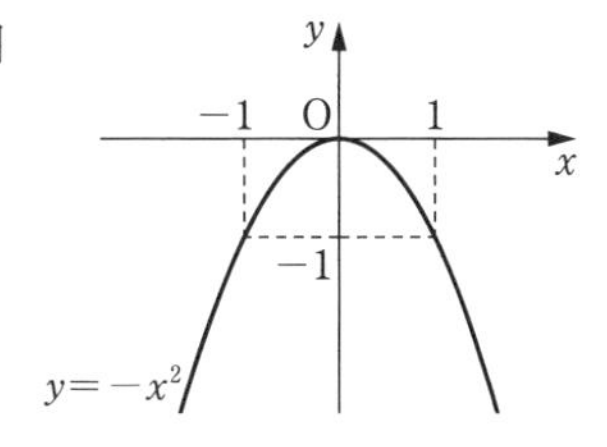

解　答　関数 $y=-x^2$ の値域は，
右の図より

$y\leqq 0$

教 p.76

問 4　次の関数のグラフをかいて，値域を求めよ。

(1)　$y=2x-1$ $(-1\leqq x\leqq 2)$　　(2)　$y=-3x+11$ $(1\leqq x\leqq 3)$

考え方　定義域に注意してグラフをかき，y の値の範囲を調べる。

解 答　(1)

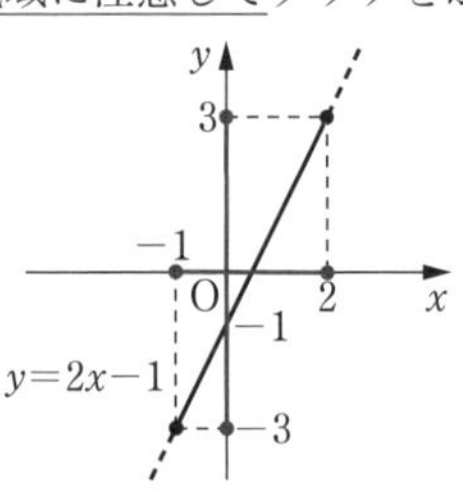

関数 $y=2x-1$ $(-1\leqq x\leqq 2)$ の値域は，上の図より

$-3\leqq y\leqq 3$

(2)

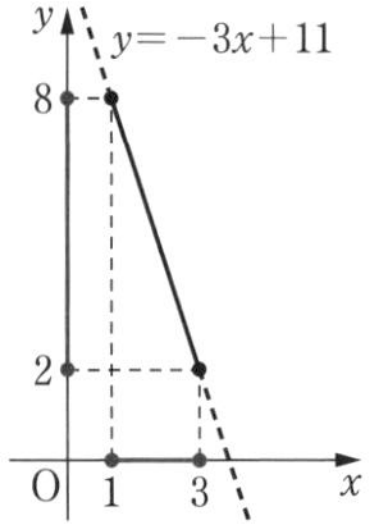

$y=-3x+11$

関数 $y=-3x+11$ $(1\leqq x\leqq 3)$ の値域は，上の図より

$2\leqq y\leqq 8$

教 p.77

問 5　次の関数のグラフをかいて，最大値，最小値があれば，それを求めよ。

(1)　$y=-x+4$ $(-1\leqq x\leqq 3)$

(2)　$y=x+1$ $(x\leqq 4)$

考え方　グラフをかいて，値域を調べる。最大値または最小値はないこともある。

解 答　(1)　関数 $y=-x+4$ $(-1\leqq x\leqq 3)$ の値域は，右の図より，$1\leqq y\leqq 5$ である。

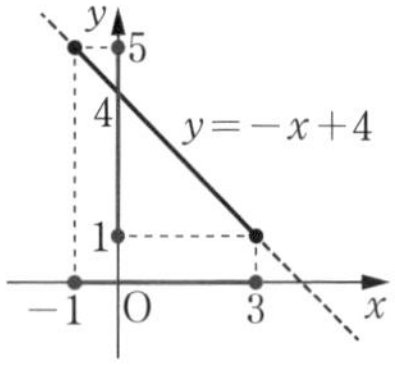

よって

　$x=-1$ のとき　**最大値 5**

　$x=3$ のとき　**最小値 1**

をとる。

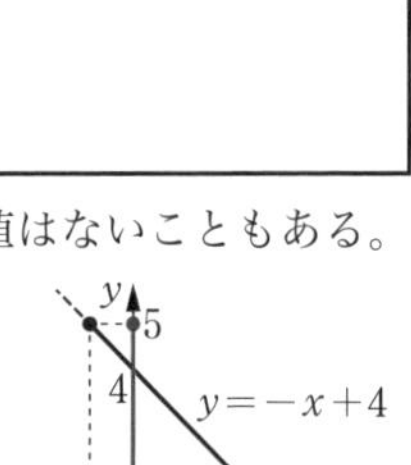

(2)　関数 $y=x+1$ $(x\leqq 4)$ の値域は，右の図より，$y\leqq 5$ である。

よって

　$x=4$ のとき　**最大値 5**

をとる。

また，y はいくらでも小さい値をとるから

　最小値はない。

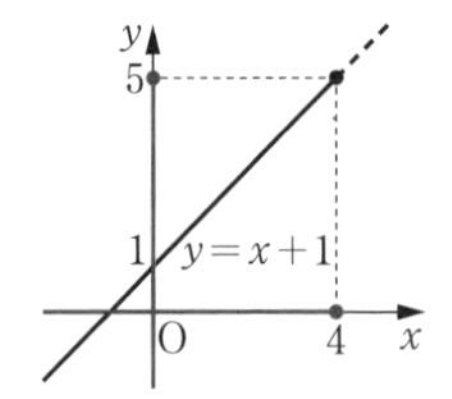

教 p.77

問6　次の関数のグラフをかいて，最大値，最小値があれば，それを求めよ。

(1)　$y=x+2$　$(1 \leqq x < 5)$　　　(2)　$y=-2x+7$　$(1 < x < 5)$

考え方　1次関数では，定義域に等号が含まれないとき，最大値，最小値をもたないことに注意する。

解　答　(1)　関数 $y=x+2$　$(1 \leqq x < 5)$ の値域は，下の図より

$$3 \leqq y < 7$$

である。

よって

$x=1$ のとき　最小値 3

をとる。

また，y はいくらでも 7 に近い値をとるが，y の値が 7 に一致することはないから，最大値はない。

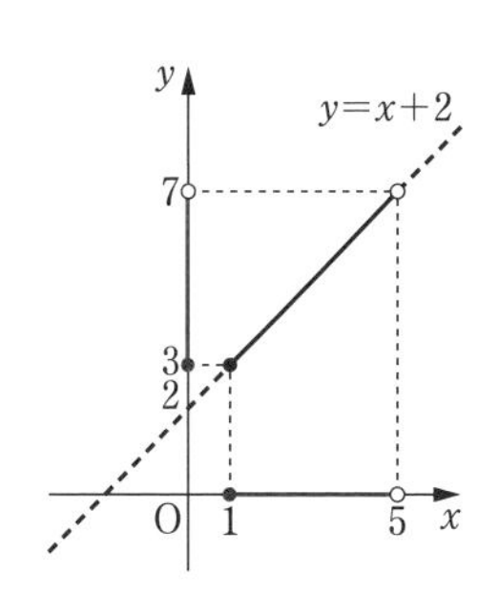

したがって

$x=1$ のとき　最小値 3

最大値はない。

(2)　関数 $y=-2x+7$　$(1 < x < 5)$ の値域は，右の図より

$$-3 < y < 5$$

である。

このとき，y はいくらでも 5 に近い値をとるが，y の値が 5 に一致することはないから，最大値はない。

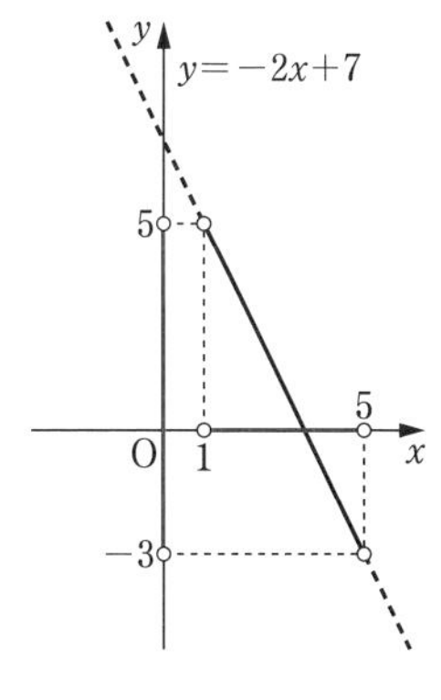

また，y はいくらでも -3 に近い値をとるが，y の値が -3 に一致することはないから，最小値はない。

したがって

最大値，最小値ともにない。

2 | 2次関数とそのグラフ

用語のまとめ

2次関数

- y が x の2次式で表されるとき，y は x の **2次関数** という。
- x の2次関数は，a，b，c を定数として，$y=ax^2+bx+c$（ただし，$a \neq 0$）の形に表すことができる。

$y=ax^2$ のグラフ

- 2次関数 $y=ax^2$（$a \neq 0$）のグラフは，原点を通り，y 軸に関して対称な曲線である。このグラフが表す曲線を **放物線** という。
- 放物線の対称軸を **軸**，軸と放物線の交点を **頂点** という。
- $y=ax^2$ のグラフは，軸が y 軸，頂点が原点である放物線である。
  また，この放物線は

  $a>0$ のときは **下に凸**

  $a<0$ のときは **上に凸**

  であるという。

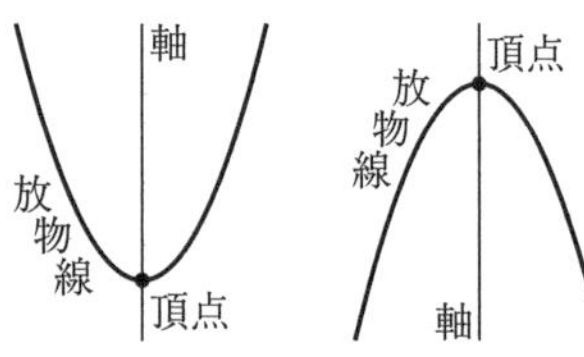

平行移動

- 図形を一定の方向に，一定の距離だけ動かす移動を **平行移動** という。

直線 $x=p$

- 点 $(p,\ 0)$ を通り，y 軸に平行な直線を **直線 $x=p$** と表す。

平方完成

- ax^2+bx+c を $a(x-p)^2+q$ の形にすることを **平方完成** するという。

教 p.78

問7 次の2次関数のグラフをかけ。

(1) $y=3x^2$　　(2) $y=-3x^2$　　(3) $y=-\dfrac{1}{3}x^2$

考え方 $y=ax^2$ のグラフは，次のようになる。

軸は y 軸

頂点は原点 $(0,\ 0)$

$a>0$ のときは下に凸，$a<0$ のときは上に凸

解 答 (1) 軸は y 軸
頂点は原点
の下に凸の放物線。
$x=1$ のとき
$y=3$ であるから
点 $(1,\ 3)$ を通る。

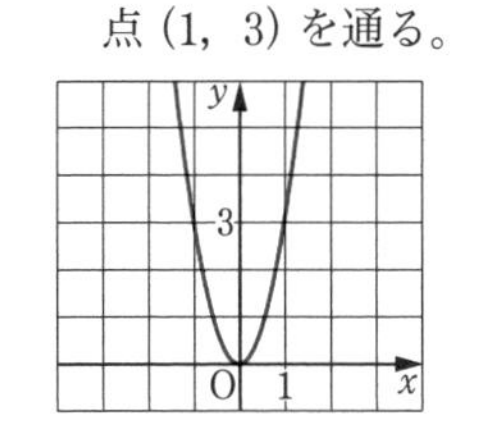

(2) 軸は y 軸
頂点は原点
の上に凸の放物線。
$x=1$ のとき
$y=-3$ であるから
点 $(1,\ -3)$ を通る。

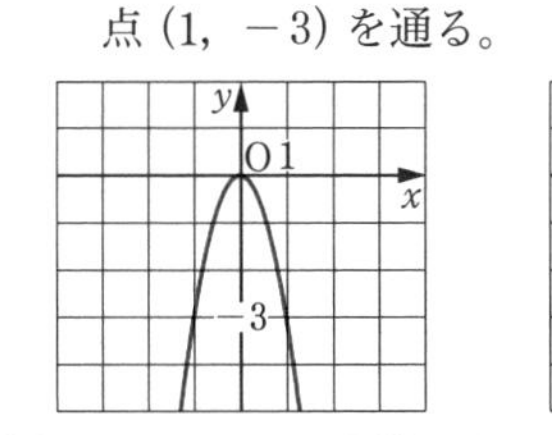

(3) 軸は y 軸
頂点は原点
の上に凸の放物線。
$x=3$ のとき
$y=-3$ であるから
点 $(3,\ -3)$ を通る。

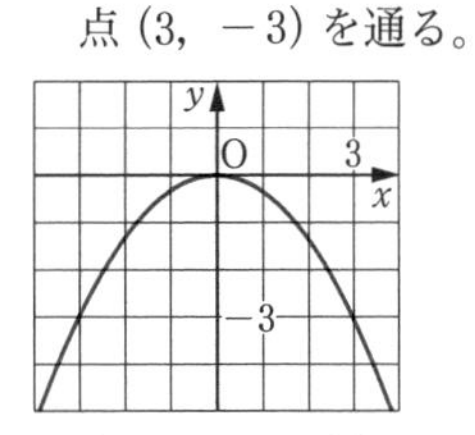

注 意 放物線は，軸に関して対称なめらかな曲線となるようにかき，頂点でとがったり，最後でひろがったりしないように注意する。

● $y=ax^2+q$ のグラフ　解き方のポイント

2 次関数 $\boldsymbol{y=ax^2+q}$ のグラフは，$\boldsymbol{y=ax^2}$ のグラフを
　　y 軸方向に q だけ平行移動
した放物線である。その **軸は y 軸**，**頂点は点 $(0,\ q)$** である。

教 p.79

問 8　次の 2 次関数のグラフをかけ。
(1) $y=x^2-4$　　(2) $y=-3x^2+3$

考え方 $y=ax^2$ のグラフを，y 軸方向にどれだけ平行移動したグラフか考える。
(1) $y=x^2$ のグラフを y 軸方向に -4 だけ平行移動した放物線である。
(2) $y=-3x^2$ のグラフを y 軸方向に 3 だけ平行移動した放物線である。

解 答 (1) 軸は y 軸
頂点は点 $(0,\ -4)$
の下に凸の放物線。

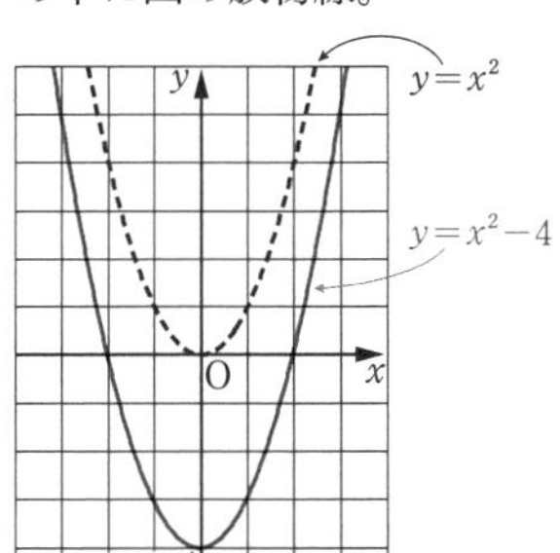

(2) 軸は y 軸
頂点は点 $(0,\ 3)$
の上に凸の放物線。

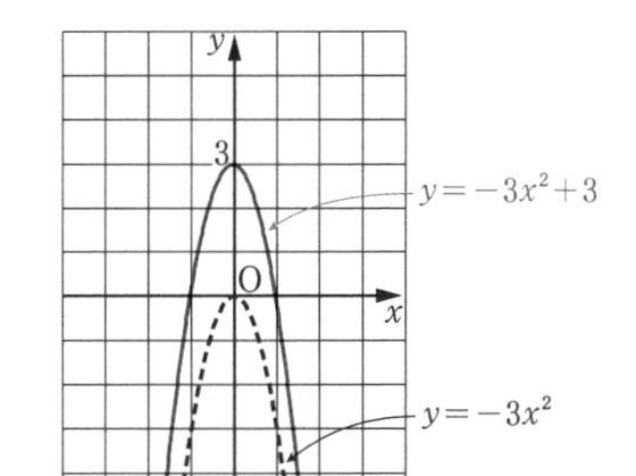

● $y=a(x-p)^2$ のグラフ　解き方のポイント

2次関数 $y=a(x-p)^2$ のグラフは，$y=ax^2$ のグラフを

　x 軸方向に p だけ平行移動

した放物線である。その **軸は直線 $x=p$，頂点は点 $(p,\ 0)$** である。

教 p.80

問9　次の2次関数のグラフの軸と頂点を求めよ。また，そのグラフをかけ。

(1)　$y=-(x-4)^2$　　(2)　$y=\dfrac{1}{2}(x+3)^2$

考え方　$y=ax^2$ のグラフを，x 軸方向にどれだけ平行移動したグラフか考える。

(1)　$y=-x^2$ のグラフを x 軸方向に4だけ平行移動した放物線である。

(2)　$y=\dfrac{1}{2}x^2$ のグラフを x 軸方向に -3 だけ平行移動した放物線である。

解　答　(1)　軸は **直線 $x=4$**

頂点は **点 $(4,\ 0)$**

の上に凸の放物線。

(2)　軸は **直線 $x=-3$**

頂点は **点 $(-3,\ 0)$**

の下に凸の放物線。

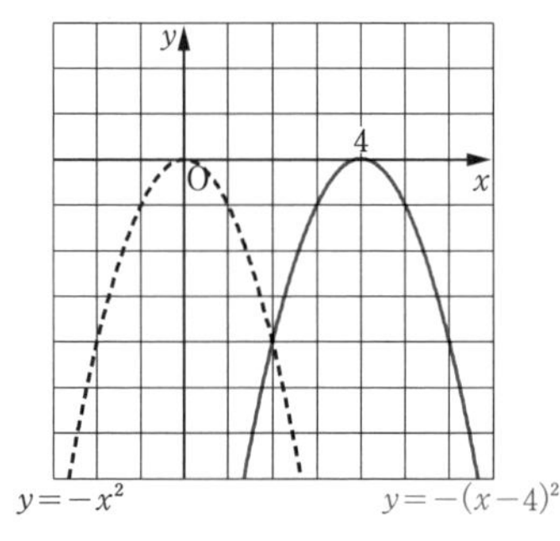

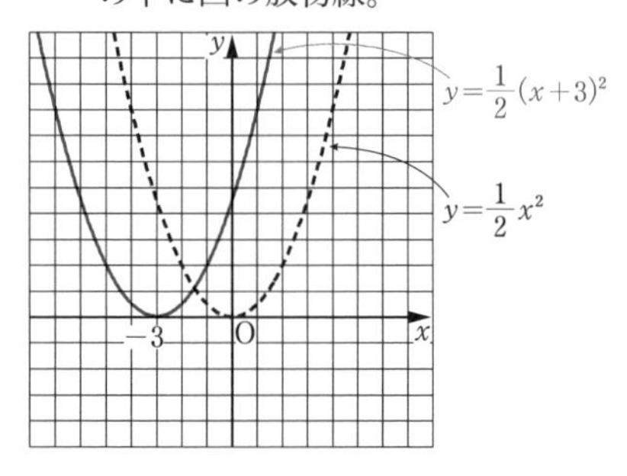

● $y=a(x-p)^2+q$ のグラフ　解き方のポイント

2次関数 $y=a(x-p)^2+q$ のグラフは，$y=ax^2$ のグラフを

　x 軸方向に p，y 軸方向に q

だけ平行移動した放物線である。

　軸は直線 $x=p$

　頂点は点 $(p,\ q)$

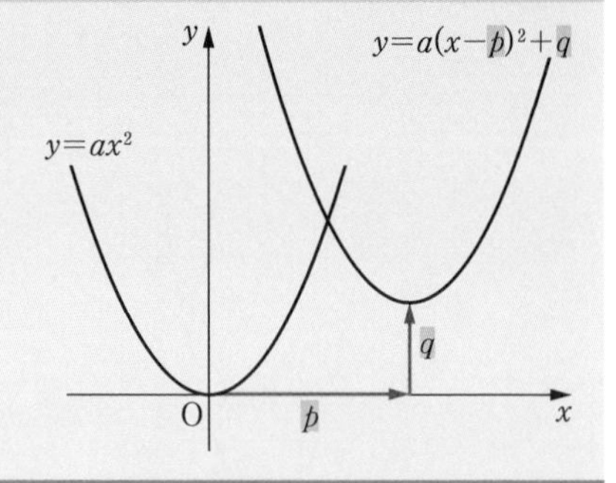

教 p.81

問 10　次の 2 次関数のグラフの軸と頂点を求めよ。また，そのグラフをかけ。

(1)　$y=(x-2)^2+1$　　(2)　$y=-\frac{1}{2}(x+3)^2+2$

考え方　(1)　$y=x^2$ のグラフを x 軸方向に 2，y 軸方向に 1 だけ平行移動した放物線である。

(2)　$y=-\frac{1}{2}x^2$ のグラフを x 軸方向に -3，y 軸方向に 2 だけ平行移動した放物線である。

解　答　(1)　軸は **直線 $x=2$**
頂点は **点 (2，1)**
の下に凸の放物線。

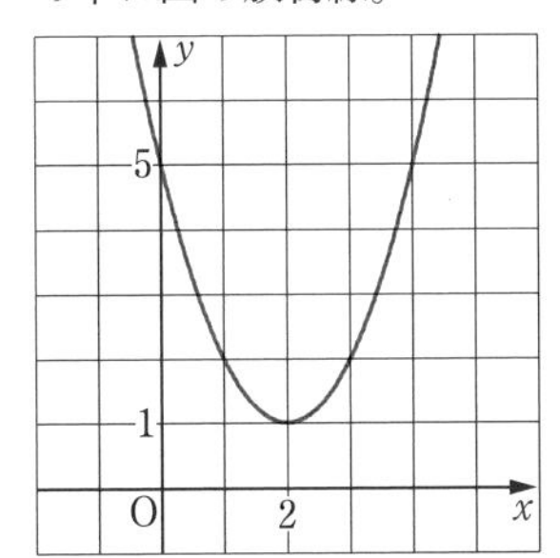

(2)　軸は **直線 $x=-3$**
頂点は **点 $(-3，2)$**
の上に凸の放物線。

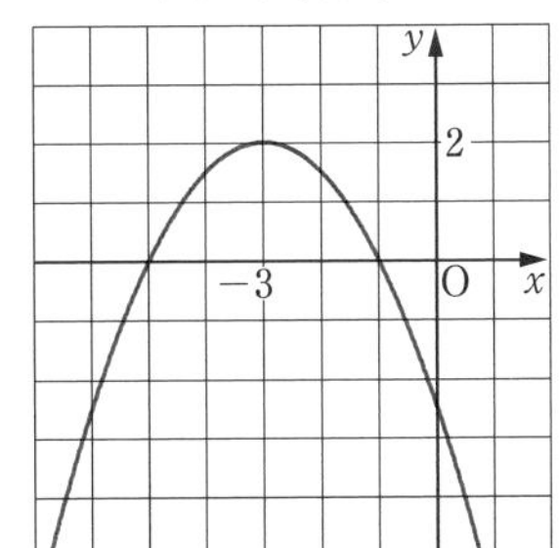

$y=ax^2$ のグラフの平行移動　　解き方のポイント

$y=ax^2$ のグラフを頂点が点 (p, q) に移るように平行移動することは，$y=ax^2$ のグラフを x 軸方向に p，y 軸方向に q だけ平行移動することであり，それをグラフとする 2 次関数は，$y=a(x-p)^2+q$ である。

教 p.81

問 11　2 次関数 $y=2x^2$ のグラフを平行移動して，頂点を次の点に移したとき，それをグラフとする 2 次関数を求めよ。

(1)　$(-3，4)$　　(2)　$(2，-5)$　　(3)　$(-1，-6)$

解　答　(1)　$y=2\{x-(-3)\}^2+4$
すなわち　$y=2(x+3)^2+4$

(2)　$y=2(x-2)^2+(-5)$
すなわち　$y=2(x-2)^2-5$

(3)　$y=2\{x-(-1)\}^2+(-6)$
すなわち　$y=2(x+1)^2-6$

注意
次のように答えてもよい。
(1)　$y=2x^2+12x+22$
(2)　$y=2x^2-8x+3$
(3)　$y=2x^2+4x-4$

平方完成　解き方のポイント

例えば，$2x^2+4x-1$ は次のようにして平方完成することができる。

$$2x^2+4x-1$$
$$=2(x^2+2x)-1 \quad \longleftarrow \text{① } x^2 \text{ の係数をくくり出す。}$$
（2の半分）
$$=2\{(x+1)^2-1^2\}-1 \quad \longleftarrow \text{② } \{(x+(x\text{の係数の半分}))^2-(x\text{の係数の半分})^2\}$$
$$=2(x+1)^2-2-1 \quad \longleftarrow \text{③ } \{\ \}\text{を外す。}$$
$$=2(x+1)^2-3 \quad \longleftarrow \text{④ 定数項を整理する。}$$

平方完成の手順
1. x^2 の係数をくくり出す。
2. $\{(x+(x\text{の係数の半分}))^2-(x\text{の係数の半分})^2\}$
3. { }を外す。
4. 定数項を整理する。

教 p.82

問12　次の2次関数を $y=a(x-p)^2+q$ の形に変形せよ。

(1) $y=x^2+4x+5$　　(2) $y=3x^2-6x+4$

(3) $y=-x^2+6x+1$　　(4) $y=\dfrac{1}{2}x^2+4x+6$

(5) $y=x^2+3x+4$　　(6) $y=-2x^2+2x+3$

考え方　上の手順にならって，右辺を平方完成する。

解答

(1) $y=x^2+4x+5$
$=(x^2+4x)+5$
$=\{(x+2)^2-2^2\}+5$
$=(x+2)^2-4+5$
$=(x+2)^2+1$
すなわち
$y=(x+2)^2+1$

(2) $y=3x^2-6x+4$
$=3(x^2-2x)+4$
$=3\{(x-1)^2-1^2\}+4$
$=3(x-1)^2-3+4$
$=3(x-1)^2+1$
すなわち
$y=3(x-1)^2+1$

(3) $y=-x^2+6x+1$
$=-(x^2-6x)+1$
$=-\{(x-3)^2-3^2\}+1$
$=-(x-3)^2+9+1$
$=-(x-3)^2+10$
すなわち
$y=-(x-3)^2+10$

(4) $y=\dfrac{1}{2}x^2+4x+6$
$=\dfrac{1}{2}(x^2+8x)+6$
$=\dfrac{1}{2}\{(x+4)^2-4^2\}+6$
$=\dfrac{1}{2}(x+4)^2-8+6$
$=\dfrac{1}{2}(x+4)^2-2$
すなわち
$y=\dfrac{1}{2}(x+4)^2-2$

(5) $y = x^2 + 3x + 4$

$= (x^2 + 3x) + 4$

$= \left\{\left(x + \dfrac{3}{2}\right)^2 - \left(\dfrac{3}{2}\right)^2\right\} + 4$

$= \left(x + \dfrac{3}{2}\right)^2 - \dfrac{9}{4} + 4$

$= \left(x + \dfrac{3}{2}\right)^2 + \dfrac{7}{4}$

すなわち

$y = \left(x + \dfrac{3}{2}\right)^2 + \dfrac{7}{4}$

(6) $y = -2x^2 + 2x + 3$

$= -2(x^2 - x) + 3$

$= -2\left\{\left(x - \dfrac{1}{2}\right)^2 - \left(\dfrac{1}{2}\right)^2\right\} + 3$

$= -2\left(x - \dfrac{1}{2}\right)^2 + \dfrac{1}{2} + 3$

$= -2\left(x - \dfrac{1}{2}\right)^2 + \dfrac{7}{2}$

すなわち

$y = -2\left(x - \dfrac{1}{2}\right)^2 + \dfrac{7}{2}$

● 2次関数のグラフの軸と頂点　解き方のポイント

2次関数のグラフの軸と頂点は，$y = a(x-p)^2 + q$ の形に平方完成して

軸が直線 $x = p$，頂点が点 (p, q)

と求められる。

教 p.83

問13　次の2次関数のグラフの軸と頂点を求めよ。また，そのグラフをかけ。

(1) $y = 2x^2 + 12x + 8$　　(2) $y = \dfrac{1}{2}x^2 - 2x - 1$

(3) $y = -\dfrac{1}{2}x^2 + 3x$　　(4) $y = -x^2 - x + 1$

考え方　グラフをかくには，上と下のどちらに凸であるかや，y 軸との交点も調べる。

解答　(1) 与えられた2次関数は

$$y = 2x^2 + 12x + 8 = 2(x^2 + 6x) + 8 = 2(x+3)^2 - 10$$

と変形できる。

よって，求めるグラフは

軸が 直線 $x = -3$

頂点が 点 $(-3,\ -10)$

の下に凸の放物線である。また，グラフは y 軸と点 $(0,\ 8)$ で交わるから，右の図のようになる。

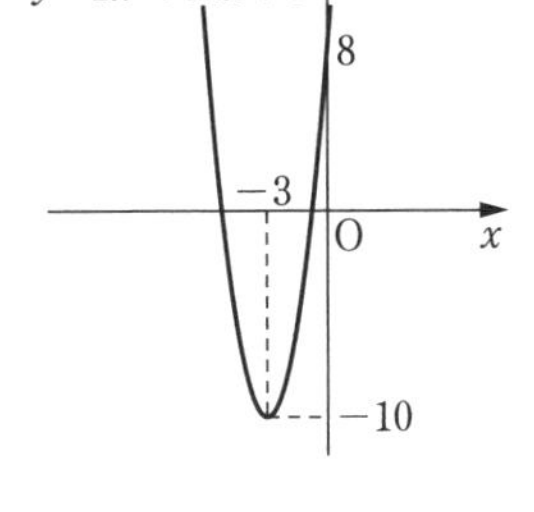

(2) 与えられた2次関数は

$$y = \frac{1}{2}x^2 - 2x - 1 = \frac{1}{2}(x^2 - 4x) - 1 = \frac{1}{2}(x-2)^2 - 3$$

と変形できる。

よって，求めるグラフは

軸が **直線** $x=2$，頂点が **点** $(2,\ -3)$

の下に凸の放物線である。また，グラフは y 軸と点 $(0,\ -1)$ で交わるから，右の図のようになる。

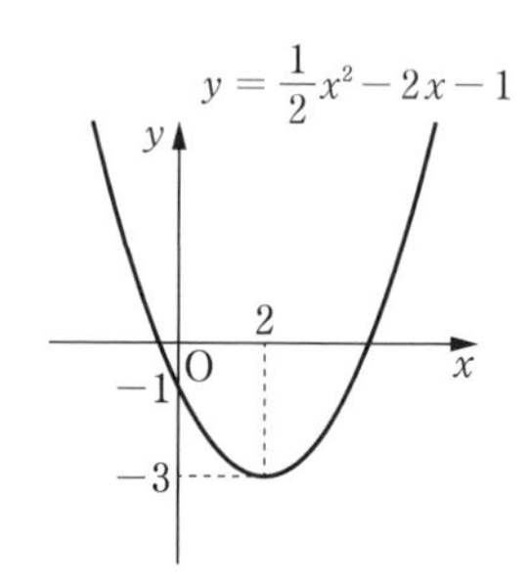

(3)　与えられた 2 次関数は

$$y=-\frac{1}{2}x^2+3x=-\frac{1}{2}(x^2-6x)$$
$$=-\frac{1}{2}(x-3)^2+\frac{9}{2}$$

と変形できる。

よって，求めるグラフは

軸が **直線** $x=3$，頂点が **点** $\left(3,\ \frac{9}{2}\right)$

の上に凸の放物線である。また，グラフは x 軸と原点と点 $(6,\ 0)$ で交わるから，右の図のようになる。

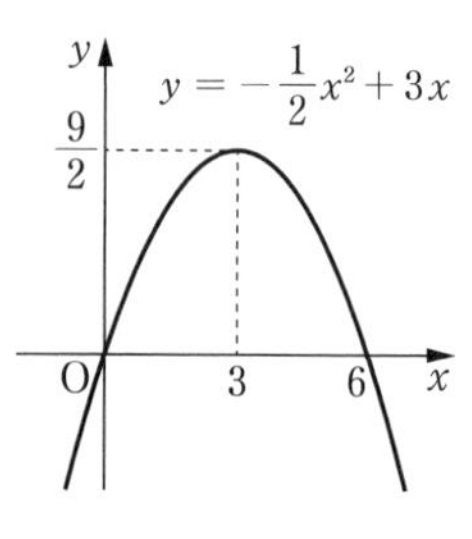

(4)　与えられた 2 次関数は

$$y=-x^2-x+1=-(x^2+x)+1=-\left(x+\frac{1}{2}\right)^2+\frac{5}{4}$$

と変形できる。

よって，求めるグラフは

軸が **直線** $x=-\frac{1}{2}$

頂点が **点** $\left(-\frac{1}{2},\ \frac{5}{4}\right)$

の上に凸の放物線である。また，グラフは y 軸と点 $(0,\ 1)$ で交わるから，右の図のようになる。

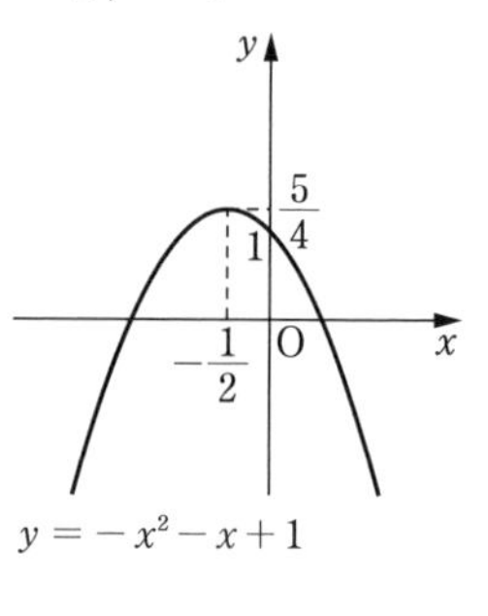

$y=ax^2+bx+c$ のグラフ …… **解き方のポイント**

2 次関数 $y=ax^2+bx+c$ のグラフは，$y=ax^2$ のグラフを平行移動した放物線で

軸は直線 $x=-\frac{b}{2a}$

頂点は点 $\left(-\frac{b}{2a},\ -\frac{b^2-4ac}{4a}\right)$

教 p.84

問 14　2 次関数 $y=-x^2+8x-13$ のグラフをどのように平行移動すると，2 次関数 $y=-x^2-4x+2$ のグラフに重なるか。

考え方　x^2 の係数が等しい 2 つの 2 次関数のグラフは，平行移動して重ねることができるから，2 つの放物線の頂点が重なるように，平行移動する。

解 答　2 つの 2 次関数を

$y=-x^2+8x-13$ ……①

$y=-x^2-4x+2$ ……②

とおく。

①，② のグラフは，x^2 の係数がともに -1 であるから，① のグラフを平行移動すると，② のグラフに重なる。このとき，① の頂点は ② の頂点に重なるから，頂点の移動を調べればよい。

① の 2 次関数は $y=-(x-4)^2+3$ と変形できるから，グラフの頂点は点 $(4,\ 3)$ である。

② の 2 次関数は $y=-(x+2)^2+6$ と変形できるから，グラフの頂点は点 $(-2,\ 6)$ である。

したがって，① のグラフを

x 軸方向に $-2-4=-6$，y 軸方向に $6-3=3$

だけ平行移動すれば，② のグラフに重なる。

3 | 2 次関数の最大・最小

● 2 次関数の最大値・最小値 …… **解き方のポイント**

2 次関数 $y=ax^2+bx+c$ は，$y=a(x-p)^2+q$ の形に変形することによって，そのグラフから最大値または最小値を求めることができる。

(i)　$a>0$ ならば，$x=p$ のとき最小値 q をとる。また，最大値はない。

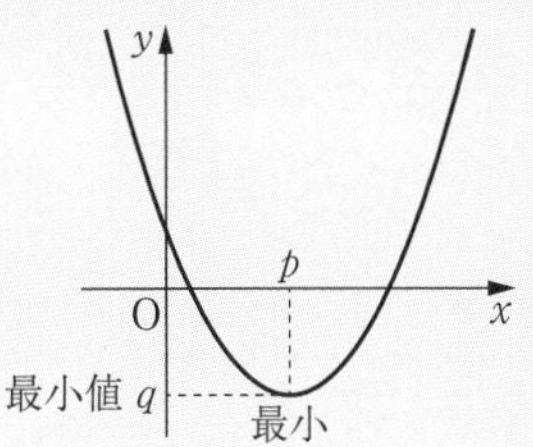

(ii)　$a<0$ ならば，$x=p$ のとき最大値 q をとる。また，最小値はない。

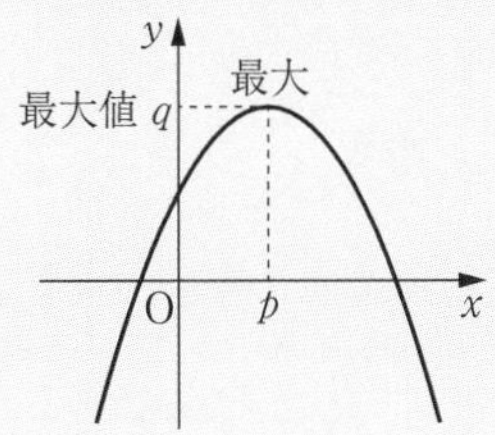

教 p.85

問 15　次の 2 次関数の最大値，最小値があれば，それを求めよ。また，そのときの x の値を求めよ。

(1)　$y=x^2-4x+3$　　　　(2)　$y=-2x^2+3x$

考え方　2 次関数を，$y=a(x-p)^2+q$ の形に変形し，グラフをかく。

解答　(1)　2 次関数 $y=x^2-4x+3$ のグラフは，

$y=(x-2)^2-1$ より

頂点が点 $(2,\ -1)$ の下に凸の放物線である。右の図より，この関数は

$x=2$ のとき　最小値 -1

また，y はいくらでも大きい値をとるから

最大値はない。

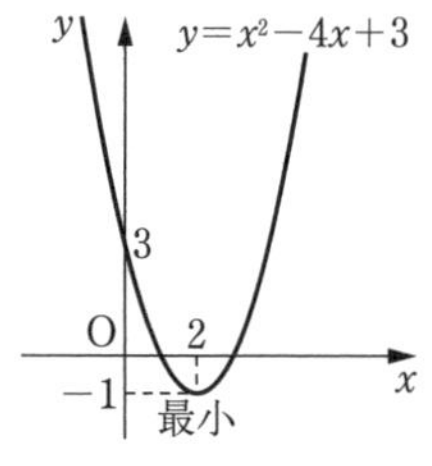

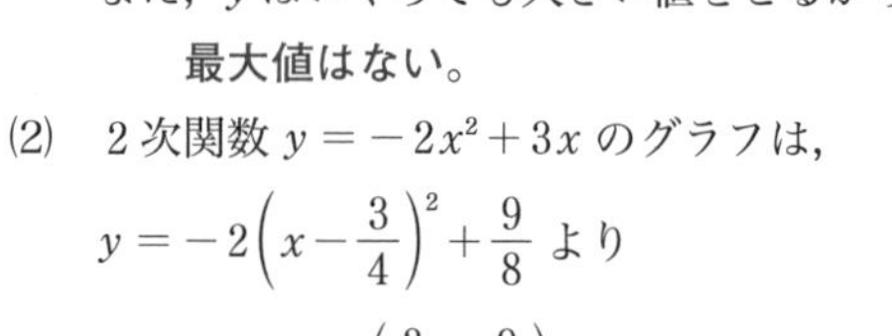

(2)　2 次関数 $y=-2x^2+3x$ のグラフは，

$y=-2\left(x-\dfrac{3}{4}\right)^2+\dfrac{9}{8}$ より

頂点が点 $\left(\dfrac{3}{4},\ \dfrac{9}{8}\right)$ の上に凸の放物線である。右の図より，この関数は

$x=\dfrac{3}{4}$ のとき　最大値 $\dfrac{9}{8}$

また，y はいくらでも小さい値をとるから

最小値はない。

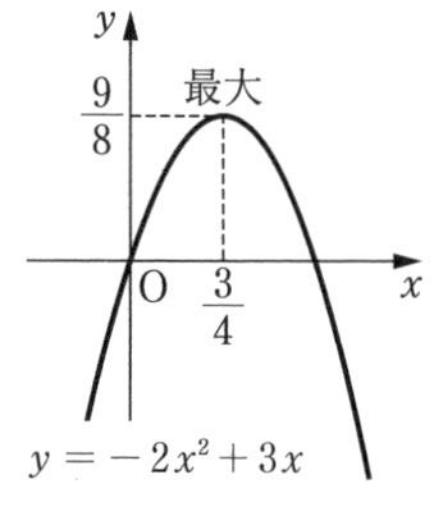

定義域が限られたときの最大値・最小値　解き方のポイント

定義域がある範囲に制限されている 2 次関数の最大値，最小値を求めるときは，軸が定義域に含まれるかどうかに注意して考える。

教 p.86

問 16　次の 2 次関数について，(　) に示した定義域における最大値と最小値を求めよ。また，そのときの x の値を求めよ。

(1)　$y=x^2-9$　$(-2\leqq x\leqq 5)$

(2)　$y=x^2+4x+3$　$(-1\leqq x\leqq 3)$

(3)　$y=-2x^2+4x+3$　$(-2\leqq x\leqq 2)$

考え方　(1)，(3)　軸が定義域に含まれる。

(2)　軸が定義域に含まれない。

解答 (1) $y = x^2 - 9$

$-2 \leqq x \leqq 5$ におけるこの関数のグラフは，右の図の放物線の実線部分である。

したがって

$x = 5$ のとき　**最大値 16**

$x = 0$ のとき　**最小値 -9**

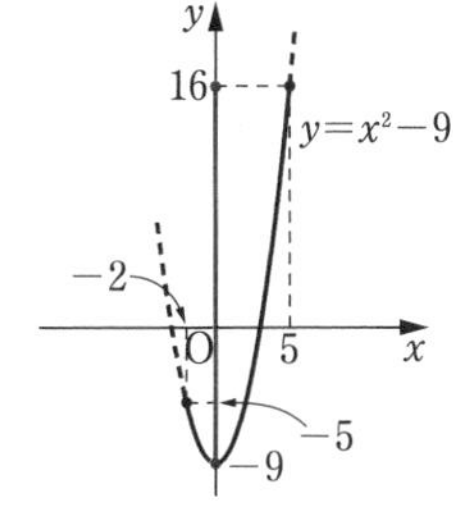

(2) $y = x^2 + 4x + 3$ を変形すると

$y = (x + 2)^2 - 1$

$-1 \leqq x \leqq 3$ におけるこの関数のグラフは，右の図の放物線の実線部分である。

したがって

$x = 3$ のとき　**最大値 24**

$x = -1$ のとき　**最小値 0**

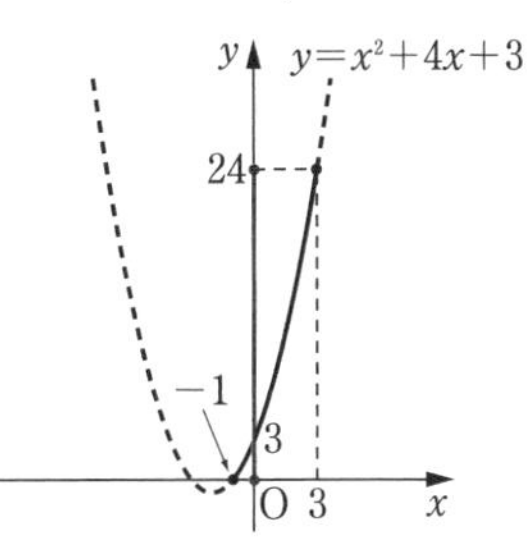

(3) $y = -2x^2 + 4x + 3$ を変形すると

$y = -2(x - 1)^2 + 5$

$-2 \leqq x \leqq 2$ におけるこの関数のグラフは，右の図の放物線の実線部分である。

したがって

$x = 1$ のとき　**最大値 5**

$x = -2$ のとき　**最小値 -13**

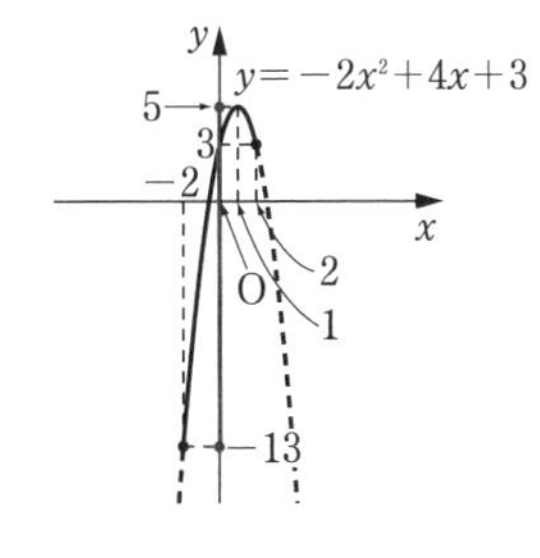

教 p.87

問 17　$a > 0$ のとき，2 次関数 $y = -x^2 + 6x + 1$ $(0 \leqq x \leqq a)$ の最大値を求めよ。また，そのときの x の値を求めよ。

考え方　最大値は，軸が定義域に含まれる場合と含まれない場合に分けて考える。

解答　与えられた 2 次関数は

$y = -x^2 + 6x + 1 = -(x - 3)^2 + 10$

と変形できるから，この 2 次関数のグラフは，軸が直線 $x = 3$，頂点が点 $(3,\ 10)$ の上に凸の放物線である。

(i) $0 < a < 3$ のとき　⟵ 軸が定義域に含まれない場合

$0 \leqq x \leqq a$ におけるこの関数のグラフは，右の図の放物線の実線部分である。

したがって

$x = a$ のとき　最大値 $-a^2 + 6a + 1$

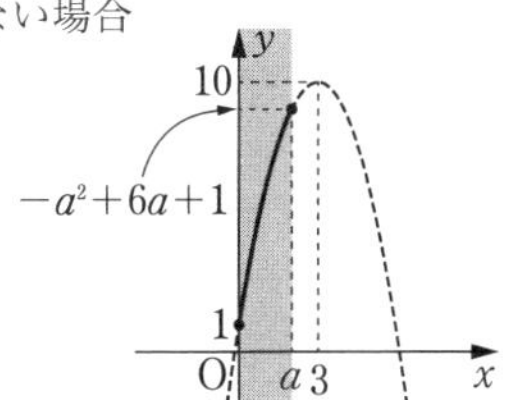

(ii) $3 \leqq a$ のとき ←── 軸が定義域に含まれる場合

$0 \leqq x \leqq a$ におけるこの関数のグラフは，右の図の放物線の実線部分であり，グラフの頂点において関数の値は最大になる。

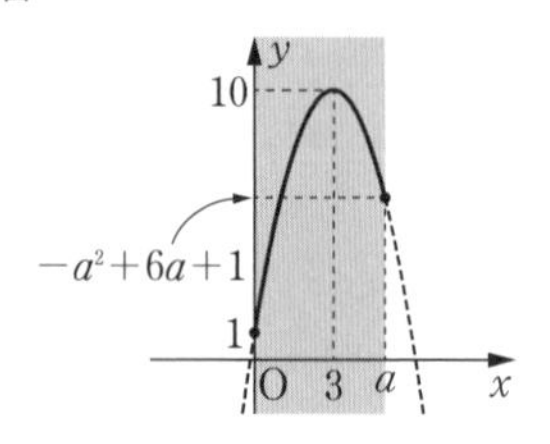

したがって

$x=3$ のとき　最大値 10

(i)，(ii) より

$\begin{cases} 0<a<3 \text{ のとき} & x=a \text{ で最大値 } -a^2+6a+1 \\ 3 \leqq a \text{ のとき} & x=3 \text{ で最大値 } 10 \end{cases}$

教 p.88

問 18　2次関数 $y=-x^2+2ax-a^2+3 \ (-1 \leqq x \leqq 1)$ の最大値を求めよ。また，そのときの x の値を求めよ。

考え方　グラフの軸が直線 $x=a$ であるから，a が定義域に含まれる場合と，含まれない場合に分けて考える。

解　答　与えられた2次関数は

$$y=-x^2+2ax-a^2+3=-(x-a)^2+3$$

と変形できるから，この2次関数のグラフは，軸が直線 $x=a$，頂点が点 $(a,\ 3)$ の上に凸の放物線である。

(i) $a<-1$ のとき ←── a が定義域より左

$-1 \leqq x \leqq 1$ におけるこの関数のグラフは，右の図の放物線の実線部分である。

したがって

$x=-1$ のとき　最大値 $-a^2-2a+2$

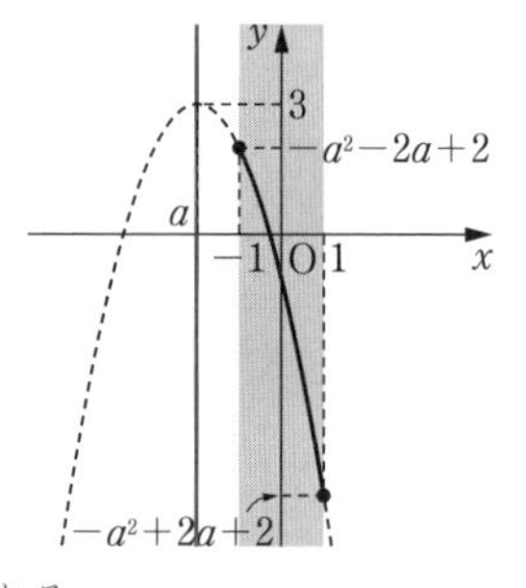

(ii) $-1 \leqq a \leqq 1$ のとき ←── a が定義域に含まれる

$-1 \leqq x \leqq 1$ におけるこの関数のグラフは，右の図の放物線の実線部分であり，グラフの頂点において関数の値は最大になる。

したがって

$x=a$ のとき　最大値 3

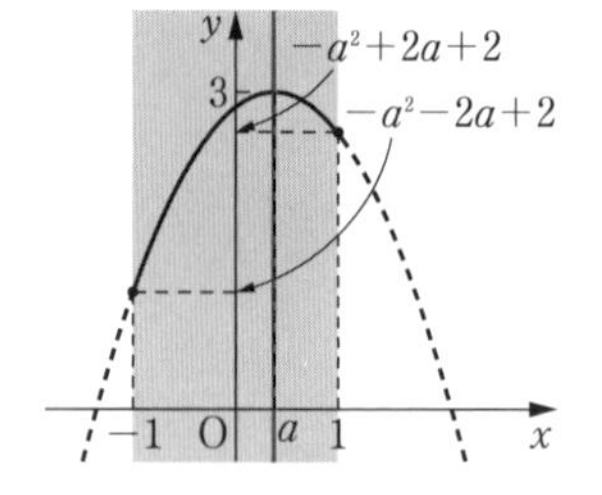

(iii) $1<a$ のとき ⟵ a が定義域より右

$-1 \leqq x \leqq 1$ におけるこの関数のグラフは，右の図の放物線の実線部分である。

したがって

$x=1$ のとき　最大値 $-a^2+2a+2$

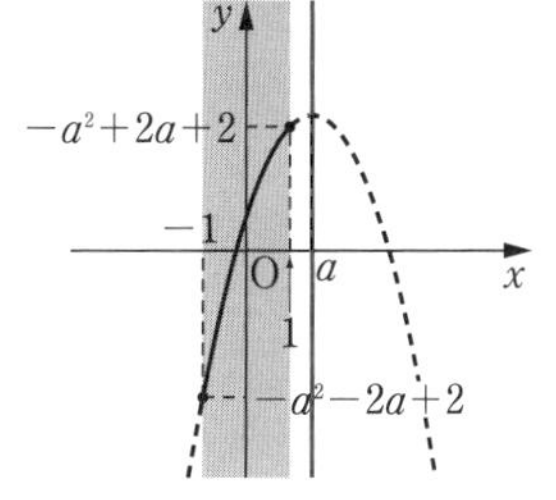

(i)，(ii)，(iii) より

$$\begin{cases} a<-1 \text{ のとき} & x=-1 \text{ で最大値 } -a^2-2a+2 \\ -1 \leqq a \leqq 1 \text{ のとき} & x=a \text{ で最大値 } 3 \\ 1<a \text{ のとき} & x=1 \text{ で最大値 } -a^2+2a+2 \end{cases}$$

教 p.89

問 19　長さ 12 cm の針金を 2 つに切り，そのおのおのを折り曲げて右の図（省略）のように 2 つの正方形をつくる。2 つの正方形の面積の和が最小となるのは，針金をどのように切ったときか。また，そのときの面積の和を求めよ。

考え方　一方の正方形の 1 辺の長さを x cm として，もう一方の正方形の 1 辺の長さを求める。定義域に注意して最小値を求める。

解答　一方の正方形の 1 辺の長さを x cm とすると，この正方形をつくるのに必要な針金の長さは $4x$ cm である。残りの針金の長さは $(12-4x)$ cm であるから，もう一方の正方形の 1 辺の長さは $\dfrac{12-4x}{4}=3-x$ (cm) となる。

このとき，$x>0$，$3-x>0$ であるから

$0<x<3$　……①

2 つの正方形の面積の和を $y\,\mathrm{cm}^2$ とすると

$$y=x^2+(3-x)^2=2x^2-6x+9$$

$$=2(x^2-3x)+9=2\left(x-\frac{3}{2}\right)^2+\frac{9}{2}$$

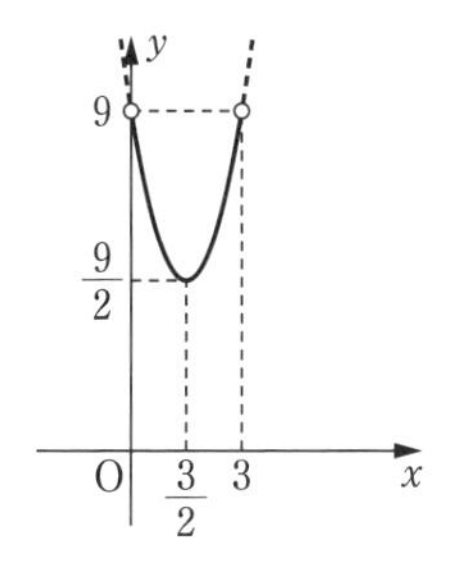

① の範囲におけるこの関数のグラフは，右の図の放物線の実線部分である。

ゆえに，y は $x=\dfrac{3}{2}$ のとき，最小値 $\dfrac{9}{2}$ をとる。

このとき，2 つの正方形の周の長さはどちらも 6 cm である。

したがって

針金を 6 cm ずつに切ったとき，面積の和は最小で $\dfrac{9}{2}\,\mathrm{cm}^2$ である。

4 | 2 次関数の決定

用語のまとめ

連立 3 元 1 次方程式

- 3 文字についての 1 次方程式を連立したものを，**連立 3 元 1 次方程式** という。

● 2 次関数の決定(1) ……………… **解き方のポイント**

頂点や軸に関する条件が与えられたときは，求める 2 次関数を

$$\boldsymbol{y=a(x-p)^2+q}$$

の形で表し，通る点の条件から定数 $\boldsymbol{a}$，$\boldsymbol{p}$，$\boldsymbol{q}$ の値を求める。

教 p.90

問 20 グラフが次の条件を満たす 2 次関数を求めよ。

(1) 頂点が点 $(-1,\ 2)$ で，点 $(1,\ -6)$ を通る。

(2) 頂点の x 座標が 2 で，2 点 $(0,\ 7)$，$(6,\ 13)$ を通る。

解 答 (1) 頂点が点 $(-1,\ 2)$ であるから，求める 2 次関数は

$$y=a(x+1)^2+2 \quad \cdots\cdots ①$$

と表される。

グラフが点 $(1,\ -6)$ を通るから，① に $x=1$，$y=-6$ を代入して

$$-6=a(1+1)^2+2$$

$$-6=4a+2$$

これを解いて $a=-2$

よって $\boldsymbol{y=-2(x+1)^2+2}$

(2) 頂点の x 座標が 2 であるから，求める 2 次関数は

$$y=a(x-2)^2+q \quad \cdots\cdots ①$$

と表される。

グラフが 2 点 $(0,\ 7)$，$(6,\ 13)$ を通るから，① より

$$\begin{cases}7=4a+q\\13=16a+q\end{cases}$$

これを解いて $a=\dfrac{1}{2}$，$q=5$ ※

よって $\boldsymbol{y=\dfrac{1}{2}(x-2)^2+5}$

※

$$\begin{cases}7=4a+q & \cdots\cdots ②\\13=16a+q & \cdots\cdots ③\end{cases}$$

③ − ② $6=12a$

$$a=\frac{1}{2}$$

$a=\dfrac{1}{2}$ を ② に代入して

$$7=4\cdot\frac{1}{2}+q$$

$$q=5$$

教 p.91

問 21 次の連立 3 元 1 次方程式を解け。

(1) $\begin{cases} a+b+c=2 \\ 2a-4b+c=18 \\ 4a+16b+c=-40 \end{cases}$　(2) $\begin{cases} x+2y+3z=20 \\ 2x+7y-3z=13 \\ 3x+8y+2z=38 \end{cases}$

考え方 連立 3 元 1 次方程式を解くには，まず，1 つの文字を消去し，他の 2 つの文字についての連立方程式を解く。

解 答 (1) $\begin{cases} a+b+c=2 & \cdots\cdots ① \\ 2a-4b+c=18 & \cdots\cdots ② \\ 4a+16b+c=-40 & \cdots\cdots ③ \end{cases}$

②－① より　$a-5b=16$　……④

③－② より　$2a+20b=-58$

よって　$a+10b=-29$　……⑤

（c を消去する）

④，⑤ を a，b について解くと　※

$a=1$，$b=-3$

これらを ① に代入して　$c=4$

したがって

$\boldsymbol{a=1}$，$\boldsymbol{b=-3}$，$\boldsymbol{c=4}$

※
⑤－④　$15b=-45$
$b=-3$
$b=-3$ を ④ に代入して
$a-5\cdot(-3)=16$
$a=16-15=1$

(2) $\begin{cases} x+2y+3z=20 & \cdots\cdots ① \\ 2x+7y-3z=13 & \cdots\cdots ② \\ 3x+8y+2z=38 & \cdots\cdots ③ \end{cases}$

①×2－② より　$-3y+9z=27$

よって　$-y+3z=9$　……④

①×3－③ より　$-2y+7z=22$　……⑤

（x を消去する）

④，⑤ を y，z について解くと　※

$y=3$，$z=4$

これらを ① に代入して　$x=2$

したがって

$\boldsymbol{x=2}$，$\boldsymbol{y=3}$，$\boldsymbol{z=4}$

※
⑤－④×2　$z=4$
$z=4$ を ④ に代入して
$-y+3\cdot 4=9$
$y=3$

● 2 次関数の決定(2)　解き方のポイント

グラフ上の 3 点が与えられたときは，求める 2 次関数を

$\boldsymbol{y=ax^2+bx+c}$

と表し，通る点の条件から連立 3 元 1 次方程式をつくり，それを解く。

教 p.92

問22 グラフが次の3点A，B，Cを通るような2次関数を求めよ。

(1) A(−1，−7)，B(2，−1)，C(3，−7)

(2) A(−2，−3)，B(0，−1)，C(1，3)

解答 (1) 求める2次関数を $y=ax^2+bx+c$ とおく。この関数のグラフが3点A(−1，−7)，B(2，−1)，C(3，−7)を通るから

$$\begin{cases} a-b+c=-7 & \cdots\cdots ① \\ 4a+2b+c=-1 & \cdots\cdots ② \\ 9a+3b+c=-7 & \cdots\cdots ③ \end{cases}$$

まず，②−① より，c を消去して

$3a+3b=6$

よって　$a+b=2$　……④

③−② より，c を消去して

$5a+b=-6$　……⑤

④，⑤ を a，b について解くと　※

$a=-2$，$b=4$

これらを ① に代入して

$c=-1$

したがって，求める2次関数は

$y=-2x^2+4x-1$

※
⑤−④
$4a=-8$
$a=-2$
$a=-2$ を ④ に代入して
$-2+b=2$
$b=4$

(2) 求める2次関数を $y=ax^2+bx+c$ とおく。この関数のグラフが3点A(−2，−3)，B(0，−1)，C(1，3)を通るから

$$\begin{cases} 4a-2b+c=-3 & \cdots\cdots ① \\ c=-1 & \cdots\cdots ② \\ a+b+c=3 & \cdots\cdots ③ \end{cases}$$

② を ① に代入すると

$4a-2b=-2$

よって　$2a-b=-1$　……④

② を ③ に代入すると

$a+b=4$　……⑤

④，⑤ を a，b について解くと　※

$a=1$，$b=3$

したがって，求める2次関数は

$y=x^2+3x-1$

※
④＋⑤
$3a=3$
$a=1$
$a=1$ を ⑤ に代入して
$1+b=4$
$b=3$

問　題　　教 p.93

1　$f(x)=x^2-2x+3$ において，次の値を求めよ。

(1)　$f(3)$　　(2)　$f(a-1)$　　(3)　$f(2-a)$

考え方　$f(x)$ の式の x に 3，$a-1$，$2-a$ をそれぞれ代入する。

解　答　$f(x)=x^2-2x+3$ であるから

(1)　$f(3)=3^2-2\cdot3+3=6$

(2)　$f(a-1)=(a-1)^2-2(a-1)+3=a^2-4a+6$

(3)　$f(2-a)=(2-a)^2-2(2-a)+3=a^2-2a+3$

2　次の2次関数のグラフをかけ。

(1)　$y=-x^2+6x-5$　　(2)　$y=2(x-1)(x-3)$

考え方　平方完成して $y=a(x-p)^2+q$ の形にすると，軸が直線 $x=p$，頂点が点 $(p,\ q)$ と求められる。グラフをかくには，上と下のどちらに凸であるかや，x 軸や y 軸との交点も調べる。

解　答　(1)　与えられた2次関数は

$$y=-x^2+6x-5=-(x-3)^2+4$$

と変形できる。

したがって，求めるグラフは軸が直線 $x=3$，頂点が点 $(3,\ 4)$ の上に凸の放物線である。

また，グラフは y 軸と点 $(0,\ -5)$ で交わるから，右の図のようになる。

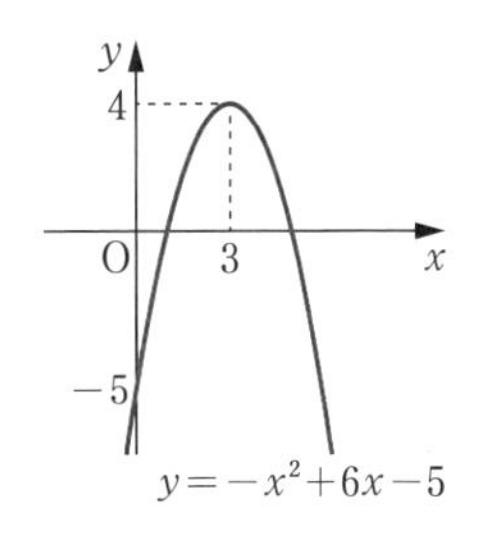

(2)　与えられた2次関数は

$$\begin{aligned}y&=2(x-1)(x-3)\\&=2(x^2-4x+3)\\&=2(x-2)^2-2\end{aligned}$$

と変形できる。

したがって，求めるグラフは軸が直線 $x=2$，頂点が点 $(2,\ -2)$ の下に凸の放物線である。また，グラフは y 軸と点 $(0,\ 6)$，x 軸と $(1,\ 0)$，$(3,\ 0)$ で交わるから，右の図のようになる。

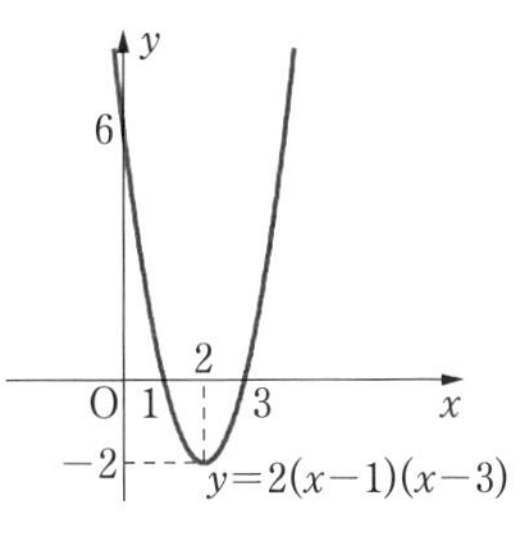

(2)　式の形から，グラフは x 軸と $(1,\ 0)$，$(3,\ 0)$ で交わることが分かる。したがって，軸は，2つの交点の中点 $(2,\ 0)$ を通る直線 $x=2$ となる。

3　2次関数 $y=ax^2+bx+c$ のグラフの頂点は，$a>0$，$c<0$ のとき，第1象限，第2象限にない。その理由を説明せよ。

考え方　2次関数 $y=ax^2+bx+c$ の頂点の y 座標の符号を考える。

解答　2次関数 $y=ax^2+bx+c$ の頂点は，次のように表される。

点 $\left(-\dfrac{b}{2a},\ -\dfrac{b^2-4ac}{4a}\right)$

$a>0$，$c<0$ であるから，$ac<0$ となり

$b^2 \geqq 0$，$4ac<0$ より　　$b^2-4ac>0$

$4a>0$

であるから，頂点の y 座標について，常に

$-\dfrac{b^2-4ac}{4a}<0$　※

したがって，頂点は第1象限，第2象限にない。

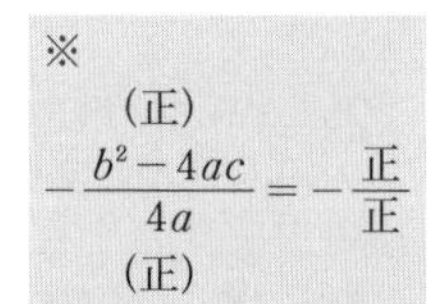

4　次の2次関数の値域を求めよ。

(1)　$y=-2x^2-8x+3\ (-3 \leqq x \leqq 2)$

(2)　$y=\dfrac{1}{2}x^2-2x+1\ (-2 \leqq x \leqq 4)$

考え方　$y=a(x-p)^2+q$ の形に変形して，グラフをかき，与えられた定義域に対する値域を求める。

解答　(1)　与えられた2次関数は

$y=-2x^2-8x+3$

$=-2(x+2)^2+11$

と変形できる。

$-3 \leqq x \leqq 2$ におけるこの関数のグラフは，右の図の放物線の実線部分である。

したがって，この関数の値域は

$-21 \leqq y \leqq 11$

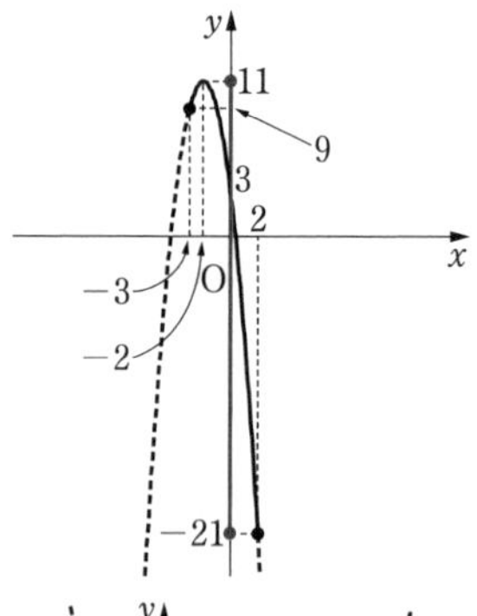

(2)　与えられた2次関数は

$y=\dfrac{1}{2}x^2-2x+1=\dfrac{1}{2}(x-2)^2-1$

と変形できる。

$-2 \leqq x \leqq 4$ におけるこの関数のグラフは，右の図の放物線の実線部分である。

したがって，この関数の値域は

$-1 \leqq y \leqq 7$

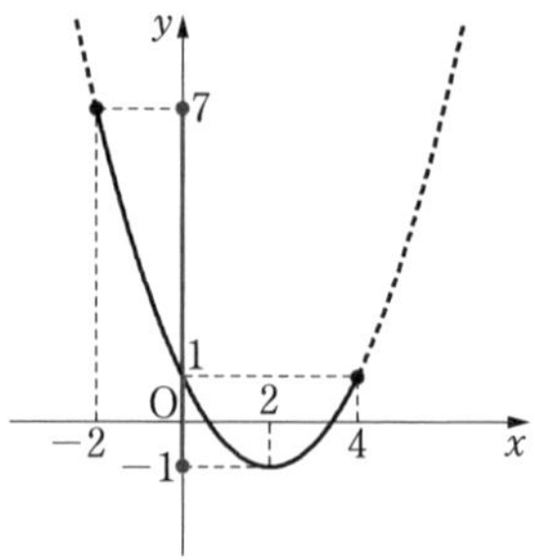

5 2次関数 $y=x^2-2x-2$ について，次に示した定義域における最大値，最小値があれば，それを求めよ。また，そのときの x の値を求めよ。

(1) $-2<x<3$　　　(2) $2<x\leqq 4$

解答 与えられた2次関数は

$$y=x^2-2x-2=(x-1)^2-3$$

と変形できる。

(1) $-2<x<3$ におけるこの関数のグラフは，右の図の放物線の実線部分である。

したがって

$x=1$ のとき　最小値 -3

最大値はない。

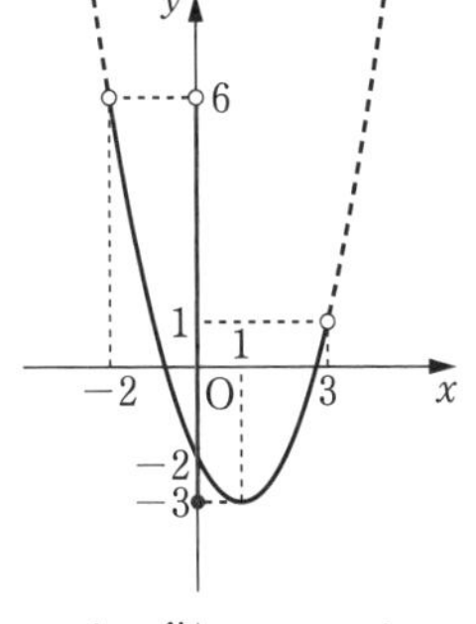

(2) $2<x\leqq 4$ におけるこの関数のグラフは，右の図の放物線の実線部分である。

したがって

$x=4$ のとき　最大値 6

最小値はない。

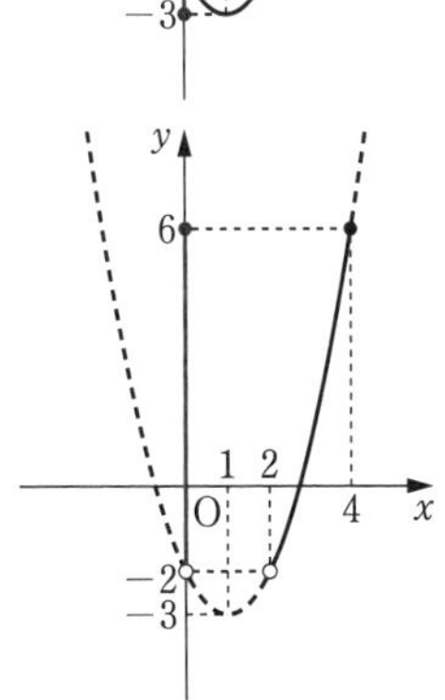

6 2次関数 $y=x^2-2ax+1$ $(0\leqq x\leqq 1)$ について，次の問に答えよ。

(1) 最小値を求めよ。また，そのときの x の値を求めよ。

(2) 最大値を求めよ。また，そのときの x の値を求めよ。

考え方 (1) グラフの軸が定義域に含まれるかどうかで場合分けする。

(2) 軸が定義域の

(i) 中央より左　(ii) 中央に一致する　(iii) 中央より右

の3つの場合に分けて考える。

解答 与えられた2次関数は

$$y=x^2-2ax+1=(x-a)^2-a^2+1$$

と変形できるから，この2次関数のグラフは，軸が直線 $x=a$，頂点が点 $(a,\ -a^2+1)$ の下に凸の放物線である。

(1) (i) $a<0$ のとき

$0 \leqq x \leqq 1$ におけるこの関数のグラフは，右の図の放物線の実線部分である。

したがって

$x=0$ のとき　最小値 1

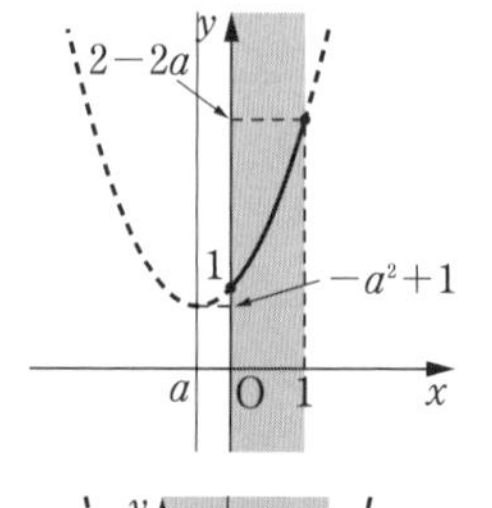

(ii) $0 \leqq a \leqq 1$ のとき

$0 \leqq x \leqq 1$ におけるこの関数のグラフは，右の図の放物線の実線部分である。

したがって

$x=a$ のとき　最小値 $-a^2+1$

(iii) $1<a$ のとき

$0 \leqq x \leqq 1$ におけるこの関数のグラフは，右の図の放物線の実線部分である。

したがって

$x=1$ のとき　最小値 $2-2a$

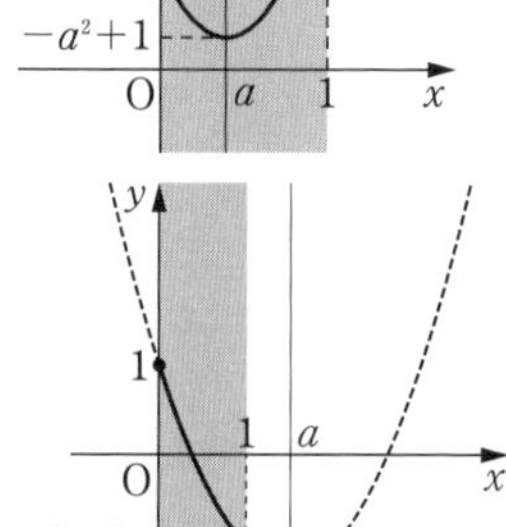
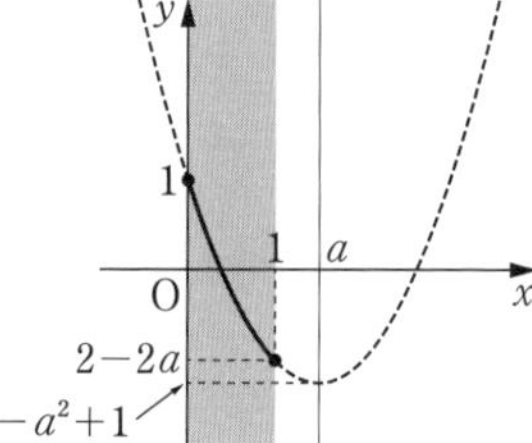

(i), (ii), (iii) より

$$\begin{cases} a<0 \text{ のとき} & x=0 \text{ で最小値 } 1 \\ 0 \leqq a \leqq 1 \text{ のとき} & x=a \text{ で最小値 } -a^2+1 \\ 1<a \text{ のとき} & x=1 \text{ で最小値 } 2-2a \end{cases}$$

(2) (i) $a<\frac{1}{2}$ のとき

$0 \leqq x \leqq 1$ におけるこの関数のグラフは，右の図の放物線の実線部分である。

したがって

$x=1$ のとき　最大値 $2-2a$

(ii) $a=\frac{1}{2}$ のとき

$0 \leqq x \leqq 1$ におけるこの関数のグラフは，右の図の放物線の実線部分である。

したがって

$x=0,\ 1$ のとき　最大値 1

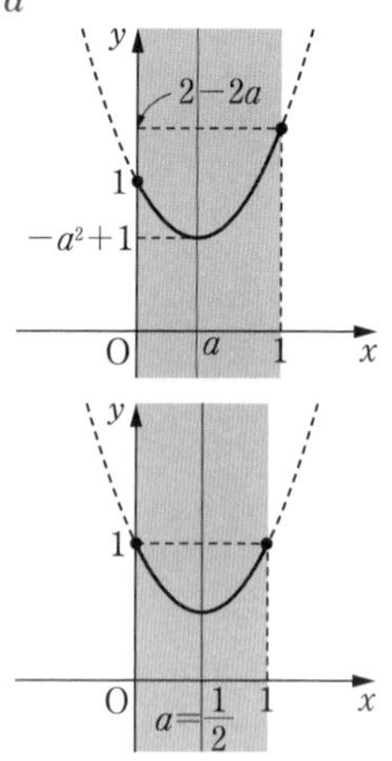

(iii) $\frac{1}{2} < a$ のとき

$0 \leqq x \leqq 1$ におけるこの関数のグラフは，右の図の放物線の実線部分である。

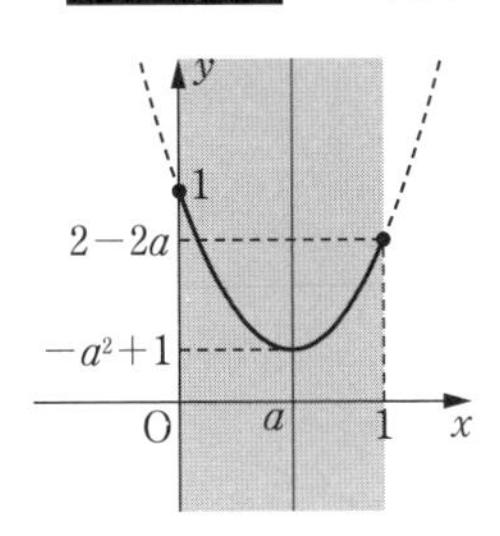

したがって

$x = 0$ のとき　最大値 1

(i), (ii), (iii) より

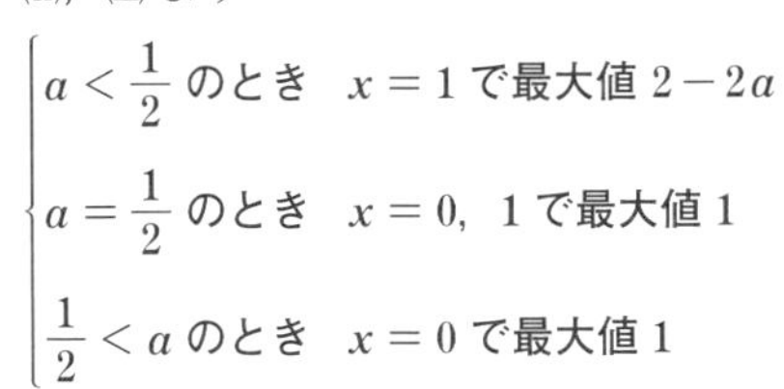

$$\begin{cases} a < \frac{1}{2} \text{ のとき } & x = 1 \text{ で最大値 } 2 - 2a \\ a = \frac{1}{2} \text{ のとき } & x = 0,\ 1 \text{ で最大値 } 1 \\ \frac{1}{2} < a \text{ のとき } & x = 0 \text{ で最大値 } 1 \end{cases}$$

7 グラフが次の条件を満たす 2 次関数を求めよ。

(1) $y = \frac{1}{2}x^2$ のグラフを平行移動した曲線で，頂点が x 軸上にあり，点 $(3,\ 8)$ を通る。

(2) x 軸と点 $(-2,\ 0)$，$(3,\ 0)$ で交わり，y 軸と点 $(0,\ -12)$ で交わる。

考え方 求める 2 次関数を，(1) は $y = \frac{1}{2}(x-p)^2$，(2) は $y = ax^2 + bx + c$ とおき，グラフが通る点の座標を代入して定数 p，a，b，c の値を求める。

(2) $y = a(x+2)(x-3)$ とおいて求めることもできる。（**別解**の方法）

解　答 (1) グラフの x 軸上にある頂点の x 座標を p とすると，求める 2 次関数は，そのグラフが $y = \frac{1}{2}x^2$ のグラフを平行移動したものであるから

$$y = \frac{1}{2}(x-p)^2$$

と表される。グラフが点 (3, 8) を通るから

$$8 = \frac{1}{2}(3-p)^2$$

したがって，$(3-p)^2 = 16$ より

$p = 7,\ -1$　※

したがって，求める 2 次関数は

$$y = \frac{1}{2}(x-7)^2$$

$$y = \frac{1}{2}(x+1)^2$$

※
$(3-p)^2 = 16$ より
$3-p = \pm 4$
$3-p = 4$ より　$p = -1$
$3-p = -4$ より　$p = 7$

(2)　求める 2 次関数を $y = ax^2 + bx + c$ とおく。

この関数のグラフが 3 点 $(-2,\ 0)$，$(3,\ 0)$，$(0,\ -12)$ を通るから

$$\begin{cases} 4a - 2b + c = 0 & \cdots\cdots ① \\ 9a + 3b + c = 0 & \cdots\cdots ② \\ c = -12 & \cdots\cdots ③ \end{cases}$$

③ を ①，② にそれぞれ代入して，整理すると

$$2a - b = 6 \quad \cdots\cdots ④$$

$$3a + b = 4 \quad \cdots\cdots ⑤$$

④，⑤ を a，b について解くと　※

$$a = 2,\ b = -2$$

したがって，求める 2 次関数は

$$\boldsymbol{y = 2x^2 - 2x - 12}$$

※
④ + ⑤
$5a = 10$
$a = 2$
$a = 2$ を ④ に代入して
$2 \cdot 2 - b = 6$
$b = -2$

別解　(2)　グラフが x 軸と 2 点 $(-2,\ 0)$，$(3,\ 0)$ で交わるから，

求める 2 次関数は　$y = a(x+2)(x-3)$　$\cdots\cdots$ ①

と表される。グラフが点 $(0,\ -12)$ を通るから

① に $x = 0$，$y = -12$ を代入して

$$-12 = a(0+2)\cdot(0-3)$$

$$a = 2$$

（$-12 = a \cdot 2 \cdot (-3)$）

したがって，求める 2 次関数は

$$y = 2(x+2)(x-3) = 2x^2 - 2x - 12$$

8　2 次関数 $y = x^2 + 2x + c$ $(-2 \leqq x \leqq 2)$ の最大値が 1 のとき，c の値を求めよ。

考え方　$y = x^2 + 2x + c$ のグラフをかいて考える。

解　答　与えられた 2 次関数は

$$y = x^2 + 2x + c = (x+1)^2 + c - 1$$

と変形できる。

$-2 \leqq x \leqq 2$ におけるこの関数のグラフは，右の図の放物線の実線部分である。

したがって，この 2 次関数は

$x = 2$ のとき　最大値 $c + 8$

をとる。

2 次関数 $y = x^2 + 2x + c$ $(-2 \leqq x \leqq 2)$ の最大値が 1 であるから

$$c + 8 = 1$$

したがって

$$\boldsymbol{c = -7}$$

9 $x=1$ のとき最大値 5 をとり，$x=-1$ のとき $y=1$ となるような 2 次関数を求めよ。

考え方 $x=1$ のとき最大値 5 をとることから，この関数のグラフは，頂点が点 (1, 5) で上に凸の放物線であることが分かる。

解 答 $x=1$ のとき最大値 5 をとるから，求める 2 次関数は，$a<0$ として

$$y=a(x-1)^2+5$$

と表される。$x=-1$ のとき $y=1$ となるから

$$1=a(-1-1)^2+5$$

$$1=4a+5$$

これを解いて　$a=-1$

これは $a<0$ を満たす。

したがって，求める 2 次関数は

$$y=-(x-1)^2+5$$

探究　2 次関数 $y=ax^2+bx+c$ の係数とグラフの関係［課題学習］

教 p.94-95

考察 1　2 次関数 $y=2x^2+4x+c$ のグラフにおいて，c の値によって放物線の凸の向きや開き方，軸や頂点の位置はどのように変化するだろうか。c に 2，1，0，-1，-2 を代入して考えてみよう。

解 答　2 次関数 $y=2x^2+4x+c$ のグラフにおいて，c に 2，1，0，-1，-2 を順に代入すると，放物線の凸の向きや開き方，軸や頂点の位置は次のように変化する。

放物線の凸の向き　変化しない。

開き方　変化しない。

軸の位置　変化しない。

頂点の位置　y 軸方向に -1 ずつ平行移動する。

考察 2　2 次関数 $y=2x^2+bx-1$ のグラフにおいて，b の値によって放物線の凸の向きや開き方，軸や頂点の位置はどのように変化するだろうか。b に 2，1，0，-1，-2 を代入して考えてみよう。

解 答　2 次関数 $y=2x^2+bx-1$ のグラフにおいて，b に 2，1，0，-1，-2 を順に代入すると，放物線の凸の向きや開き方，軸や頂点の位置は次のように変化する。

放物線の凸の向き　変化しない。

開き方　変化しない。

軸の位置　x 軸方向に $\frac{1}{4}$ ずつ平行移動する。

頂点の位置　$(0,\ -1)$ を頂点とする上に凸の曲線をえがくように変化する。

考察 3　2 次関数 $y=2x^2+bx-1$ のグラフは，b がどのような値であっても必ず点 $(0,\ -1)$ を通る。その理由を考えてみよう。

解　答　2 次関数 $y=ax^2+bx+c$ のグラフと y 軸との交点に着目すると，定数項 c の値は，2 次関数のグラフと y 軸との交点の y 座標を表していることが分かる。

ここで，2 次関数 $y=2x^2+bx-1$ において，b の値を変化させても定数項 -1 は変化しない。

したがって，b がどのような値であっても 2 次関数 $y=2x^2+bx-1$ のグラフは，y 軸との交点 $(0,\ -1)$ を通る。

考察 4　右上の図（省略）において，グラフの頂点の位置は放物線上を通るように変化することが知られている。考察 2 で求めた頂点のうち 3 点を選び，グラフがその 3 点を通る 2 次関数を求めてみよう。また，他の頂点も求めた放物線上にあることを確かめてみよう。

解　答　グラフが $b=2,\ 1,\ 0$ のときの頂点

$$A\left(-\frac{1}{2},\ -\frac{3}{2}\right),\ B\left(-\frac{1}{4},\ -\frac{9}{8}\right),\ C(0,\ -1)$$

を通るような 2 次関数を考える。

求める 2 次関数を $y=ax^2+bx+c$ とおく。この関数のグラフが 3 点

$A\left(-\frac{1}{2},\ -\frac{3}{2}\right)$, $B\left(-\frac{1}{4},\ -\frac{9}{8}\right)$, $C(0,\ -1)$ を通るから

$$\begin{cases} -\frac{3}{2}=\frac{1}{4}a-\frac{1}{2}b+c & \cdots\cdots ① \\ -\frac{9}{8}=\frac{1}{16}a-\frac{1}{4}b+c & \cdots\cdots ② \\ -1=c & \cdots\cdots ③ \end{cases}$$

③ を ① に代入すると

$$-\frac{3}{2}=\frac{1}{4}a-\frac{1}{2}b-1$$

したがって　$\frac{1}{4}a-\frac{1}{2}b=-\frac{1}{2}$

すなわち　$a-2b=-2$　……④

③を②に代入すると

$$-\frac{9}{8}=\frac{1}{16}a-\frac{1}{4}b-1$$

したがって　$\frac{1}{16}a-\frac{1}{4}b=-\frac{1}{8}$

すなわち　$a-4b=-2$　……⑤

④，⑤を a，b について解くと　※

$a=-2$，$b=0$

③より，$c=-1$ であるから，求める2次関数は

$y=-2x^2-1$

である。

※
④－⑤
$2b=0$
$b=0$
$b=0$ を④に代入して
$a-2\cdot0=-2$
$a=-2$

また，$b=-1$，-2 のときの頂点 $\left(\frac{1}{4},\ -\frac{9}{8}\right)$，$\left(\frac{1}{2},\ -\frac{3}{2}\right)$ も

$$-\frac{9}{8}=-2\cdot\left(\frac{1}{4}\right)^2-1,\ -\frac{3}{2}=-2\cdot\left(\frac{1}{2}\right)^2-1$$

となることから，放物線 $y=-2x^2-1$ 上にある。

考察5　関数 $y=ax^2+4x-1$ のグラフにおいて，a の値によって放物線の凸の向きや開き方，軸や頂点の位置はどのように変化するだろうか。
a に2，1，0，-1，-2 を代入して考えてみよう。

解答　関数 $y=ax^2+4x-1$ のグラフにおいて，a に2，1，0，-1，-2 を代入すると，放物線の凸の向きや開き方，軸や頂点の位置は次のように変化する。

放物線の凸の向き

$a>0$ のとき　下に凸

$a=0$ のとき　直線

$a<0$ のとき　上に凸

開き方　a の絶対値が大きくなるほど，開き方は小さくなる。

軸の位置　a の絶対値が大きくなるほど，y 軸に近付く。

頂点の位置　点 $(0,\ -1)$ を通る直線をえがくように変化する。

放物線の開き方に着目すると，a の値を0に近付けると，放物線が直線に近付いていく。$a=0$ のときは直線 $y=4x-1$ となる。

グラフの平行移動 教 p.96

グラフの平行移動 解き方のポイント

関数 $y=f(x)$ のグラフを x 軸方向に p，y 軸方向に q だけ平行移動 した関数のグラフは　$y-q=f(x-p)$　すなわち　関数 $y=f(x-p)+q$

教 p.96

問 1　次の 2 次関数のグラフを x 軸方向に -3，y 軸方向に 1 だけ平行移動した放物線をグラフとする 2 次関数を求めよ。

(1)　$y=2x^2+8x-1$　　　(2)　$y=-x^2+7x-7$

考え方　2 次関数 $y=ax^2+bx+c$ のグラフを x 軸方向に p，y 軸方向に q だけ平行移動した放物線をグラフとする 2 次関数は

$y-q=a(x-p)^2+b(x-p)+c$

解答　(1)　求める 2 次関数は　$y-1=2\{x-(-3)\}^2+8\{x-(-3)\}-1$

すなわち　$y=2x^2+20x+42$

(2)　求める 2 次関数は　$y-1=-\{x-(-3)\}^2+7\{x-(-3)\}-7$

すなわち　$y=-x^2+x+6$

グラフの対称移動 教 p.97

グラフの対称移動 解き方のポイント

関数 $y=f(x)$ のグラフを

x 軸に関して対称移動 すると　$-y=f(x)$ すなわち 関数 $y=-f(x)$

y 軸に関して対称移動 すると　関数 $y=f(-x)$

原点に関して対称移動 すると　$-y=f(-x)$ すなわち 関数 $y=-f(-x)$

のグラフになる。

教 p.97

問 1　2 次関数 $y=-x^2-6x-2$ のグラフを x 軸，y 軸，原点に関して対称移動した放物線をグラフとする 2 次関数をそれぞれ求めよ。

解答　x 軸：$y=-(-x^2-6x-2)=x^2+6x+2$

y 軸：$y=-(-x)^2-6\cdot(-x)-2=-x^2+6x-2$

原点：$y=-\{-(-x)^2-6\cdot(-x)-2\}=x^2-6x+2$

2節 2次方程式・2次不等式

1 | 2次方程式の解法

用語のまとめ

2次方程式

- 式を整理して(2次式) = 0 の形に変形できる方程式を **2次方程式** という。

2次方程式の因数分解による解法 **解き方のポイント**

2次方程式 $ax^2+bx+c=0$ の左辺が因数分解できるとき，
「$AB=0 \iff A=0$ または $B=0$」を用いて解を求めることができる。

教 p.98

問1 次の2次方程式を解け。

(1) $x^2+13x+36=0$　　(2) $x^2-2x-48=0$

(3) $2x^2-5x+2=0$　　(4) $6x^2+x-15=0$

解答 (1) $x^2+13x+36=0$

左辺を因数分解すると　$(x+4)(x+9)=0$

よって　$x+4=0$　または　$x+9=0$

したがって，この2次方程式の解は　$x=-4,\ -9$

(2) $x^2-2x-48=0$

左辺を因数分解すると　$(x+6)(x-8)=0$

よって　$x+6=0$　または　$x-8=0$

したがって，この2次方程式の解は　$x=-6,\ 8$

(3) $2x^2-5x+2=0$

左辺を因数分解すると

$(x-2)(2x-1)=0$

$$\begin{array}{ccccc} 1 & \diagdown\!\!\!\diagup & -2 & \longrightarrow & -4 \\ 2 & & -1 & \longrightarrow & -1 \\ \hline & & & & -5 \end{array}$$

よって　$x-2=0$　または　$2x-1=0$

したがって，この2次方程式の解は　$x=2,\ \frac{1}{2}$

(4) $6x^2+x-15=0$

左辺を因数分解すると

$(2x-3)(3x+5)=0$

$$\begin{array}{ccccc} 2 & \diagdown\!\!\!\diagup & -3 & \longrightarrow & -9 \\ 3 & & 5 & \longrightarrow & 10 \\ \hline & & & & 1 \end{array}$$

よって　$2x-3=0$　または　$3x+5=0$

したがって，この2次方程式の解は　$x=\frac{3}{2},\ -\frac{5}{3}$

2次方程式の解の公式(1) 　解き方のポイント

2次方程式 $ax^2+bx+c=0$ の解は

$b^2-4ac \geqq 0$ のとき　$x=\dfrac{-b\pm\sqrt{b^2-4ac}}{2a}$

この公式を，2次方程式の **解の公式** という。

教 p.99

問2　次の2次方程式を解け。

(1) $2x^2+9x+5=0$　　(2) $3x^2-7x+1=0$

(3) $x^2+6x-4=0$　　(4) $4x^2-8x-3=0$

解答

(1) $x=\dfrac{-9\pm\sqrt{9^2-4\cdot2\cdot5}}{2\cdot2}=\dfrac{-9\pm\sqrt{41}}{4}$

(2) $x=\dfrac{-(-7)\pm\sqrt{(-7)^2-4\cdot3\cdot1}}{2\cdot3}=\dfrac{7\pm\sqrt{37}}{6}$

(3) $x=\dfrac{-6\pm\sqrt{6^2-4\cdot1\cdot(-4)}}{2\cdot1}=\dfrac{-6\pm\sqrt{52}}{2}=\dfrac{-6\pm2\sqrt{13}}{2}$

$=-3\pm\sqrt{13}$

(4) $x=\dfrac{-(-8)\pm\sqrt{(-8)^2-4\cdot4\cdot(-3)}}{2\cdot4}=\dfrac{8\pm\sqrt{112}}{8}=\dfrac{8\pm4\sqrt{7}}{8}$

$=\dfrac{2\pm\sqrt{7}}{2}$

2次方程式の解の公式(2) 　解き方のポイント

x の係数が偶数 $(b=2b')$ のとき，2次方程式 $ax^2+2b'x+c=0$ の解は

$x=\dfrac{-b'\pm\sqrt{b'^2-ac}}{a}$

教 p.99

問3　次の2次方程式を解け。

(1) $3x^2+4x-1=0$　　(2) $6x^2-14x+5=0$

考え方　x の係数が偶数である。

(1) $3x^2+2\cdot2x-1=0$　　(2) $6x^2-2\cdot7x+5=0$

解答

(1) $x=\dfrac{-2\pm\sqrt{2^2-3\cdot(-1)}}{3}=\dfrac{-2\pm\sqrt{7}}{3}$

(2) $x=\dfrac{-(-7)\pm\sqrt{(-7)^2-6\cdot5}}{6}=\dfrac{7\pm\sqrt{19}}{6}$

2 | 2次方程式の実数解の個数

用語のまとめ

2次方程式の実数解

- 2次方程式の実数の解を **実数解** という。
- 2次方程式が実数解を1つだけもつとき，この解を **重解** という。

2次方程式の判別式

- b^2-4ac を2次方程式 $ax^2+bx+c=0$ の **判別式** といい，記号 D で表す。

$$D=b^2-4ac$$

● 2次方程式の実数解の個数 …… 解き方のポイント

2次方程式 $ax^2+bx+c=0$ の判別式を D とすると

1. $D>0 \iff$ **異なる2つの実数解** をもつ
2. $D=0 \iff$ **1つの実数解（重解）** をもつ
3. $D<0 \iff$ **実数解をもたない**

1 と 2 を合わせると，次のことが成り立つ。

$D \geqq 0 \iff$ **実数解をもつ**

教 p.101

問4 次の2次方程式の実数解の個数を求めよ。

(1) $7x^2+4x-1=0$　　(2) $4x^2+12x+9=0$

(3) $x^2+x+1=0$

考え方 実数解の個数を求めるには，2次方程式 $ax^2+bx+c=0$ の判別式 $D=b^2-4ac$ の符号を調べる。

解答 (1) 2次方程式 $7x^2+4x-1=0$ の判別式を D とすると

$$D=4^2-4\cdot7\cdot(-1)=16+28=44>0$$

よって，実数解の個数は　2個

(2) 2次方程式 $4x^2+12x+9=0$ の判別式を D とすると

$$D=12^2-4\cdot4\cdot9=144-144=0$$

よって，実数解の個数は　1個

(3) 2次方程式 $x^2+x+1=0$ の判別式を D とすると

$$D=1^2-4\cdot1\cdot1=1-4=-3<0$$

よって，実数解の個数は　0個

教 p.101

問5　2次方程式 $3x^2-8x+k=0$ が実数解をもつような定数 k の値の範囲を求めよ。

考え方　「$D \geqq 0 \iff$ 実数解をもつ」ことを用いる。

解答　2次方程式 $3x^2-8x+k=0$ の判別式を D とすると

$$D=(-8)^2-4\cdot3\cdot k=64-12k$$

実数解をもつ条件は $D \geqq 0$ より　$64-12k \geqq 0$　（$12k \leqq 64$）

したがって　$k \leqq \dfrac{16}{3}$

3 | 2次関数のグラフと x 軸の共有点

用語のまとめ

接する

- 2次関数のグラフが x 軸とただ1点を共有するとき，そのグラフは x 軸に **接する** といい，その共有点を **接点** という。

2次関数のグラフと x 軸の共有点　解き方のポイント

2次関数 $y=ax^2+bx+c$ のグラフと x 軸の共有点の x 座標は，2次方程式

$$ax^2+bx+c=0$$

の実数解である。

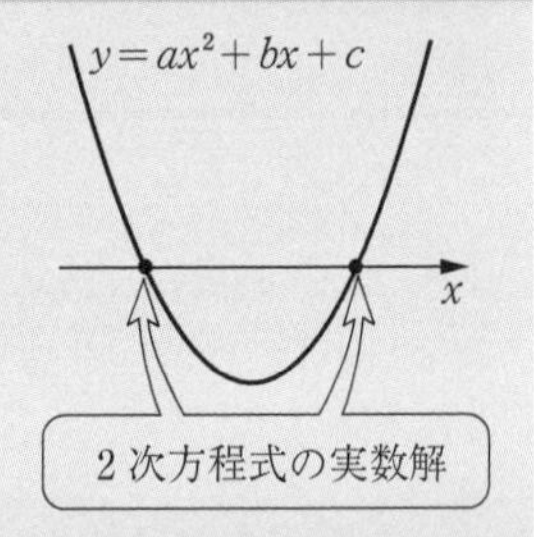

教 p.102

問6　次の2次関数のグラフと x 軸の共有点の x 座標を求めよ。

(1)　$y=x^2-3x-10$　　(2)　$y=2x^2+3x-2$

(3)　$y=-9x^2+6x-1$　　(4)　$y=x^2-x-1$

考え方　共有点の x 座標を求めるには，$y=0$ として得られる2次方程式の実数解を求める。

解答 (1) 2次方程式 $x^2-3x-10=0$ の左辺を因数分解して

$$(x+2)(x-5)=0$$

よって　$x=-2,\ 5$

したがって，この2次関数のグラフと x 軸の共有点の x 座標は

$-2,\ 5$

(2) 2次方程式 $2x^2+3x-2=0$ の左辺を因数分解して

$$(x+2)(2x-1)=0$$

よって　$x=-2,\ \dfrac{1}{2}$

したがって，この2次関数のグラフと x 軸の共有点の x 座標は

$-2,\ \dfrac{1}{2}$

(3) 2次方程式 $-9x^2+6x-1=0$ の左辺を因数分解して

$$-(3x-1)^2=0$$

よって　$x=\dfrac{1}{3}$

したがって，この2次関数のグラフと x 軸の共有点の x 座標は

$\dfrac{1}{3}$

(4) 2次方程式 $x^2-x-1=0$ において，解の公式により

$$x=\frac{-(-1)\pm\sqrt{(-1)^2-4\cdot1\cdot(-1)}}{2\cdot1}$$

$$=\frac{1\pm\sqrt{5}}{2}$$

したがって，この2次関数のグラフと x 軸の共有点の x 座標は

$\dfrac{1-\sqrt{5}}{2},\ \dfrac{1+\sqrt{5}}{2}$

2次関数のグラフと x 軸の共有点の個数　解き方のポイント

2次方程式 $ax^2+bx+c=0$ の判別式を D とすると，共有点の個数は D の符号によって，次のように判定できる。

D の符号	$D>0$	$D=0$	$D<0$
グラフと x 軸の共有点の個数	2個	1個	0個

教 p.103

問7　次の2次関数のグラフと x 軸の共有点の個数を求めよ。

(1)　$y=x^2+4x+3$　　(2)　$y=x^2-4x+4$

(3)　$y=-2x^2+2x-1$　　(4)　$y=-x^2-x+\frac{1}{2}$

考え方　x 軸との共有点の個数を求めるには，$y=0$ として得られる2次方程式の判別式の符号を調べる。

解　答　(1)　2次方程式 $x^2+4x+3=0$ の判別式を D とすると

$$D=4^2-4\cdot1\cdot3=16-12=4>0$$

したがって，この2次関数のグラフと x 軸の共有点の個数は　**2個**

(2)　2次方程式 $x^2-4x+4=0$ の判別式を D とすると

$$D=(-4)^2-4\cdot1\cdot4=16-16=0$$

したがって，この2次関数のグラフと x 軸の共有点の個数は　**1個**

(3)　2次方程式 $-2x^2+2x-1=0$ の判別式を D とすると

$$D=2^2-4\cdot(-2)\cdot(-1)=4-8=-4<0$$

したがって，この2次関数のグラフと x 軸の共有点の個数は　**0個**

(4)　2次方程式 $-x^2-x+\frac{1}{2}=0$ の判別式を D とすると

$$D=(-1)^2-4\cdot(-1)\cdot\frac{1}{2}=1+2=3>0$$

したがって，この2次関数のグラフと x 軸の共有点の個数は　**2個**

別解　(3)

$$y=-2x^2+2x-1=-2\left(x-\frac{1}{2}\right)^2-\frac{1}{2}$$

であるから，この2次関数のグラフは，頂点が $\left(\frac{1}{2},\ -\frac{1}{2}\right)$ で上に凸の放物線となり，x 軸との共有点はない。

教 p.104

問8　2次関数 $y=-x^2+6x+k$ のグラフと x 軸の共有点の個数は，定数 k の値によってどのように変わるか。

考え方　2次関数 $y=ax^2+bx+c$ のグラフと x 軸の共有点の個数は，2次方程式 $ax^2+bx+c=0$ の判別式の符号によって判定できる。

判別式 D を k についての式で表し，$D>0$，$D=0$，$D<0$ のときの k の値の範囲を求める。

解答 2次方程式 $-x^2+6x+k=0$ の判別式を D とすると

$$D=6^2-4\cdot(-1)\cdot k=36+4k=4(9+k)$$

よって

$D>0$ となるのは　$9+k>0$ より　$k>-9$ のとき

$D=0$ となるのは　$9+k=0$ より　$k=-9$ のとき

$D<0$ となるのは　$9+k<0$ より　$k<-9$ のとき

である。

したがって，共有点の個数は

$k>-9$ のとき2個，$k=-9$ のとき1個，$k<-9$ のとき0個

● グラフと x 軸の位置関係　　解き方のポイント

2次関数 $y=ax^2+bx+c$ のグラフと x 軸の位置関係は，2次方程式 $ax^2+bx+c=0$ の判別式を D とすると，次の表のようになる。

	$D>0$	$D=0$	$D<0$
$a>0$ のとき	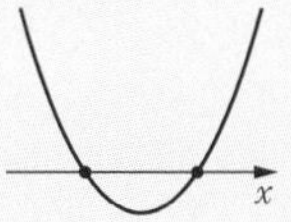	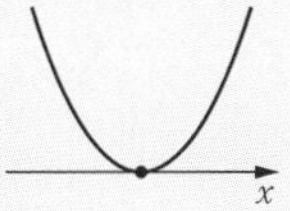	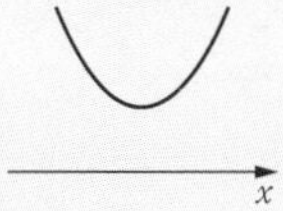
$a<0$ のとき	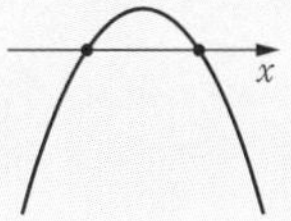	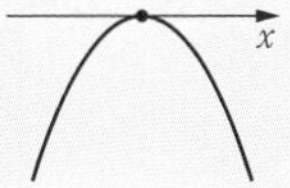	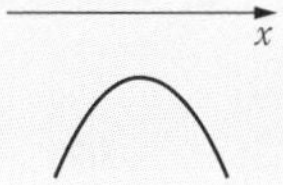
グラフと x 軸の共有点の個数	2個	1個	0個

発展　放物線と直線の共有点　教 p.105

● 放物線と直線の共有点　　解き方のポイント

放物線と直線の共有点の座標は，放物線の方程式と直線の方程式を連立させて解くことによって求めることができる。

教 p.105

問1　放物線 $y=x^2+x-3$ と次の直線の共有点があれば，その座標を求めよ。

(1)　$y=-x+5$　　(2)　$y=-x-4$　　(3)　$y=-x-8$

解答 $y = x^2 + x - 3$ ……①

(1) $y = -x + 5$ ……②

①，②より，yを消去して

$$x^2 + x - 3 = -x + 5$$

$$x^2 + 2x - 8 = 0$$

$$(x-2)(x+4) = 0$$

これを解くと　$x = 2,\ -4$

②に代入すると

$x = 2$のとき　$y = 3$

$x = -4$のとき　$y = 9$

したがって，共有点の座標は

$(2,\ 3)$，$(-4,\ 9)$

(2) $y = -x - 4$ ……③

①，③より，yを消去して

$$x^2 + x - 3 = -x - 4$$

$$x^2 + 2x + 1 = 0$$

$$(x+1)^2 = 0$$

これを解くと　$x = -1$

③に代入すると

$y = -3$

したがって，共有点の座標は

$(-1,\ -3)$

(3) $y = -x - 8$ ……④

①，④より，yを消去して

$$x^2 + x - 3 = -x - 8$$

$$x^2 + 2x + 5 = 0$$

この2次方程式の判別式をDとすると

$$D = 2^2 - 4\cdot1\cdot5 = -16 < 0$$

したがって，**共有点はない。**

教 p.106

問2　放物線 $y = -x^2 + 5$ と直線 $y = -2x + k$ の共有点の個数は，定数kの値によってどのように変わるか。

考え方　放物線の方程式と直線の方程式からyを消去した2次方程式をつくり，この2次方程式の実数解の個数を考える。

解 答

$y=-x^2+5$ ……①

$y=-2x+k$ ……②

とおく。

①，② から，y を消去して

$x^2-2x+k-5=0$ ……③

2 次方程式 ③ の判別式を D とすると

$D=(-2)^2-4\cdot1\cdot(k-5)=-4(k-6)$

よって，2 次方程式 ③ の実数解の個数は，次のようになる。

$D>0$ すなわち $k<6$ のとき ⟵ $-4(k-6)>0$ より $k-6<0$
異なる 2 つの実数解

$D=0$ すなわち $k=6$ のとき ⟵ $-4(k-6)=0$ より $k-6=0$
1 つの実数解

$D<0$ すなわち $k>6$ のとき ⟵ $-4(k-6)<0$ より $k-6>0$
実数解をもたない

したがって，①，② の共有点の個数は

$k<6$ のとき 2 個

$k=6$ のとき 1 個

$k>6$ のとき 0 個

教 p.106

問 3 放物線 $y=2x^2-3$ と直線 $y=4x+k$ が共有点をもつような定数 k の値の範囲を求めよ。

考え方 放物線と直線が共有点をもつとき，放物線の方程式と直線の方程式から y を消去してつくった 2 次方程式の判別式を D とすると，$D\geqq0$ となる。

解 答

$y=2x^2-3$ ……①

$y=4x+k$ ……②

①，② から，y を消去して

$2x^2-4x-k-3=0$ ……③

2 次方程式 ③ の判別式を D とすると

$D=(-4)^2-4\cdot2\cdot(-k-3)=8(k+5)$

①，② が共有点をもつための条件は，2 次方程式 ③ が実数解をもつことである。

2 次方程式 ③ が実数解をもつための条件は $D\geqq0$ であるから

$8(k+5)\geqq0$ すなわち $k+5\geqq0$

したがって，求める k の値の範囲は

$k\geqq-5$

4 | 2 次不等式

用語のまとめ

2 次不等式

- 左辺が x の 2 次式，右辺が 0 となるように整理できる不等式を x の 2 次不等式という。

教 p.107

問 9　グラフを利用して，次の不等式を解け。

(1)　$3x+6>0$　　(2)　$-x+4\leqq 0$

考え方　(1)　$y=3x+6$ のグラフをかいて，$y>0$ となる x の値の範囲を求める。

(2)　$y=-x+4$ のグラフをかいて，$y\leqq 0$ となる x の値の範囲を求める。

解　答　(1)　1 次関数 $y=3x+6$ のグラフは右の図のような直線であり，$y=0$ となる x の値は -2 である。

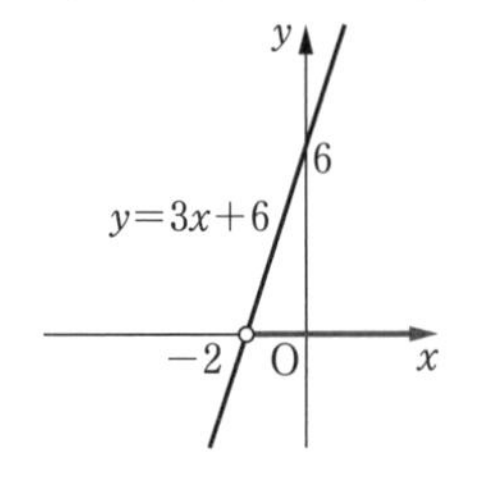

このグラフにおいて，$y>0$ となる x の値の範囲は $x>-2$ である。

したがって，1 次不等式 $3x+6>0$ の解は

$x>-2$

(2)　1 次関数 $y=-x+4$ のグラフは右の図のような直線であり，$y=0$ となる x の値は 4 である。

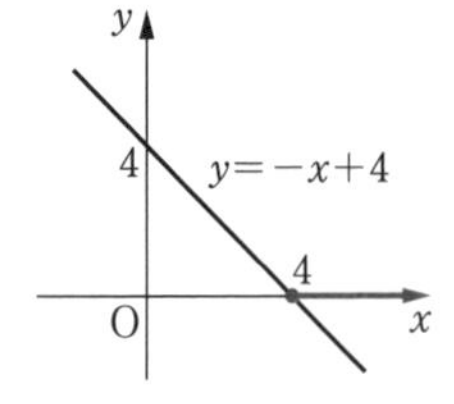

このグラフにおいて，$y\leqq 0$ となる x の値の範囲は $x\geqq 4$ である。

したがって，1 次不等式 $-x+4\leqq 0$ の解は

$x\geqq 4$

● 2 次不等式の解（判別式 $D>0$ のとき）　**解き方のポイント**

2 次方程式 $ax^2+bx+c=0$ が 2 つの実数解 α，β をもつとき，$a>0$，$\alpha<\beta$ ならば

$ax^2+bx+c>0$ の解は　$x<\alpha$，$\beta<x$

$ax^2+bx+c<0$ の解は　$\alpha<x<\beta$

教 p.109

問 10 次の 2 次不等式を解け。

(1) $x^2-4x-12<0$　　(2) $2x^2-6x>0$

(3) $x^2+4x-21 \leqq 0$　　(4) $3x^2+x-4 \geqq 0$

(5) $x^2+4x-6<0$　　(6) $2x^2-7x+4 \geqq 0$

解答 (1) 2 次方程式 $x^2-4x-12=0$ の左辺を因数分解すると

$(x+2)(x-6)=0$

これを解くと　$x=-2,\ 6$

したがって，求める解は　$-2<x<6$

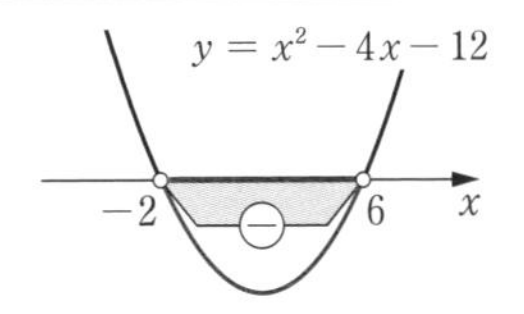

(2) 2 次方程式 $2x^2-6x=0$ の左辺を因数分解すると

$2x(x-3)=0$

これを解くと　$x=0,\ 3$

したがって，求める解は　$x<0,\ 3<x$

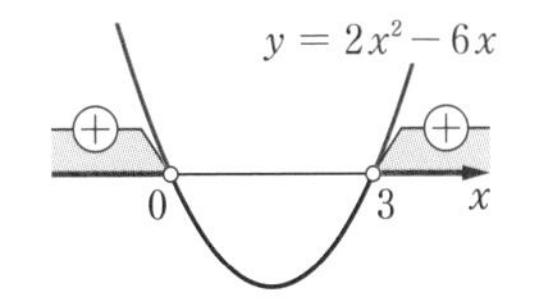

(3) 2 次方程式 $x^2+4x-21=0$ の左辺を因数分解すると

$(x+7)(x-3)=0$

これを解くと　$x=-7,\ 3$

したがって，求める解は　$-7 \leqq x \leqq 3$

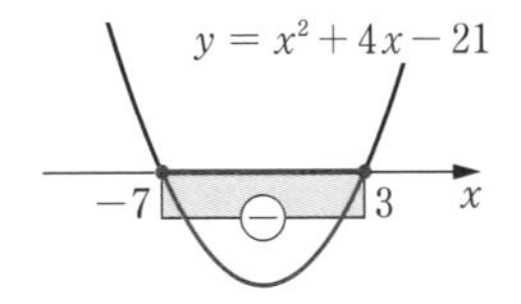

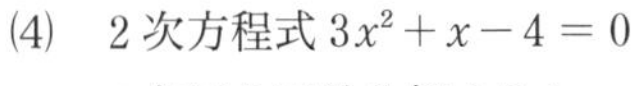

(4) 2 次方程式 $3x^2+x-4=0$ の左辺を因数分解すると

$(3x+4)(x-1)=0$

これを解くと　$x=-\dfrac{4}{3},\ 1$

したがって，求める解は　$x \leqq -\dfrac{4}{3},\ 1 \leqq x$

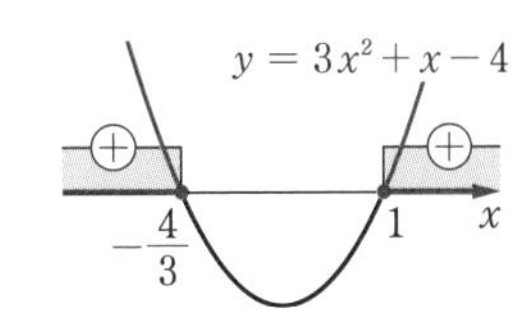

(5) 2 次方程式 $x^2+4x-6=0$ を解くと

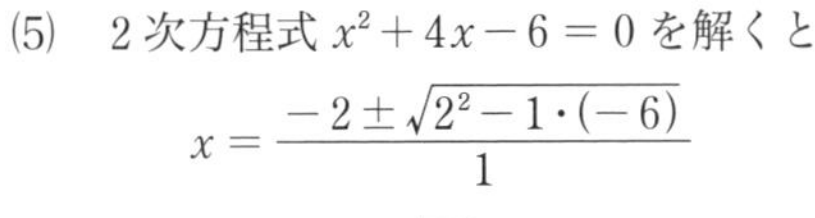

$$x=\frac{-2\pm\sqrt{2^2-1\cdot(-6)}}{1}$$

$$=-2\pm\sqrt{10}$$

したがって，求める解は

$-2-\sqrt{10}<x<-2+\sqrt{10}$

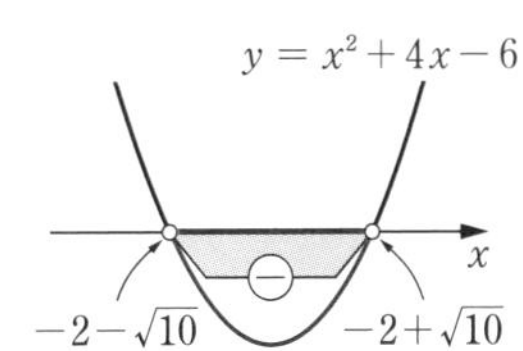

(6) 2次方程式 $2x^2-7x+4=0$ を解くと

$$x=\frac{-(-7)\pm\sqrt{(-7)^2-4\cdot 2\cdot 4}}{2\cdot 2}$$

$$=\frac{7\pm\sqrt{17}}{4}$$

したがって，求める解は

$$x \leqq \frac{7-\sqrt{17}}{4},\quad \frac{7+\sqrt{17}}{4} \leqq x$$

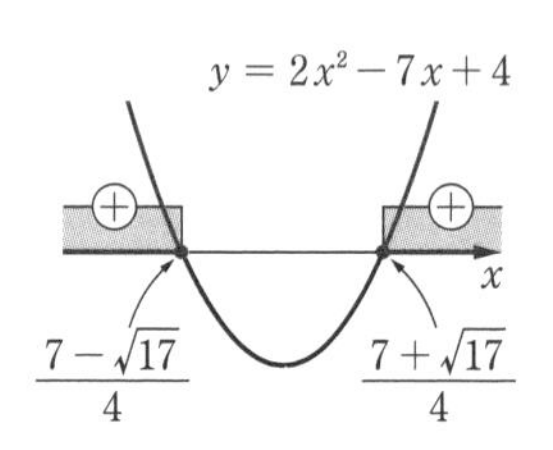

因数分解された形の2次不等式の解　解き方のポイント

$\alpha<\beta$ ならば

$(x-\alpha)(x-\beta)>0$ の解は　$x<\alpha,\ \beta<x$

$(x-\alpha)(x-\beta)<0$ の解は　$\alpha<x<\beta$

教 p.110

問11　次の2次不等式を解け。

(1) $(x-1)(x-2)<0$　　(2) $(2x-1)(x+3)>0$

解答

(1) 2次方程式 $(x-1)(x-2)=0$ の解は　$x=1,\ 2$

$1<2$ であるから，$(x-1)(x-2)<0$ の解は

$1<x<2$

(2) 2次方程式 $(2x-1)(x+3)=0$ の解は　$x=\frac{1}{2},\ -3$

$-3<\frac{1}{2}$ であるから，$(2x-1)(x+3)>0$ の解は

$x<-3,\ \frac{1}{2}<x$

x^2 の係数が負である2次不等式の解き方　解き方のポイント

2次不等式の x^2 の係数が負の場合は，不等式の両辺に -1 を掛けることにより，x^2 の係数が正の場合と同じように解くことができる。このとき，不等号の向きが逆になることに注意する。

教 p.110

問12　次の2次不等式を解け。

(1) $-x^2+2x+2<0$　　(2) $-x^2+x+6 \geqq 0$

解答

(1) $-x^2+2x+2<0$ の両辺に -1 を掛けると

$x^2-2x-2>0$

2 次方程式 $x^2-2x-2=0$ を解くと

$$x=\frac{-(-1)\pm\sqrt{(-1)^2-1\cdot(-2)}}{1}$$

$$=1\pm\sqrt{3}$$

したがって，求める解は

$$\boldsymbol{x<1-\sqrt{3},\ 1+\sqrt{3}<x}$$

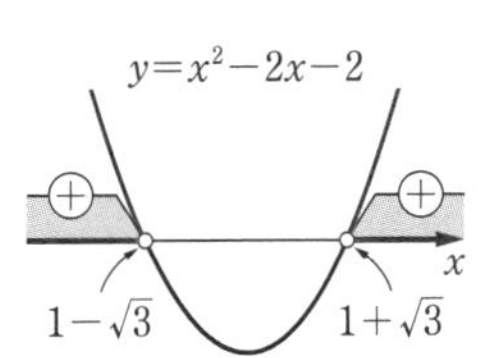

(2)　$-x^2+x+6\geqq 0$ の両辺に -1 を掛けて

$$x^2-x-6\leqq 0$$

2 次方程式 $x^2-x-6=0$ の左辺を因数分解すると

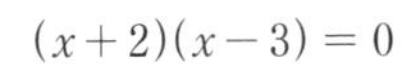

$$(x+2)(x-3)=0$$

これを解くと　　$x=-2,\ 3$

したがって，求める解は　　$\boldsymbol{-2\leqq x\leqq 3}$

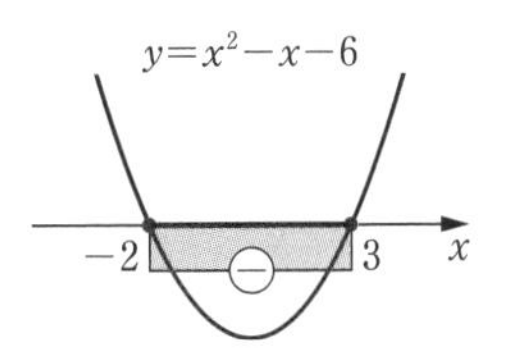

● 2 次不等式の解（判別式 $D=0$ のとき）　解き方のポイント

$a>0$ かつ $D=0$ のとき，2 次方程式 $ax^2+bx+c=0$ の重解を α とすると

$ax^2+bx+c>0$ の解は　α 以外のすべての実数

$ax^2+bx+c<0$ の解は　なし

$ax^2+bx+c\geqq 0$ の解は　すべての実数

$ax^2+bx+c\leqq 0$ の解は　$x=\alpha$

教 p.111

問 13　次の 2 次不等式を解け。

(1)　$x^2+4x+4>0$　　(2)　$4x^2-4x+1<0$

(3)　$-x^2+10x-25\geqq 0$　　(4)　$9x^2+6x+1\geqq 0$

解　答　(1)　2 次方程式 $x^2+4x+4=0$ の判別式を D とすると

$$D=4^2-4\cdot 1\cdot 4=0$$

よって，2 次関数 $y=x^2+4x+4$ のグラフは，下に凸の放物線で，x 軸に接する。

接点の x 座標は，2 次方程式 $x^2+4x+4=0$ の重解 $x=-2$ である。右の図から

$x=-2$ のとき　　$y=0$

$x\neq -2$ のとき　　$y>0$

したがって，求める解は　**-2 以外のすべての実数**

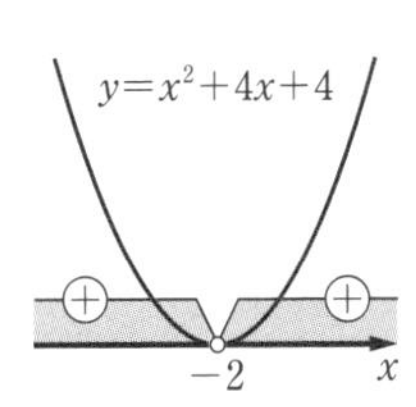

別解　「$x<-2,\ -2<x$」や「$x\neq -2$」と答えてもよい。

(2)　2 次方程式 $4x^2-4x+1=0$ の判別式を D とすると

$$D=(-4)^2-4\cdot 4\cdot 1=0$$

よって，2 次関数 $y=4x^2-4x+1$ のグラフは，下に凸の放物線で，x 軸に接する。

接点の x 座標は，2 次方程式

$4x^2-4x+1=0$ の重解 $x=\dfrac{1}{2}$ である。

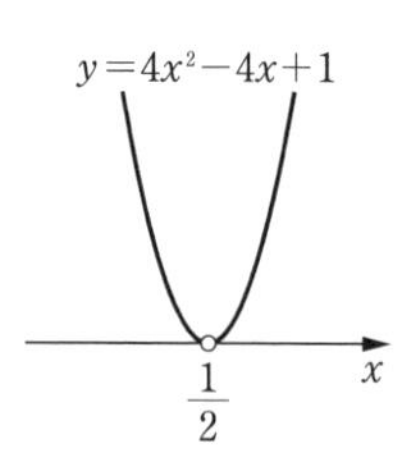

右の図から

$x=\dfrac{1}{2}$ のとき　　$y=0$

$x\neq\dfrac{1}{2}$ のとき　　$y>0$

したがって，求める解は　なし

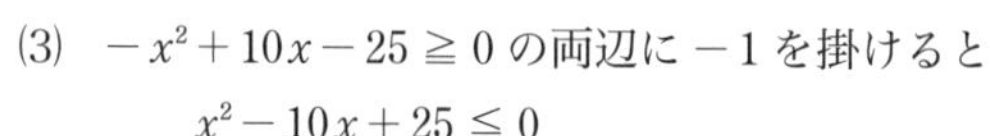

(3)　$-x^2+10x-25\geqq 0$ の両辺に -1 を掛けると

$$x^2-10x+25\leqq 0$$

2 次方程式 $x^2-10x+25=0$ の判別式を D とすると

$$D=(-10)^2-4\cdot 1\cdot 25=0$$

よって，2 次関数 $y=x^2-10x+25$ のグラフは，下に凸の放物線で，x 軸に接する。

接点の x 座標は，2 次方程式 $x^2-10x+25=0$ の重解 $x=5$ である。

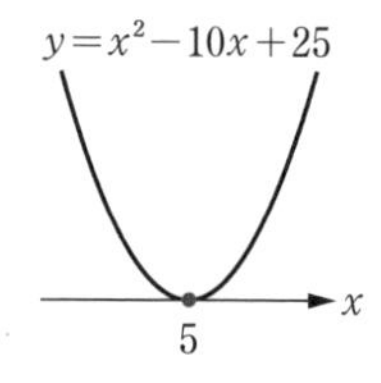

右の図から

$x=5$ のとき　　$y=0$

$x\neq 5$ のとき　　$y>0$

したがって，求める解は　$x=5$

(4)　2 次方程式 $9x^2+6x+1=0$ の判別式を D とすると

$$D=6^2-4\cdot 9\cdot 1=0$$

よって，2 次関数 $y=9x^2+6x+1$ のグラフは，下に凸の放物線で，x 軸に接する。

接点の x 座標は，2 次方程式 $9x^2+6x+1=0$ の重解 $x=-\dfrac{1}{3}$ である。

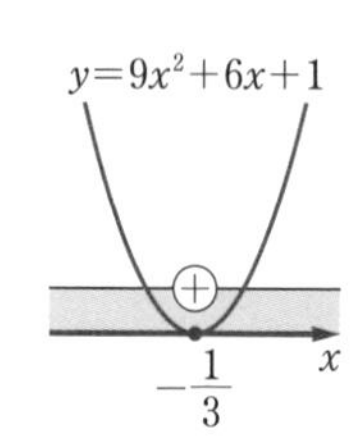

右の図から

$x=-\dfrac{1}{3}$ のとき　　$y=0$

$x\neq-\dfrac{1}{3}$ のとき　　$y>0$

したがって，求める解は　すべての実数

● 2次不等式の解（$D<0$ のとき）…… 解き方のポイント

2次方程式 $ax^2+bx+c=0$ の判別式を D とする。

$a>0$ かつ $D<0$ のとき

$ax^2+bx+c>0$ の解は　すべての実数

$ax^2+bx+c<0$ の解は　なし

$ax^2+bx+c \geqq 0$ の解は　すべての実数

$ax^2+bx+c \leqq 0$ の解は　なし

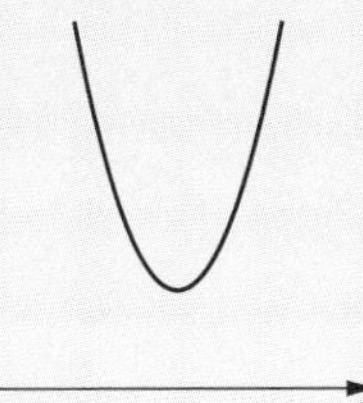

教 p.112

問14　次の2次不等式を解け。

(1)　$x^2-3x+5>0$　　(2)　$2x^2-x+1<0$

(3)　$2x^2+3x+4 \geqq 0$　　(4)　$5x^2-6x+2 \leqq 0$

解答　(1)　2次方程式 $x^2-3x+5=0$ の判別式を D とすると

$$D=(-3)^2-4\cdot1\cdot5=-11<0$$

よって，2次関数 $y=x^2-3x+5$ のグラフは，下に凸の放物線で，x 軸と共有点をもたない。

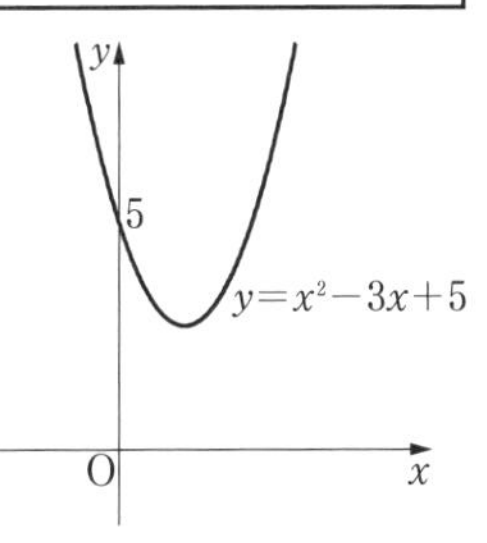

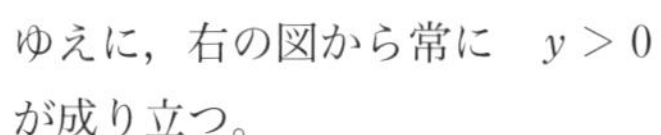

ゆえに，右の図から常に　$y>0$

が成り立つ。

したがって，求める解は　**すべての実数**

(2)　2次方程式 $2x^2-x+1=0$ の判別式を D とすると

$$D=(-1)^2-4\cdot2\cdot1=-7<0$$

よって，2次関数 $y=2x^2-x+1$ のグラフは，下に凸の放物線で，x 軸と共有点をもたない。

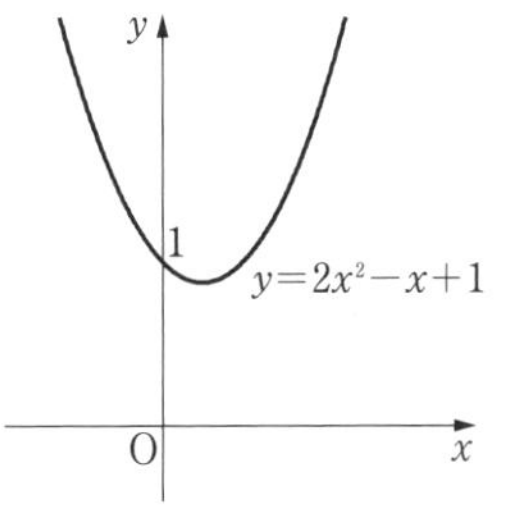

ゆえに，右の図から常に　$y>0$

が成り立つ。

したがって，求める解は　**なし**

(3)　2次方程式 $2x^2+3x+4=0$ の判別式を D とすると

$$D=3^2-4\cdot2\cdot4=-23<0$$

よって，2次関数 $y=2x^2+3x+4$ のグラフは，下に凸の放物線で，x 軸と共有点をもたない。

ゆえに，右の図から常に　$y>0$ が成り立つ。

したがって，求める解は　**すべての実数**

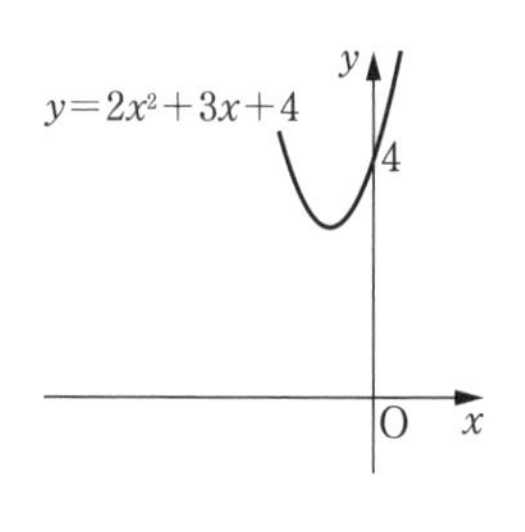

(4)　2次方程式 $5x^2-6x+2=0$ の判別式を D とすると

$$D=(-6)^2-4\cdot5\cdot2=-4<0$$

よって，2次関数 $y=5x^2-6x+2$ のグラフは，下に凸の放物線で，x 軸と共有点をもたない。

ゆえに，右の図から常に　$y>0$ が成り立つ。

したがって，求める解は　**なし**

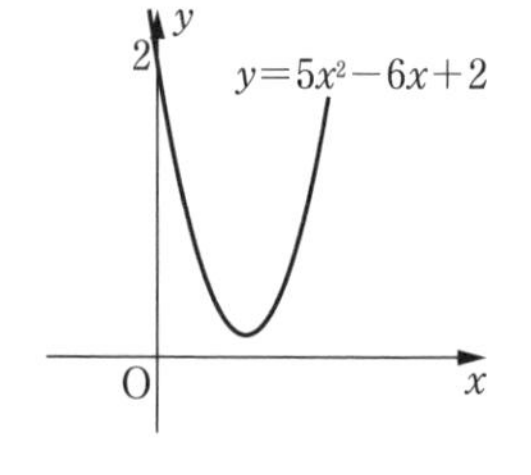

教 p.112

> **問 15**　2次不等式 $x^2+3x+k>0$ の解がすべての実数であるような定数 k の値の範囲を求めよ。

考え方　2次不等式の解がすべての実数であるとき，2次関数のグラフが x 軸と共有点をもたない。

そのとき，判別式 D の符号がどうなっていればよいか考える。

解答　2次関数 $y=x^2+3x+k$ のグラフは，下に凸の放物線であるから，この不等式の解がすべての実数となるのは，グラフが x 軸と共有点をもたないときである。

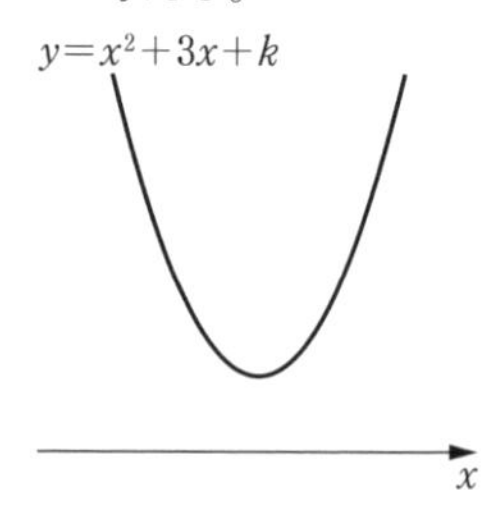

よって，2次方程式 $x^2+3x+k=0$ の判別式を D とすると

$$D=3^2-4\cdot1\cdot k=9-4k$$

であるから $D<0$，すなわち　$9-4k<0$ より

$$k>\frac{9}{4}$$

2次不等式のまとめ　　解き方のポイント

x^2 の係数が正のときの2次不等式の解は，$ax^2+bx+c=0$ の判別式を D とすると，次のようにまとめられる。

2次不等式の解（$a>0$ のとき）

$D=b^2-4ac$ の符号	$D>0$	$D=0$	$D<0$
$ax^2+bx+c=0$ の解	異なる2つの実数解 α，β（$\alpha<\beta$）	1つの実数解 α（重解）	実数解なし
$y=ax^2+bx+c$ のグラフ			
$ax^2+bx+c>0$ の解	$x<\alpha$，$\beta<x$	α 以外の すべての実数	すべての実数
$ax^2+bx+c<0$ の解	$\alpha<x<\beta$	なし	なし
$ax^2+bx+c\geqq 0$ の解	$x\leqq\alpha$，$\beta\leqq x$	すべての実数	すべての実数
$ax^2+bx+c\leqq 0$ の解	$\alpha\leqq x\leqq\beta$	$x=\alpha$	なし

5 | 2次不等式の応用

連立不等式の解き方 ……………… **解き方のポイント**

2次不等式を含む連立不等式を解くには，連立1次不等式の場合と同様に，それぞれの不等式を解き，それらの解の共通の範囲を求めればよい。

教 p.114

問16 次の連立不等式を解け。

(1) $\begin{cases} x^2+x-12 \geqq 0 \\ x^2-7x+10 \leqq 0 \end{cases}$　(2) $\begin{cases} x^2+5x<0 \\ x^2+4x-12<0 \end{cases}$

解答 (1) $\begin{cases} x^2+x-12 \geqq 0 & \cdots\cdots ① \\ x^2-7x+10 \leqq 0 & \cdots\cdots ② \end{cases}$

不等式①を解くと，$(x+4)(x-3) \geqq 0$ より

$x \leqq -4$，$3 \leqq x$ ……③

不等式②を解くと，$(x-2)(x-5) \leqq 0$ より

$2 \leqq x \leqq 5$ ……④

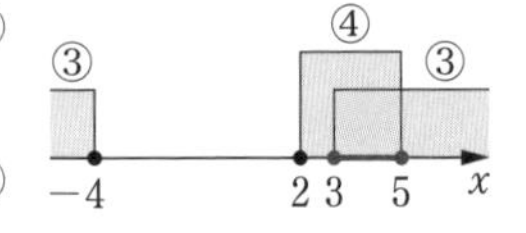

求める解は③，④の共通の範囲であるから

$3 \leqq x \leqq 5$

(2) $\begin{cases} x^2+5x<0 & \cdots\cdots ① \\ x^2+4x-12<0 & \cdots\cdots ② \end{cases}$

不等式①を解くと，$x(x+5)<0$ より

$-5<x<0$ ……③

不等式②を解くと，$(x+6)(x-2)<0$ より

$-6<x<2$ ……④

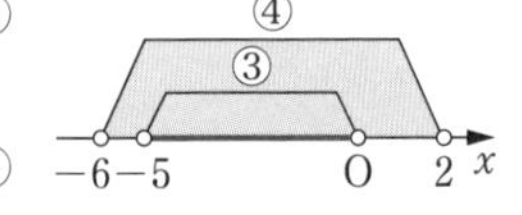

求める解は③，④の共通の範囲であるから

$-5<x<0$

教 p.115

問17 地上から秒速70mで真上に打ち上げられた球の t 秒後の高さを h m とすると，t と h の関係は，$h=70t-5t^2$ と表される。
球の高さが200m以上，240m以下になるのは，打ち上げてから何秒後から何秒後までか。

解答 求める値の範囲は，t 秒後の球の高さが200m以上，240m以下になる範囲であるから

$200 \leqq 70t - 5t^2 \leqq 240$ より

$$\begin{cases} 200 \leqq 70t - 5t^2 & \cdots\cdots ① \\ 70t - 5t^2 \leqq 240 & \cdots\cdots ② \end{cases}$$

① より　　$5t^2 - 70t + 200 \leqq 0$

$t^2 - 14t + 40 \leqq 0$

すなわち　　$(t-4)(t-10) \leqq 0$

これを解くと　　$4 \leqq t \leqq 10$　　……③

② より　　$5t^2 - 70t + 240 \geqq 0$

$t^2 - 14t + 48 \geqq 0$

すなわち　　$(t-6)(t-8) \geqq 0$

これを解くと　　$t \leqq 6,\ 8 \leqq t$　　……④

求める解は ③, ④ の共通の範囲であるから

$4 \leqq t \leqq 6,\ 8 \leqq t \leqq 10$

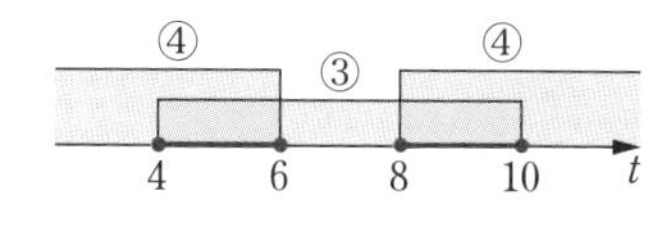

したがって，球の高さが 200 m 以上，240 m 以下になるのは，4 秒後から 6 秒後まで，8 秒後から 10 秒後までである。

教 p.116

問 18　2 次方程式 $x^2 - kx + k + 3 = 0$ が異なる 2 つの負の解をもつような定数 k の値の範囲を求めよ。

考え方　2 次関数 $y = x^2 - kx + k + 3$ のグラフが x 軸の負の部分と異なる 2 点で交わるときの条件を考える。

解　答　2 次方程式 $x^2 - kx + k + 3 = 0$ が異なる 2 つの負の解をもつための条件は，2 次関数 $y = x^2 - kx + k + 3$ のグラフが x 軸の負の部分と異なる 2 点で交わることである。このグラフは下に凸の放物線であるから，これは次の 3 つの条件が成り立つことと同値である。

[1]　x 軸と異なる 2 点で交わる

[2]　軸が $x < 0$ の部分にある

[3]　y 軸との交点の y 座標が正

すなわち

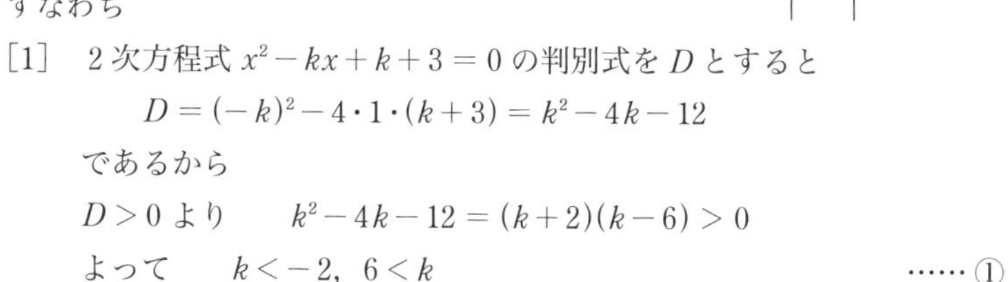

[1]　2 次方程式 $x^2 - kx + k + 3 = 0$ の判別式を D とすると

$$D = (-k)^2 - 4 \cdot 1 \cdot (k+3) = k^2 - 4k - 12$$

であるから

$D > 0$ より　　$k^2 - 4k - 12 = (k+2)(k-6) > 0$

よって　　$k < -2,\ 6 < k$　　……①

［2］ 2次関数 $y=x^2-kx+k+3$ は

$$y=\left(x-\frac{k}{2}\right)^2-\frac{k^2}{4}+k+3$$

と変形できる。軸は直線 $x=\frac{k}{2}$ で，$x<0$ の部分にあるから

$$\frac{k}{2}<0$$

よって　　$k<0$　　……②

［3］ y 軸との交点の y 座標は $k+3$ であるから

$$k+3>0$$

よって　　$k>-3$　　……③

①，②，③ を同時に満たす k の値の範囲を求めると

$$-3<\boldsymbol{k}<-2$$

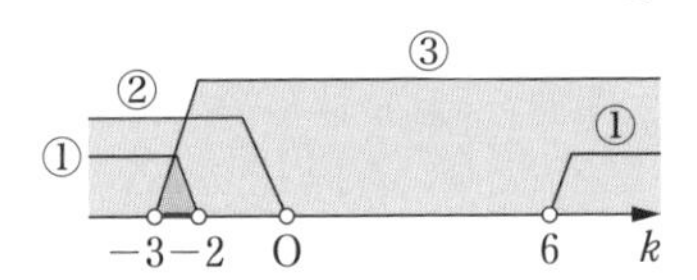

問題　教 p.117

10 次の2次方程式を解け。

(1) $\frac{3}{4}x^2-9x+6=0$　　(2) $3x^2-7\sqrt{2}x+4=0$

考え方 (2) 係数が無理数の場合でも，解の公式を利用することができる。

解答 (1) $\frac{3}{4}x^2-9x+6=0$

両辺に4を掛けると　$3x^2-36x+24=0$　（係数を整数に直す）

両辺を3で割ると　$x^2-12x+8=0$

解の公式により

$$x=\frac{-(-6)\pm\sqrt{(-6)^2-1\cdot 8}}{1}=6\pm\sqrt{28}=6\pm 2\sqrt{7}$$

したがって，求める解は　$\boldsymbol{x=6\pm 2\sqrt{7}}$

(2) $3x^2-7\sqrt{2}x+4=0$

解の公式により

$$x=\frac{-(-7\sqrt{2})\pm\sqrt{(-7\sqrt{2})^2-4\cdot 3\cdot 4}}{2\cdot 3}=\frac{7\sqrt{2}\pm\sqrt{50}}{6}$$

$$=\frac{7\sqrt{2}\pm 5\sqrt{2}}{6}$$

したがって，求める解は　$\boldsymbol{x=2\sqrt{2},\ \frac{\sqrt{2}}{3}}$

11 2次関数 $y=x^2-6x+2k+1$ のグラフと x 軸が異なる2点で交わるような定数 k の値の範囲を求めよ。

考え方 2次方程式 $ax^2+bx+c=0$ の判別式 D の符号を考える。

解答 2次方程式 $x^2-6x+2k+1=0$ の判別式を D とすると

$$D=(-6)^2-4\cdot1\cdot(2k+1)=36-8k-4=-8k+32=-8(k-4)$$

与えられた2次関数のグラフと x 軸が異なる2点で交わるための条件は

$D>0$ であるから　$-8(k-4)>0$

したがって，求める k の値の範囲は　$\boldsymbol{k<4}$

12 次の2次不等式を解け。

(1)　$x^2+4x-7\geqq0$　　(2)　$3x-2x^2<6$

(3)　$x^2-12x+36\leqq0$　　(4)　$3x^2-6x+1<2x^2-17$

考え方 $b^2-4ac\leqq0$ のときは，グラフをもとに考える。

解答 (1)　2次方程式 $x^2+4x-7=0$ を解くと

$$x=\frac{-2\pm\sqrt{2^2-1\cdot(-7)}}{1}=-2\pm\sqrt{11}$$

したがって，求める解は

$\boldsymbol{x\leqq-2-\sqrt{11},\ -2+\sqrt{11}\leqq x}$

(2)　$3x-2x^2<6$ より　$2x^2-3x+6>0$

2次方程式 $2x^2-3x+6=0$ の判別式を D とすると

$D=(-3)^2-4\cdot2\cdot6=-39<0$

よって，2次関数 $y=2x^2-3x+6$ のグラフは，下に凸の放物線で，x 軸と共有点をもたない。

したがって，求める解は　**すべての実数**

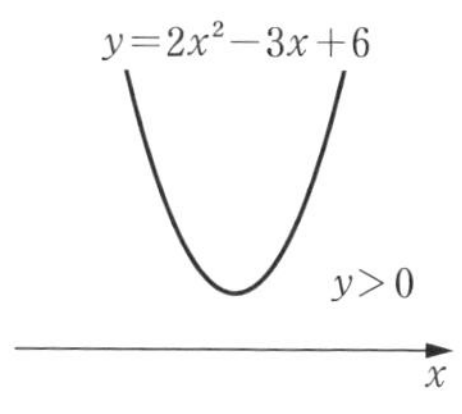

(3)　$x^2-12x+36\leqq0$

2次方程式 $x^2-12x+36=0$ の判別式を D とすると

$D=(-12)^2-4\cdot1\cdot36=0$

よって，2次関数 $y=x^2-12x+36$ のグラフは，下に凸の放物線で，x 軸に接する。

接点の x 座標は，2次方程式 $x^2-12x+36=0$ の重解 $x=6$ である。

$x=6$ のとき　$y=0$

$x\neq6$ のとき　$y>0$

したがって，求める解は　$\boldsymbol{x=6}$

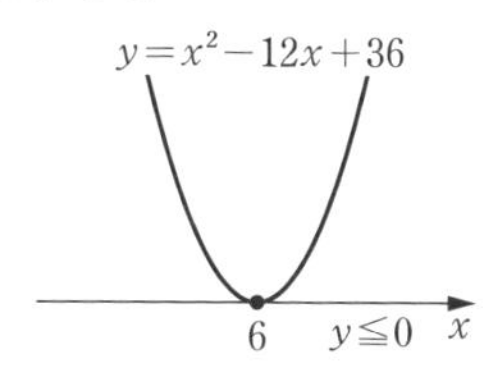

(4)　$3x^2-6x+1<2x^2-17$ より　$x^2-6x+18<0$

2 次方程式 $x^2-6x+18=0$ の判別式を D とすると

$$D=(-6)^2-4\cdot1\cdot18=-36<0$$

よって，2 次関数 $y=x^2-6x+18$ のグラフは，下に凸の放物線で，x 軸と共有点をもたない。

したがって，求める解は　**なし**

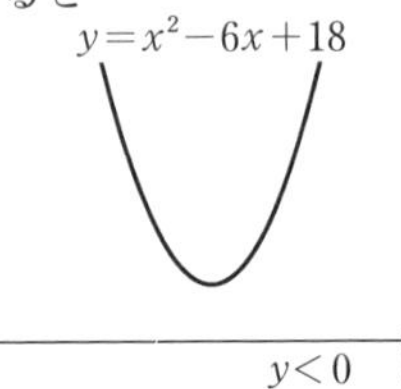

13　2 次方程式 $x^2+(k+1)x+k+2=0$ について，次の問に答えよ。

(1)　重解をもつような定数 k の値を求めよ。

(2)　実数解をもたないような定数 k の値の範囲を求めよ。

考え方　2 次方程式 $x^2+(k+1)x+k+2=0$ の判別式を D とする。

(1)　重解をもつための条件は $D=0$ である。

(2)　実数解をもたないための条件は $D<0$ である。

解　答　2 次方程式 $x^2+(k+1)x+k+2=0$ …… ① の判別式を D とすると

$$D=(k+1)^2-4\cdot1\cdot(k+2)=k^2-2k-7$$

(1)　2 次方程式 ① が重解をもつための条件は，$D=0$ であるから

$$k^2-2k-7=0$$

解の公式により

$$k=\frac{-(-1)\pm\sqrt{(-1)^2-1\cdot(-7)}}{1}=1\pm2\sqrt{2}$$

したがって，求める k の値は　$\boldsymbol{k=1\pm2\sqrt{2}}$

(2)　2 次方程式 ① が実数解をもたないための条件は，$D<0$ であるから

$$k^2-2k-7<0$$

したがって，求める k の値の範囲は　$\boldsymbol{1-2\sqrt{2}<k<1+2\sqrt{2}}$

14　次の 2 次不等式の解がすべての実数であるような定数 k の値の範囲を求めよ。

(1)　$2x^2-kx+k+1>0$　　　(2)　$x^2-(k+3)x+4k\geqq0$

考え方　2 次不等式の解がすべての実数であるとき，不等号 $>$，$\geqq$ によって，グラフと x 軸の関係がどのようになればよいかを考える。

(1)　$y=2x^2-kx+k+1$ のグラフが x 軸と共有点をもたなければよい。

(2)　$y=x^2-(k+3)x+4k$ のグラフが x 軸と接するか，または，x 軸と共有点をもたなければよい。

解答 (1) 2次関数 $y=2x^2-kx+k+1$ の x^2 の係数が正であるから，このグラフは下に凸の放物線である。したがって，与えられた不等式の解がすべての実数となるのは，グラフが x 軸と共有点をもたないときである。よって，2次方程式 $2x^2-kx+k+1=0$ の判別式を D とすると，$D<0$ である。

$$D=(-k)^2-4\cdot 2\cdot(k+1)=k^2-8k-8$$

であるから，$D<0$ より　$k^2-8k-8<0$

2次方程式 $k^2-8k-8=0$ を解くと，解の公式より

$$k=\frac{-(-4)\pm\sqrt{(-4)^2-1\cdot(-8)}}{1}=4\pm 2\sqrt{6}$$

したがって，求める k の値の範囲は

$$\boldsymbol{4-2\sqrt{6}<k<4+2\sqrt{6}}$$

(2) 2次関数 $y=x^2-(k+3)x+4k$ の x^2 の係数が正であるから，このグラフは下に凸の放物線である。したがって，与えられた不等式の解がすべての実数となるのは，グラフが x 軸と接するか，または，x 軸と共有点をもたないときである。よって，2次方程式
$x^2-(k+3)x+4k=0$ の判別式を D とすると，$D\leqq 0$ である。

$$D=\{-(k+3)\}^2-4\cdot 1\cdot 4k=k^2-10k+9$$

であるから，$D\leqq 0$ より　$k^2-10k+9\leqq 0$

すなわち　$(k-1)(k-9)\leqq 0$

したがって，求める k の値の範囲は

$$\boldsymbol{1\leqq k\leqq 9}$$

15 次の不等式を解け。

(1) $\begin{cases} x^2-9x+18>0 \\ x^2-8x+7<0 \end{cases}$　　(2) $\begin{cases} x^2+x-2<0 \\ 3x^2-10x+3\leqq 0 \end{cases}$

(3) $-20\leqq 2x^2-13x<15$

解答 (1) $\begin{cases} x^2-9x+18>0 & \cdots\cdots ① \\ x^2-8x+7<0 & \cdots\cdots ② \end{cases}$

不等式 ① を解くと，$(x-3)(x-6)>0$ より

$x<3,\ 6<x$　　……③

不等式 ② を解くと，$(x-1)(x-7)<0$ より

$1<x<7$　　……④

求める解は ③，④ の共通の範囲であるから

$\boldsymbol{1<x<3,\ 6<x<7}$

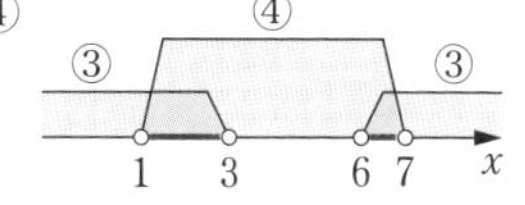

(2) $\begin{cases} x^2+x-2<0 & \cdots\cdots ① \\ 3x^2-10x+3 \leqq 0 & \cdots\cdots ② \end{cases}$

不等式 ① を解くと，$(x+2)(x-1)<0$ より

$-2<x<1$ $\cdots\cdots$ ③

不等式 ② を解くと，$(3x-1)(x-3) \leqq 0$ より

$\dfrac{1}{3} \leqq x \leqq 3$ $\cdots\cdots$ ④

求める解は ③，④ の共通の範囲であるから

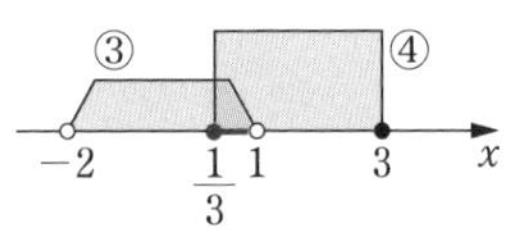

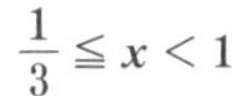

$\dfrac{1}{3} \leqq x < 1$

(3) $-20 \leqq 2x^2-13x<15$ より

$\begin{cases} -20 \leqq 2x^2-13x & \cdots\cdots ① \\ 2x^2-13x<15 & \cdots\cdots ② \end{cases}$

不等式 ① を解くと，$(2x-5)(x-4) \geqq 0$ より ⟵ $2x^2-13x+20 \geqq 0$

$x \leqq \dfrac{5}{2}$，$4 \leqq x$ $\cdots\cdots$ ③

不等式 ② を解くと，$(2x-15)(x+1)<0$ より ⟵ $2x^2-13x-15<0$

$-1<x<\dfrac{15}{2}$ $\cdots\cdots$ ④

求める解は ③，④ の共通の範囲であるから

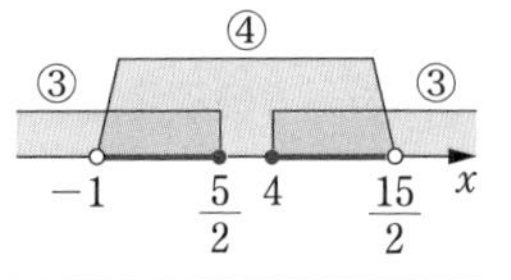

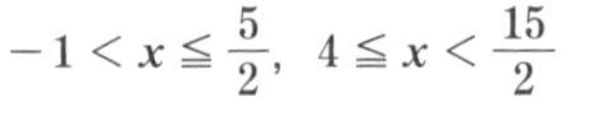

$-1<x \leqq \dfrac{5}{2}$，$4 \leqq x < \dfrac{15}{2}$

16 2 次方程式 $ax^2+bx+c=0$ の解は

$$x=\frac{-b \pm \sqrt{b^2-4ac}}{2a}=-\frac{b}{2a} \pm \frac{\sqrt{b^2-4ac}}{2a}$$

である。2 次関数 $y=ax^2+bx+c$ のグラフが右の図（省略）のようになるとき $-\dfrac{b}{2a}$ や $\dfrac{\sqrt{b^2-4ac}}{2a}$ は，図のどの部分の長さや座標に表れるか。

解答 図のように，2 次関数 $y=ax^2+bx+c$ のグラフと x 軸の交点を P，Q とし，軸である直線 $x=-\dfrac{b}{2a}$ と x 軸の交点を M とする。このとき

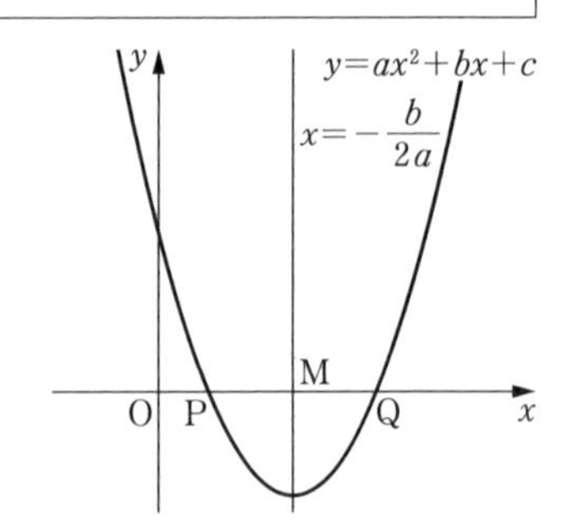

点Pの x 座標 p は　$p=-\dfrac{b}{2a}-\dfrac{\sqrt{b^2-4ac}}{2a}$

点Qの x 座標 q は　$q=-\dfrac{b}{2a}+\dfrac{\sqrt{b^2-4ac}}{2a}$

点MはA，Bの中点であるから

$-\dfrac{b}{2a}$ は　**Mの x 座標**　⟵ Mの x 座標は　$\dfrac{p+q}{2}$

$\dfrac{\sqrt{b^2-4ac}}{2a}$ は　**線分PM**　⟵ 線分PM＝|(Mの x 座標)−(Pの x 座標)|
線分QM＝|(Mの x 座標)−(Qの x 座標)|

および線分QMの長さ

探究　2次方程式の解の配置［課題学習］　教 p.118

考察1　2次方程式①が異なる2つの負の解をもつ場合を考える。2次関数②のグラフについての条件を考え，定数 k の値の範囲を求めてみよう。

解答　2次方程式①が異なる2つの負の解をもつための条件は，2次関数②のグラフが x 軸の負の部分と異なる2点で交わることである。このグラフは下に凸の放物線であるから，これは次の3つの条件が成り立つことと同値である。

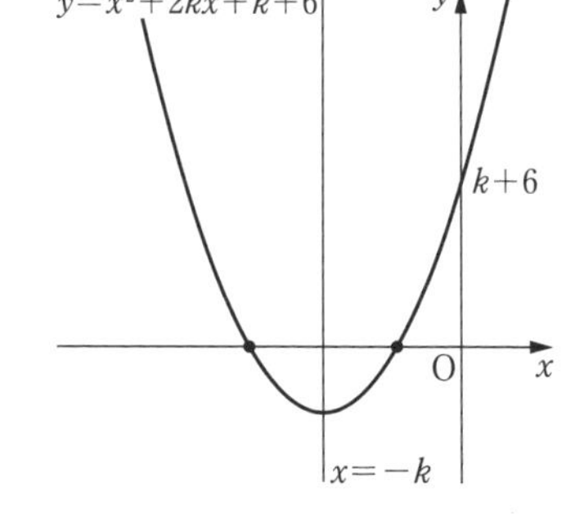

[1]　x 軸と異なる2点で交わる
[2]　軸が $x<0$ の部分にある
[3]　y 軸との交点の y 座標が正

すなわち

[1]　2次方程式①の判別式を D とすると　$D=4k^2-4(k+6)$
$D>0$ より　$4k^2-4(k+6)>0$
よって　$k<-2,\ 3<k$　……③

[2]　軸は直線 $x=-k$ であるから　$-k<0$
よって　$k>0$　……④

[3]　y 軸との交点の y 座標は $k+6$ であるから　$k+6>0$
よって　$k>-6$　……⑤

③，④，⑤を同時に満たす k の値の範囲を求めると

$3<k$

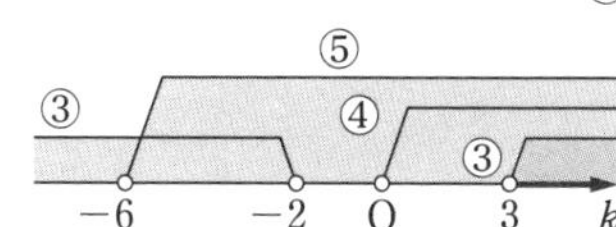

考察 2　2次方程式①が1より大きい異なる2つの解をもつ場合を考える。2次関数②のグラフについての条件を考え，定数kの値の範囲を求めてみよう。

解答　2次方程式①が1より大きい異なる2つの解をもつための条件は，2次関数②のグラフがx軸と$x>1$の部分で異なる2点で交わることである。このグラフは下に凸の放物線であるから，$f(x)=x^2+2kx+k+6$とおくと，これは次の3つの条件が成り立つことと同値である。

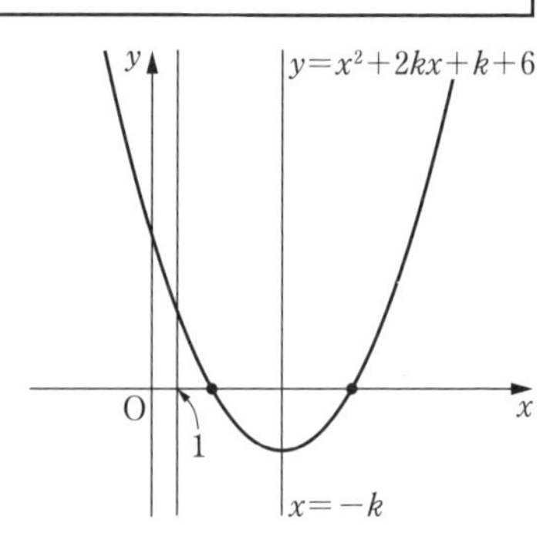

[1]　x軸と異なる2点で交わる

[2]　軸が$x>1$の部分にある

[3]　$f(1)>0$

上の3つの条件は，教科書 p.118 の例題7で考えた条件と比較すると，[2]，[3]の条件が異なっている。

[1]　2次方程式①の判別式をDとすると

$$D=4k^2-4(k+6)$$

$D>0$ より　$4k^2-4(k+6)>0$

よって　$k<-2,\ 3<k$　……③

[2]　軸は直線$x=-k$であるから

$$-k>1$$

よって　$k<-1$　……④

[3]　$f(1)=1+2k+k+6=3k+7$

であるから，$f(1)>0$ より

$$3k+7>0$$

よって　$k>-\dfrac{7}{3}$　……⑤

③，④，⑤を同時に満たすkの値の範囲を求めると

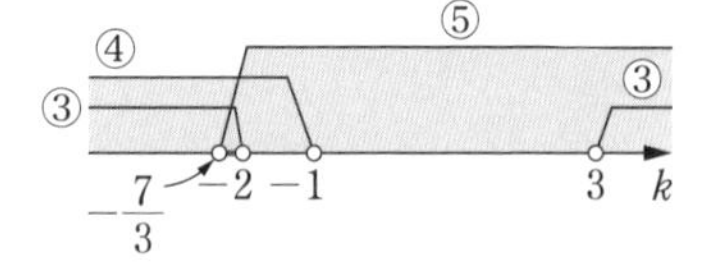

$$-\frac{7}{3}<k<-2$$

考察3　2次方程式①が2より大きい異なる2つの解をもつ場合はあるだろうか。

解答　2次方程式①が2より大きい異なる2つの解をもつための条件は，2次関数②のグラフがx軸と$x>2$の部分で異なる2点で交わることである。このグラフは下に凸の放物線であるから，$f(x)=x^2+2kx+k+6$とおくと，これは次の3つの条件が成り立つことと同値である。

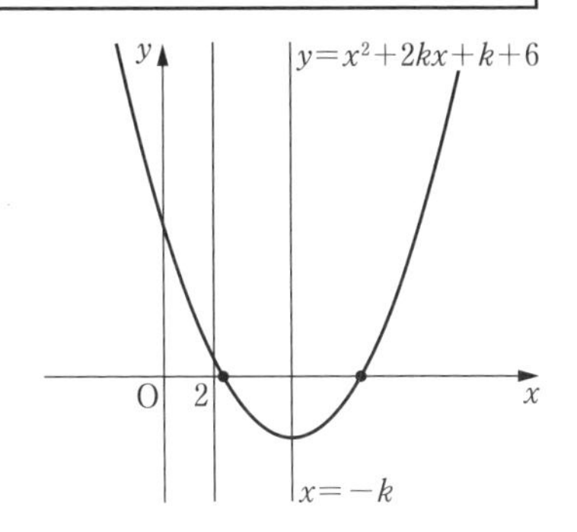

[1]　x軸と異なる2点で交わる

[2]　軸が$x>2$の部分にある

[3]　$f(2)>0$

上の3つの条件は，教科書 p.118 の例題7で考えた条件と比較すると，[2]，[3]の条件が異なっている。また，考察2で考えた条件と比較しても，[2]，[3]の条件が異なっている。

[1]　2次方程式①の判別式をDとすると

$$D=4k^2-4(k+6)$$

$D>0$ より　　$4k^2-4(k+6)>0$

よって　　$k<-2,\ 3<k$　　……③

[2]　軸は直線$x=-k$であるから

$$-k>2$$

よって　　$k<-2$　　……④

[3]　$f(2)=4+4k+k+6=5k+10$

であるから，$f(2)>0$ より

$$5k+10>0$$

よって　　$k>-2$　　……⑤

しかし，③，④，⑤を同時に満たすkの値は存在しない。

したがって，2次方程式①が2より大きい異なる2つの解をもつ場合はない。

絶対値記号を含む関数のグラフ　教 p.119

絶対値記号を含む関数のグラフ　解き方のポイント

絶対値記号を含む関数のグラフは

絶対値の性質 $\begin{cases} a \geqq 0 \text{ のとき} & |a| = a \\ a < 0 \text{ のとき} & |a| = -a \end{cases}$

を用いてかくことができる。

教 p.119

問 1　次の関数のグラフをかけ。

$y = |x^2 + x - 2|$

考え方　絶対値記号の中が，(i) 正または 0 のとき，(ii) 負のときの 2 つの場合に分けてグラフをかく。

解　答　$x^2 + x - 2 = (x+2)(x-1)$ である。

(i)　$x^2 + x - 2 \geqq 0$　すなわち　$x \leqq -2$，$1 \leqq x$ のとき

$$y = x^2 + x - 2 = \left(x + \frac{1}{2}\right)^2 - \frac{9}{4}$$

(ii)　$x^2 + x - 2 < 0$　すなわち　$-2 < x < 1$ のとき

$$y = -(x^2 + x - 2) = -(x^2 + x) + 2$$
$$= -\left(x + \frac{1}{2}\right)^2 + \frac{9}{4}$$

したがって，$y = |x^2 + x - 2|$ のグラフは，右の図の実線部分のようになる。

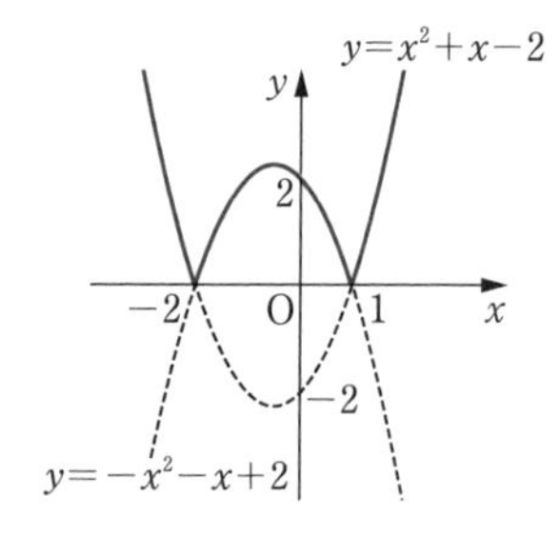

このグラフは放物線 $y = x^2 + x - 2$ の x 軸より下側の部分を x 軸に関して対称に折り返した曲線である。

教 p.119

問2 関数 $y=|x-1|+|x-2|$ のグラフを

(i) $x<1$ (ii) $1 \leqq x<2$ (iii) $2 \leqq x$

の3つの場合に分けて考えることによってかけ。

考え方 $x-1$, $x-2$ の符号に注意して，絶対値記号を外す。

解 答 $y=|x-1|+|x-2|$ ……①

(i) $x<1$ のとき

$x-1<0$, $x-2<0$ であるから，①は

$$\begin{aligned} y &= -(x-1)+\{-(x-2)\} \\ &= -x+1-x+2 \\ &= -2x+3 \end{aligned}$$

(ii) $1 \leqq x<2$ のとき

$x-1 \geqq 0$, $x-2<0$ であるから，①は

$$\begin{aligned} y &= (x-1)+\{-(x-2)\} \\ &= x-1-x+2 \\ &= 1 \end{aligned}$$

(iii) $2 \leqq x$ のとき

$x-1>0$, $x-2 \geqq 0$ であるから，①は

$$\begin{aligned} y &= (x-1)+(x-2) \\ &= x-1+x-2 \\ &= 2x-3 \end{aligned}$$

(i)〜(iii)より，関数①のグラフは，右の図の実線部分のようになる。

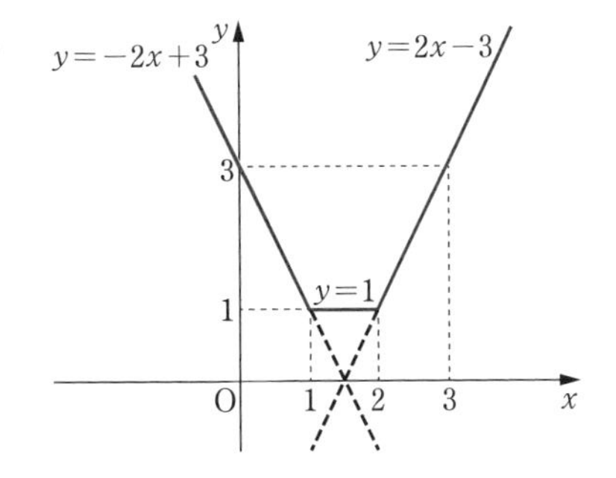

練　習　問　題　A

教 p.120

1　次の 2 次関数のグラフをかけ。

(1)　$y=-2x^2-4x+6$　　(2)　$y=x(3x-2)$

考え方　$y=a(x-p)^2+q$ の形に変形する。このとき，軸は直線 $x=p$，頂点は点 $(p,\ q)$ となる。さらに，上に凸であるか下に凸であるかや，x 軸，y 軸との交点の座標を調べる。

解　答　(1)　与えられた 2 次関数は

$$y=-2x^2-4x+6=-2(x+1)^2+8$$

と変形できる。

よって，求めるグラフは軸が直線 $x=-1$，頂点が点 $(-1,\ 8)$ の上に凸の放物線である。

また，グラフは y 軸と点 $(0,\ 6)$ で交わるから，右の図のようになる。

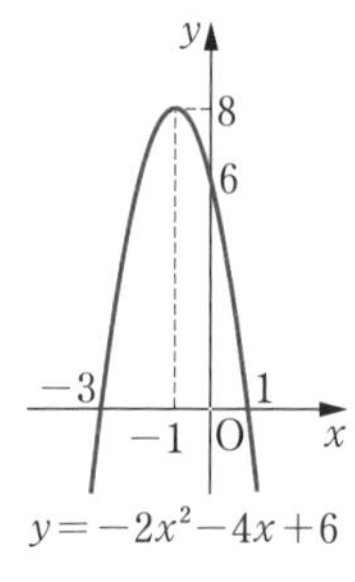

(2)　与えられた 2 次関数は

$$y=x(3x-2)=3\left(x-\frac{1}{3}\right)^2-\frac{1}{3}$$

と変形できる。

よって，求めるグラフは軸が直線 $x=\frac{1}{3}$，頂点が点 $\left(\frac{1}{3},\ -\frac{1}{3}\right)$ の下に凸の放物線である。

また，グラフは x 軸と原点，$\left(\frac{2}{3},\ 0\right)$ で交わるから，右の図のようになる。

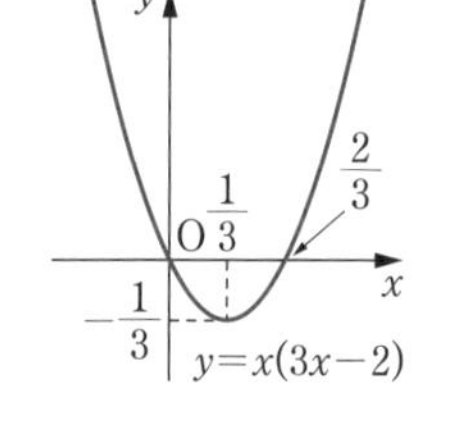

2　2 次関数 $y=ax^2+bx+c$ のグラフが右の図のように与えられている。このとき，次の値の符号を求めよ。

(1)　a　　(2)　b　　(3)　c

(4)　b^2-4ac　　(5)　$a+b+c$

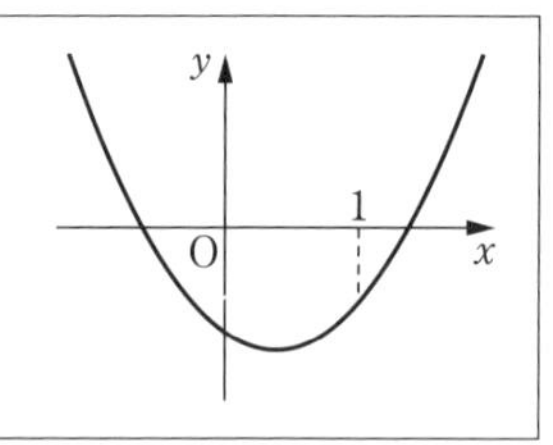

考え方　それぞれの文字や式がグラフでは何を表すかを考え，グラフの軸，頂点，上に凸であるか下に凸であるかや，x 軸，y 軸との交点の座標の符号について調べる。

解　答　与えられた 2 次関数は

$$y=ax^2+bx+c=a\left(x+\frac{b}{2a}\right)^2-\frac{b^2-4ac}{4a}$$

と変形できる。

よって，このグラフは軸が直線 $x=-\dfrac{b}{2a}$，頂点が点 $\left(-\dfrac{b}{2a},\ -\dfrac{b^2-4ac}{4a}\right)$

の下に凸の放物線である。

グラフは y 軸との交点の y 座標が負で，x 軸と異なる 2 点で交わっている。

(1) グラフは下に凸の放物線であるから　$a>0$

(2) 軸が $x>0$ の部分にあるから　$-\dfrac{b}{2a}>0$

(1) より $a>0$ であるから　$b<0$

(3) y 軸との交点の y 座標が負であるから，$x=0$ のとき　$y<0$

よって　$c<0$

(4) 頂点の y 座標が負であるから　$-\dfrac{b^2-4ac}{4a}<0$

(1) より $a>0$ であるから　$b^2-4ac>0$

(5) $f(x)=ax^2+bx+c$ とおくと

$f(1)=a+b+c$

$x=1$ のときの y 座標が負であるから　$a+b+c<0$

別解 (4) x 軸と異なる 2 点で交わるから，2 次方程式 $ax^2+bx+c=0$ の判別式を D とすると，$D>0$ より　$b^2-4ac>0$

> **3** ある商品 1 個を原価 100 円で仕入れて 120 円で売ると 1 日に 600 個売れる。商品 1 個につき 1 円値上げするごとに 1 日の売り上げ個数は 20 個ずつ減るという。1 日の利益を最大にするには 1 個いくらで売ればよいか。

考え方 商品 1 個につき値上げを x 円，1 日の利益を y 円とし，y を x の式で表し，y の値が最大となるときの x の値を求める。

解答 1 個につき x 円値上げして $(120+x)$ 円で売るとすると

1 個売れたときの利益は　$(120+x)-100=20+x$ (円)

1 日の売り上げ個数は　$(600-20x)$ 個

となる。このときの 1 日の利益を y 円とすると

$$\begin{aligned} y &= (20+x)(600-20x) \\ &= -20x^2+200x+12000 \\ &= -20(x-5)^2+12500 \end{aligned}$$

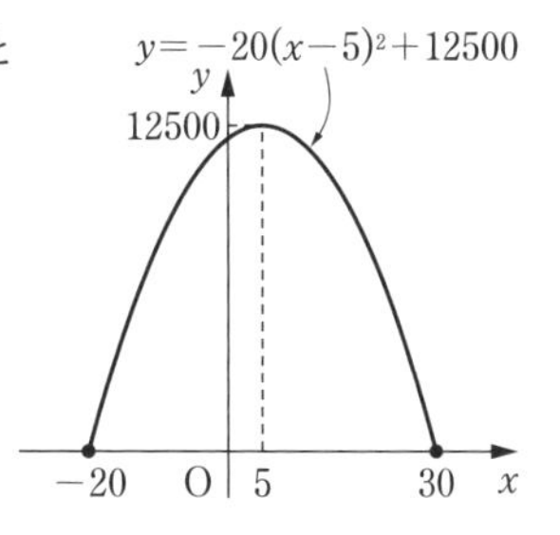

x の変域は　$20+x \geqq 0$，$600-20x \geqq 0$ より

$-20 \leqq x \leqq 30$

であるから，グラフは右の図のようになる。

ゆえに，$x=5$ のとき y の値は最大となる。

すなわち，1 日の利益が最大となるときの 1 個の値段は　125 円

4 2次方程式 $x^2-8x+k=0$ の1つの解が $4-\sqrt{3}$ であるとき，定数 k の値を求めよ。また，他の解を求めよ。

考え方 $x=4-\sqrt{3}$ を2次方程式 $x^2-8x+k=0$ に代入し，k の値を求める。

解 答 $x=4-\sqrt{3}$ を与えられた2次方程式に代入して

$$(4-\sqrt{3})^2-8(4-\sqrt{3})+k=0$$

$$16-8\sqrt{3}+3-32+8\sqrt{3}+k=0$$

整理すると　$-13+k=0$ より　$k=13$

よって，与えられた2次方程式は　$x^2-8x+13=0$

これを解くと　$x=\dfrac{-(-4)\pm\sqrt{(-4)^2-1\cdot 13}}{1}=4\pm\sqrt{3}$

したがって　**$k=13$，他の解は　$x=4+\sqrt{3}$**

5 2次関数 $y=x^2-6x+4$ のグラフが x 軸から切り取る線分の長さを求めよ。

考え方 2次関数のグラフと x 軸の共有点の x 座標を求め，その差を求める。

解 答 $x^2-6x+4=0$ とすると，解の公式により

$$x=\frac{-(-3)\pm\sqrt{(-3)^2-1\cdot 4}}{1}=3\pm\sqrt{5}$$

したがって，与えられた2次関数のグラフと x 軸の共有点の x 座標は　$3+\sqrt{5}$，$3-\sqrt{5}$

したがって，求める長さは

$$(3+\sqrt{5})-(3-\sqrt{5})=2\sqrt{5}$$

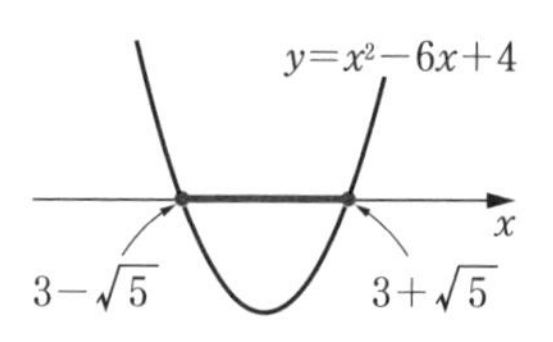

6 次の2次不等式を解け。

(1) $\dfrac{1}{2}x^2-\dfrac{1}{3}x-\dfrac{1}{12}<0$　　(2) $x^2-2\sqrt{5}x+5\geqq 0$

考え方 (1) 分母の最小公倍数を両辺に掛けて，係数を整数に直す。

解 答 (1) $\dfrac{1}{2}x^2-\dfrac{1}{3}x-\dfrac{1}{12}<0$ の両辺に12を掛けると

$$6x^2-4x-1<0$$

2次方程式 $6x^2-4x-1=0$ を解くと

解の公式により

$$x=\frac{-(-2)\pm\sqrt{(-2)^2-6\cdot(-1)}}{6}$$

$$=\frac{2\pm\sqrt{10}}{6}$$

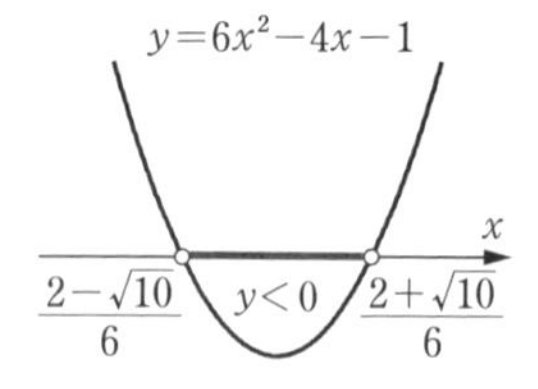

したがって，求める解は

$$\frac{2-\sqrt{10}}{6} < x < \frac{2+\sqrt{10}}{6}$$

(2)　2次方程式 $x^2-2\sqrt{5}\,x+5=0$ の判別式を D とすると

$$D=(-2\sqrt{5}\,)^2-4\cdot1\cdot5=20-20=0$$

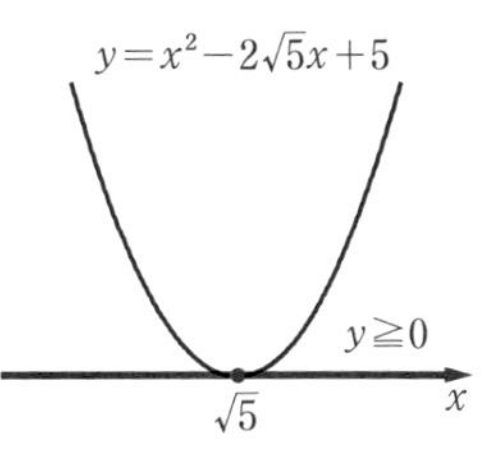

よって，2次関数 $y=x^2-2\sqrt{5}\,x+5$ のグラフは，下に凸の放物線で，x 軸に接する。

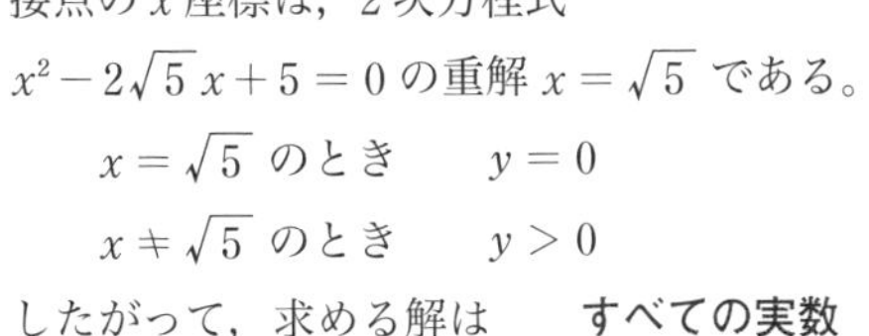

接点の x 座標は，2次方程式 $x^2-2\sqrt{5}\,x+5=0$ の重解 $x=\sqrt{5}$ である。

$x=\sqrt{5}$ のとき　　$y=0$

$x\neq\sqrt{5}$ のとき　　$y>0$

したがって，求める解は　　**すべての実数**

7　2次不等式 $ax^2+6x+c>0$ の解が $-2<x<4$ であるとき，定数 a，c の値を求めよ。

考え方　「$\alpha<x<\beta \iff (x-\alpha)(x-\beta)<0$」であることを用いる。不等号の向きに注意して a の符号を定め，係数を比較して a，c の値を求める。

解　答　$-2<x<4$ を解とする不等式の1つは

$(x+2)(x-4)<0$　すなわち　$x^2-2x-8<0$　……①

この不等式の両辺に a を掛けた式が，与えられた2次不等式

$ax^2+6x+c>0$　……②

と一致すればよい。

不等式①と②で，不等号の向きが逆であるから，①に a $(a<0)$ を掛けて

$ax^2-2ax-8a>0$　……③

②，③の各項の係数，定数を比較して

$-2a=6$，$-8a=c$

よって　　$a=-3$，$c=24$

これは $a<0$ を満たす。

したがって，求める a，c の値は　$\boldsymbol{a=-3}$，$\boldsymbol{c=24}$

別解　不等式の解が $-2<x<4$ であることから

$a<0$ であり，2次方程式 $ax^2+6x+c=0$ の解が $x=-2$，4 となる。

よって　$\begin{cases}4a-12+c=0\\16a+24+c=0\end{cases}$

これを解くと $a=-3$，$c=24$ であり，これは，$a<0$ を満たす。

よって，求める a，c の値は　$a=-3$，$c=24$

8 2次方程式 $x^2-(k-1)x+k^2-2=0$ の実数解の個数は，定数 k の値によってどのように変わるか。

考え方 2次方程式の判別式を D とすると，実数解の個数は，$D>0$ のとき2個，$D=0$ のとき1個，$D<0$ のとき0個である。

解答 2次方程式 $x^2-(k-1)x+k^2-2=0$ の判別式を D とすると

$$D=\{-(k-1)\}^2-4\cdot1\cdot(k^2-2)=-3k^2-2k+9$$

2次方程式 $-3k^2-2k+9=0$ すなわち，$3k^2+2k-9=0$ を解くと

$$k=\frac{-1\pm\sqrt{1^2-3\cdot(-9)}}{3}=\frac{-1\pm\sqrt{28}}{3}=\frac{-1\pm2\sqrt{7}}{3} \quad \cdots\cdots①$$

(i) $D>0$ すなわち $-3k^2-2k+9>0$ ……②

のとき，異なる2つの実数解をもつ。

② の両辺に -1 を掛けると

$$3k^2+2k-9<0$$

① より，② の解は

$$\frac{-1-2\sqrt{7}}{3}<k<\frac{-1+2\sqrt{7}}{3}$$

(ii) $D=0$ すなわち $-3k^2-2k+9=0$

のとき，1つの実数解をもつ。

このとき，① より

$$k=\frac{-1\pm2\sqrt{7}}{3}$$

(iii) $D<0$ すなわち $-3k^2-2k+9<0$ ……③

のとき，実数解をもたない。

③ の両辺に -1 を掛けると

$$3k^2+2k-9>0$$

① より，③ の解は

$$k<\frac{-1-2\sqrt{7}}{3},\quad \frac{-1+2\sqrt{7}}{3}<k$$

(i), (ii), (iii) より，実数解の個数は

$$\begin{cases}\dfrac{-1-2\sqrt{7}}{3}<k<\dfrac{-1+2\sqrt{7}}{3} & \text{のとき　2個}\\ k=\dfrac{-1\pm2\sqrt{7}}{3} & \text{のとき　1個}\\ k<\dfrac{-1-2\sqrt{7}}{3},\ \dfrac{-1+2\sqrt{7}}{3}<k & \text{のとき　0個}\end{cases}$$

9 すべての実数 x について，2次不等式 $kx^2+(k+2)x+k>0$ が成り立つような定数 k の値の範囲を求めよ。

考え方 すべての実数 x について成り立つためには，2次関数 $y=kx^2+(k+2)x+k$ のグラフが下に凸の放物線で，x 軸と共有点をもたなければよい。

解答 2次不等式であるから　$k\neq 0$

求める条件は2次関数 $y=kx^2+(k+2)x+k$ のグラフが下に凸の放物線で，x 軸と交わらないことである。これは次の2つの条件が成り立つことと同値である。

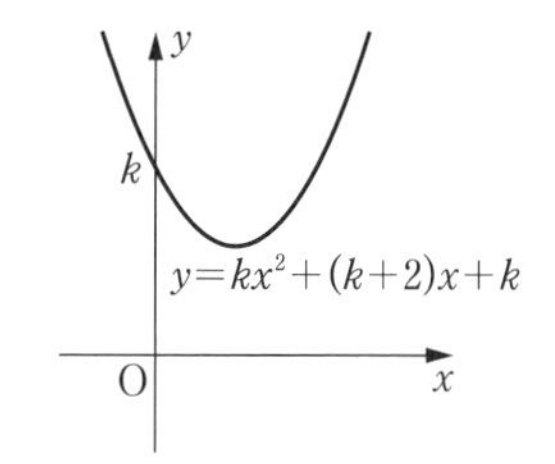

[1]　x^2 の係数が正

[2]　x 軸と交わらない

すなわち

[1]　$k>0$　……①

[2]　2次方程式 $kx^2+(k+2)x+k=0$ の判別式を D とすると

$$D=(k+2)^2-4\cdot k\cdot k=-3k^2+4k+4$$

x^2 の係数が正であるから，求める条件は $D<0$ である。

よって

$$-3k^2+4k+4<0$$
$$3k^2-4k-4>0$$
$$(k-2)(3k+2)>0$$

これを解くと

$$k<-\frac{2}{3},\ 2<k\quad\cdots\cdots②$$

①，② を同時に満たす k の値の範囲を求めると

$2<k$

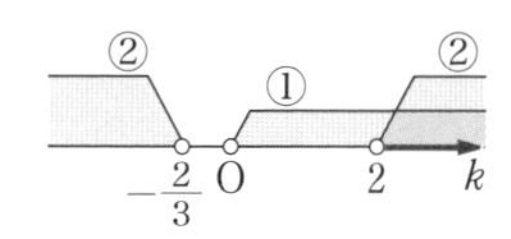

練習問題B

教 p.121

10 $a>0$ である2次関数 $y=ax^2+4ax+b$ の定義域が $-3\leqq x\leqq 4$ であるとき，その値域は $-1\leqq y\leqq 5$ であるという。このとき，定数 a，b の値を求めよ。

考え方 $a>0$ のときの $y=ax^2+4ax+b$ $(-3\leqq x\leqq 4)$ のグラフをかいて調べる。また，値域が $-1\leqq y\leqq 5$ であることから，y の最大値は5，最小値は -1 である。

解答 与えられた2次関数は

$$y=ax^2+4ax+b=a(x^2+4x)+b$$
$$=a(x+2)^2-4a+b$$

と変形できる。

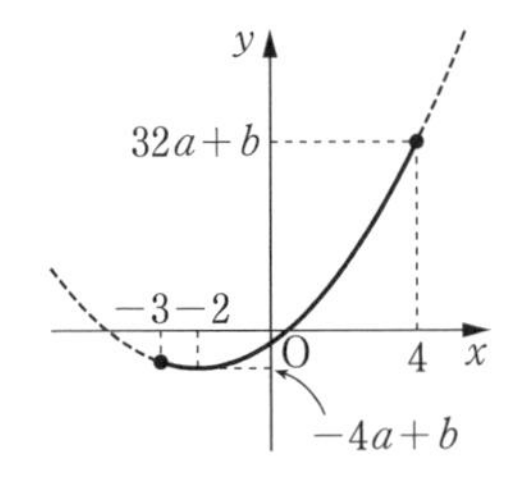

$a>0$ であるから，$-3\leqq x\leqq 4$ におけるこの関数のグラフは，右の図の放物線の実線部分である。したがって

$x=-2$ のとき　最小値 $-4a+b$

$x=4$ のとき　　最大値 $a\cdot 4^2+4a\cdot 4+b=32a+b$

をとる。この関数の値域が $-1\leqq y\leqq 5$ であるから

$$\begin{cases}-4a+b=-1 & \cdots\cdots ①\\ 32a+b=5 & \cdots\cdots ②\end{cases}$$

①，② を a，b について解くと

$$\boldsymbol{a=\frac{1}{6},\ b=-\frac{1}{3}}$$

これは $a>0$ を満たす。

11 点 $(-2,\ 6)$ を通る放物線がある。この放物線を x 軸方向に4，y 軸方向に -5 だけ平行移動すると，点 $(1,\ 0)$ を頂点とする放物線になるという。もとの放物線をグラフとする2次関数を求めよ。

考え方 もとの放物線の頂点の座標を点 $(p,\ q)$ とすると，この点を x 軸方向に4，y 軸方向に -5 だけ平行移動した点の座標は点 $(p+4,\ q-5)$ である。

解答 もとの放物線の頂点の座標を点 $(p,\ q)$ とする。

この点を x 軸方向に4，y 軸方向に -5 だけ平行移動すると，点 $(1,\ 0)$ になるから

$$p+4=1,\ q-5=0$$

よって　$p=-3,\ q=5$

したがって，もとの放物線をグラフとする 2 次関数は

$y=a(x+3)^2+5$ ……①

と表される。

① のグラフが点 $(-2,\ 6)$ を通るから

$6=a(-2+3)^2+5$ より $6=a+5$

よって $a=1$

したがって，求める 2 次関数は

$\boldsymbol{y=(x+3)^2+5}$

12 2 次関数 $y=kx^2-2kx+k^2-k-3$ について，次の問に答えよ。

(1) この関数の最小値が 5 のとき，定数 k の値を求めよ。

(2) この関数の最大値が 12 のとき，定数 k の値を求めよ。

考え方 2 次関数 $y=a(x-p)^2+q$ は，$a>0$ ならば $x=p$ で最小値 q をとり，$a<0$ ならば $x=p$ で最大値 q をとる。

解 答 与えられた 2 次関数は

$y=k(x-1)^2+k^2-2k-3\ (k\neq 0)$

と変形できる。

よって，このグラフは頂点が点 $(1,\ k^2-2k-3)$ の放物線である。

(1) 2 次関数が最小値をもつとき，そのグラフは下に凸の放物線である。

x^2 の係数が正であるから $k>0$ ……①

最小値は頂点の y 座標に等しいから

$k^2-2k-3=5$

すなわち $k^2-2k-8=0$

$(k+2)(k-4)=0$

これを解くと $k=-2,\ 4$

① より $\boldsymbol{k=4}$

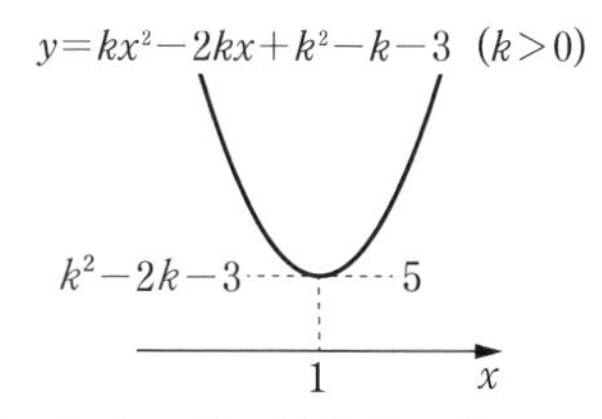

(2) 2 次関数が最大値をもつとき，そのグラフは上に凸の放物線である。

x^2 の係数が負であるから $k<0$ ……②

最大値は頂点の y 座標に等しいから

$k^2-2k-3=12$

すなわち $k^2-2k-15=0$

$(x+3)(x-5)=0$

これを解くと $k=-3,\ 5$

② より $\boldsymbol{k=-3}$

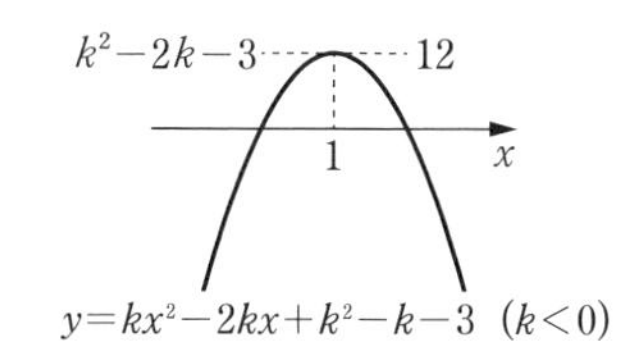

13 2次関数 $y=x^2-4x+7$ $(a \leqq x \leqq a+2)$ について，次の問に答えよ。

(1) 最小値を求めよ。また，そのときの x の値を求めよ。

(2) 最大値を求めよ。また，そのときの x の値を求めよ。

考え方 (1) 2次関数 $y=x^2-4x+7$ のグラフは下に凸の放物線であるから，グラフの軸が定義域に入るかどうかで場合分けをして，最小値を求める。

(2) 軸 $(x=2)$ と定義域の中央 $(x=a+1)$ の位置関係について

(i) 中央より右　(ii) 中央に一致する　(iii) 中央より左

の3つの場合に分けて考える。

解　答 与えられた2次関数は，次のように変形できる。

$$y=x^2-4x+7=(x-2)^2+3$$

また，定義域 $a \leqq x \leqq a+2$ において，端点の y 座標の値を求めると

$x=a$ のとき　　$y=a^2-4a+7$

$x=a+2$ のとき　　$y=(a+2)^2-4(a+2)+7=a^2+3$

である。

(1) (i) $a+2<2$ すなわち $a<0$ のとき

$a \leqq x \leqq a+2$ におけるこの関数のグラフは，右の図の放物線の実線部分である。したがって

$x=a+2$ のとき最小値 a^2+3

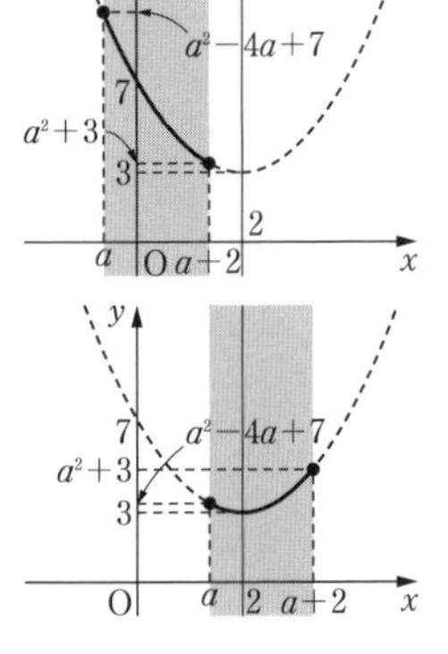

(ii) $a \leqq 2 \leqq a+2$ すなわち $0 \leqq a \leqq 2$ のとき

$a \leqq x \leqq a+2$ におけるこの関数のグラフは，右の図の放物線の実線部分である。このとき，頂点の y 座標が最小値であるから

$x=2$ のとき最小値 3

(iii) $2<a$ のとき

$a \leqq x \leqq a+2$ におけるこの関数のグラフは，右の図の放物線の実線部分である。したがって

$x=a$ のとき最小値 a^2-4a+7

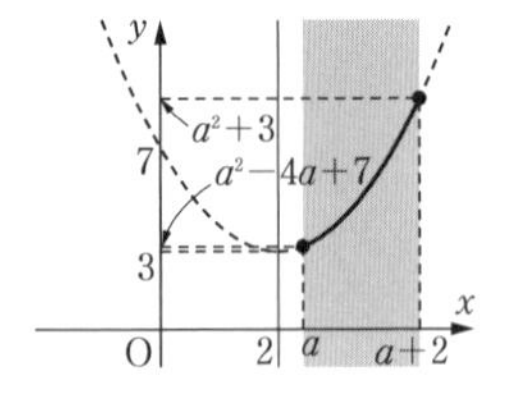

(i)，(ii)，(iii) より

$$\begin{cases} a<0 \text{ のとき} & x=a+2 \text{ で最小値 } a^2+3 \\ 0 \leqq a \leqq 2 \text{ のとき} & x=2 \text{ で最小値 } 3 \\ 2<a \text{ のとき} & x=a \text{ で最小値 } a^2-4a+7 \end{cases}$$

(2) (i) $a+1<2$ すなわち $a<1$ のとき

$a \leqq x \leqq a+2$ におけるこの関数のグラフは，右の図の放物線の実線部分である。

したがって

$x=a$ のとき 最大値 a^2-4a+7

(ii) $a+1=2$ すなわち $a=1$ のとき

$a \leqq x \leqq a+2$ におけるこの関数のグラフは，右の図の放物線の実線部分である。

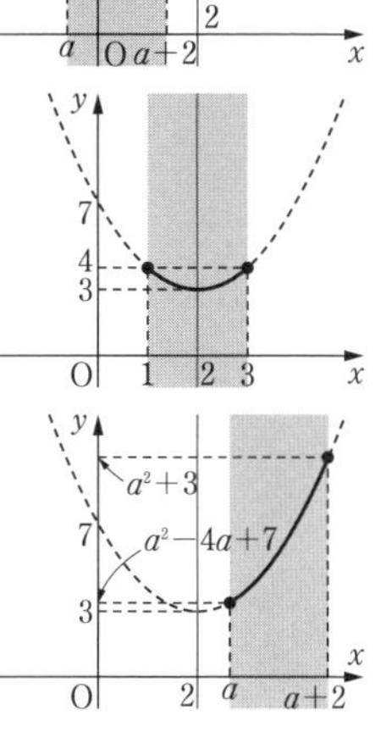

したがって

$x=1,\ 3$ のとき 最大値 4

(iii) $2<a+1$ すなわち $1<a$ のとき

$a \leqq x \leqq a+2$ におけるこの関数のグラフは，右の図の放物線の実線部分である。

したがって

$x=a+2$ のとき 最大値 a^2+3

(i), (ii), (iii) より

$$\begin{cases} a<1 \text{ のとき } x=a \text{ で最大値 } a^2-4a+7 \\ a=1 \text{ のとき } x=1,\ 3 \text{ で最大値 } 4 \\ 1<a \text{ のとき } x=a+2 \text{ で最大値 } a^2+3 \end{cases}$$

14 右の図のような1辺の長さが1の正五角形の対角線の長さを x とするとき，次の問に答えよ。

(1) △ABE ≡ △FBE であることを利用して，FC の長さを x で表せ。

(2) △ABE ∽ △FCD であることを利用して，x の値を求めよ。

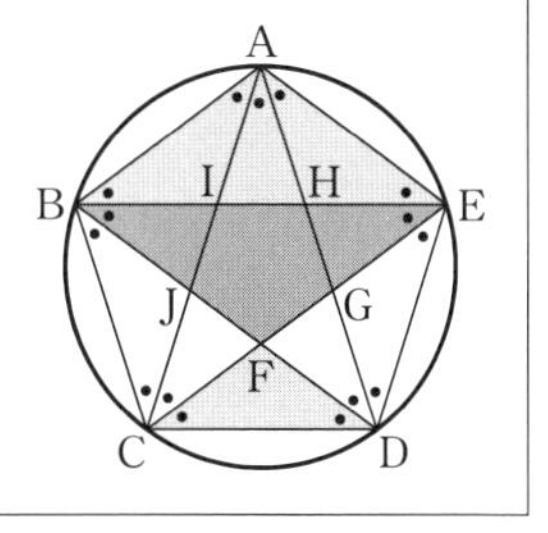

考え方 (1) △ABE ≡ △FBE より，AE ＝ FE であることを用いる。

(2) △ABE ∽ △FCD より，AB：FC ＝ BE：CD であることを用いる。

解 答 (1) △ABE と △FBE において

∠ABE ＝ ∠FBE

∠AEB ＝ ∠FEB

BE ＝ BE

1組の辺とその両端の角がそれぞれ等しいから

△ABE ≡ △FBE

合同な図形の対応する辺は等しいから

AE ＝ FE ＝ 1

したがって　　FC = CE − FE = $x-1$

(2)　△ABE と △FCD において

∠ABE = ∠FCD

∠AEB = ∠FDC

2組の角がそれぞれ等しいから

△ABE ∽ △FCD

相似な図形の対応する辺の比は等しいから

AB：FC = BE：CD

すなわち　　$1:(x-1)=x:1$　　$a:b=c:d \Rightarrow ad=bc$

よって　　$x(x-1)=1$

$x^2-x-1=0$

これを解いて　$x=\dfrac{-(-1)\pm\sqrt{(-1)^2-4\cdot1\cdot(-1)}}{2\cdot1}=\dfrac{1\pm\sqrt{5}}{2}$

$x>0$ であるから　$x=\dfrac{1+\sqrt{5}}{2}$

15　2次不等式 $x^2-ax<0$ を，$a>0$，$a=0$，$a<0$ の3通りの場合に分けて解け。ただし，a は定数とする。

考え方　2次関数 $y=x^2-ax=x(x-a)$ のグラフを，$a>0$，$a=0$，$a<0$ の3つの場合に分けてかいて考える。

解　答　2次方程式 $x^2-ax=0$ を解くと，$x(x-a)=0$ より

$x=0,\ a$

2次関数 $y=x^2-ax$ のグラフは，次の図のようになる。

$a>0$ のとき　　$a=0$ のとき　　$a<0$ のとき

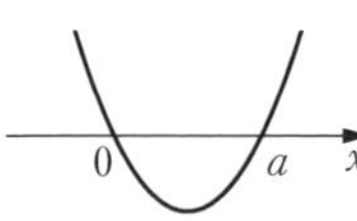

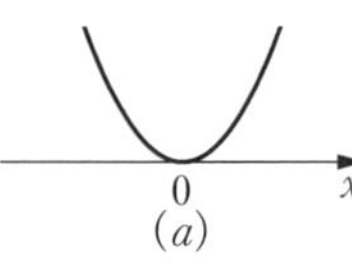

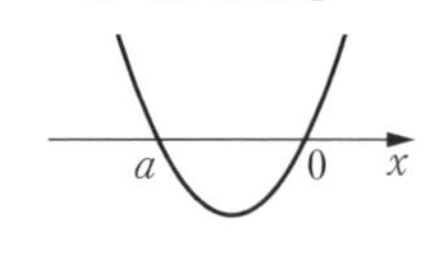

したがって，求める2次不等式の解は

$a>0$ のとき　$0<x<a$

$a=0$ のとき　なし

$a<0$ のとき　$a<x<0$

16　2つの2次関数 $y=2x^2+(k-1)x+2$ と $y=-x^2+kx+3-k^2$ のグラフがともに x 軸と共有点をもたないような定数 k の値の範囲を求めよ。

考え方　2次関数 $y=ax^2+bx+c$ のグラフが x 軸と共有点をもたないのは，2次方程式 $ax^2+bx+c=0$ の判別式 D が $D<0$ を満たすときである。

解　答　$y=2x^2+(k-1)x+2$　……①

$y=-x^2+kx+3-k^2$　……②

2つの2次方程式 $2x^2+(k-1)x+2=0$，$-x^2+kx+3-k^2=0$ の判別式をそれぞれ D_1，D_2 とすると

$D_1=(k-1)^2-4\cdot2\cdot2=k^2-2k-15$

$D_2=k^2-4\cdot(-1)\cdot(3-k^2)=-3k^2+12$

① のグラフが x 軸と共有点をもたないための条件は

$D_1<0$　すなわち　$k^2-2k-15<0$

$k^2-2k-15=(k+3)(k-5)$ より

$-3<k<5$　……③

② のグラフが x 軸と共有点をもたないための条件は

$D_2<0$　すなわち　$-3k^2+12<0$

$-3k^2+12=-3(k+2)(k-2)$ であるから

$(k+2)(k-2)>0$ より

$k<-2$，$2<k$　……④

③，④ を同時に満たす k の値の範囲を求めると

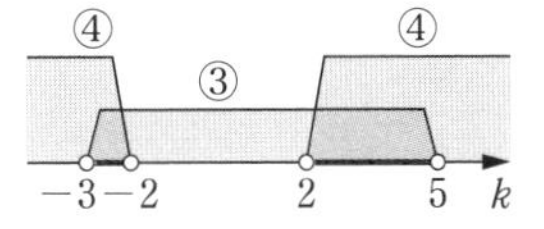

$-3<\boldsymbol{k}<-2$，$2<\boldsymbol{k}<5$

17　2次方程式 $3x^2-12x+12-k^2=0$ が正の解と負の解を1つずつもつような定数 k の値の範囲を求めよ。

考え方　2次関数のグラフが x 軸と正の部分，負の部分で交わる条件は，グラフと y 軸との交わり方を考えるとよい。

解　答　2次方程式 $3x^2-12x+12-k^2=0$ が正の解と負の解を1つずつもつための条件は，2次関数 $y=3x^2-12x+12-k^2$ のグラフが x 軸の正の部分と負の部分の2点で交わることである。このグラフは下に凸の放物線であるから，これは，y 軸との交点の y 座標が負であることと同値である。

すなわち　$12-k^2<0$ より　$k^2-12>0$

したがって　$(k+2\sqrt{3})(k-2\sqrt{3})>0$

これを解くと　$k<-2\sqrt{3}$，$2\sqrt{3}<k$

したがって，求める k の値の範囲は

$\boldsymbol{k}<-2\sqrt{3}$，$2\sqrt{3}<\boldsymbol{k}$

$y=f(x)$ のグラフが下に凸の放物線ならば，$f(0)<0$ のとき，$y=f(x)$ のグラフは必ず x 軸と $x<0$，$x>0$ の部分で交わるから，判別式と軸の条件は考えなくてよい。

活用　自動車の停止距離［課題学習］　教 p.122

考察 1　ある晴れた日の時速と停止距離は次のようになった。このとき，定数 a と b の値を求めてみよう。

時速 40 km のときの停止距離は　22 m
時速 60 km のときの停止距離は　45 m

解答　停止距離は $y = ax^2 + bx$ で表される。

時速 40 km のときの停止距離は 22 m であるから

$22 = a \cdot 40^2 + b \cdot 40$

$22 = 1600a + 40b$　…… ①

また，時速 60 km のときの停止距離は 45 m であるから

$45 = a \cdot 60^2 + b \cdot 60$

$45 = 3600a + 60b$　…… ②

①，② より

$$\begin{cases} 1600a + 40b = 22 \\ 3600a + 60b = 45 \end{cases}$$

すなわち

$$\begin{cases} 40a + b = 0.55 & \cdots\cdots ①' \\ 60a + b = 0.75 & \cdots\cdots ②' \end{cases}$$

これを解くと　※

$a = 0.01$，$b = 0.15$

※
②′ − ①′
$20a = 0.2$
$a = 0.01$
$a = 0.01$ を ①′ に代入して
$40 \cdot 0.01 + b = 0.55$
$b = 0.15$

考察 2　ある雨の日は，$a = 0.02$，$b = 0.15$ であったとする。このとき，時速 40 km のときの停止距離と時速 60 km のときの停止距離を求めてみよう。

考え方　$y = 0.02x^2 + 0.15x$ に x の値を代入して y の値を求める。

解答　条件より，$a = 0.02$，$b = 0.15$ であるから

$y = 0.02x^2 + 0.15x$

となる。

$x = 40$ のとき

$y = 0.02 \cdot 40^2 + 0.15 \cdot 40 = 38$

したがって，時速 40 km のときの停止距離は　38 m

$x = 60$ のとき

$y = 0.02 \cdot 60^2 + 0.15 \cdot 60 = 81$

したがって，時速 60 km のときの停止距離は　81 m

4章 図形と計量

1節 鋭角の三角比
2節 三角比の拡張
3節 三角形への応用

関連する既習内容

三角形の相似条件

- 3組の辺の比がすべて等しい。
- 2組の辺の比とその間の角がそれぞれ等しい。
- 2組の角がそれぞれ等しい。

三平方の定理とその逆

- $\angle C = 90^\circ$ ならば
  $a^2 + b^2 = c^2$
- $a^2 + b^2 = c^2$ ならば
  $\angle C = 90^\circ$

A, B, C, a, b, c

立体の体積

- 角柱，円柱の体積 V
  $V = Sh$

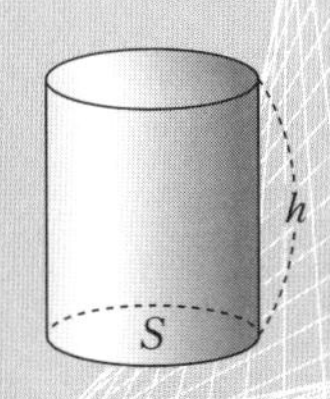

- 角錐，円錐の体積 V
  $V = \frac{1}{3}Sh$

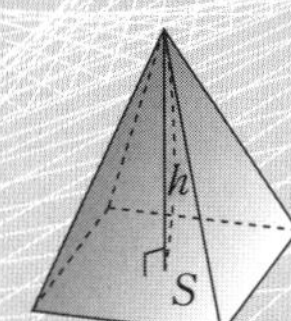

- 球の体積 V，表面積 S
  $V = \frac{4}{3}\pi r^3$
  $S = 4\pi r^2$

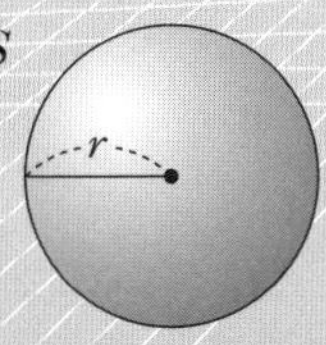

特別な直角三角形の辺の比

- 直角二等辺三角形

$\sqrt{2}$, 1, 45°, 1

- 1つの角が60°の直角三角形

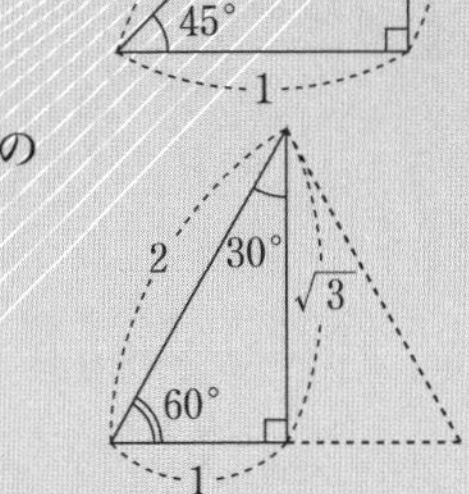

円周角の定理

$\angle APB = \angle AQB$

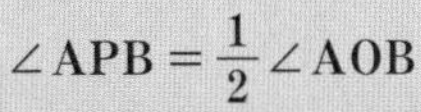

$\angle APB = \frac{1}{2}\angle AOB$

1節　鋭角の三角比

1　直角三角形と三角比

用語のまとめ

正接，正弦，余弦

- ∠C が直角である直角三角形 ABC において

  $\dfrac{\mathrm{BC}}{\mathrm{AC}}$ を A の **正接** または **タンジェント** といい，

  $\tan A$ と書く。

  $\dfrac{\mathrm{BC}}{\mathrm{AB}}$ を A の **正弦** または **サイン** といい，$\sin A$ と書く。

  $\dfrac{\mathrm{AC}}{\mathrm{AB}}$ を A の **余弦** または **コサイン** といい，$\cos A$ と書く。

- 正接，正弦，余弦をまとめて **三角比** という。

30°，45°，60° の三角比

- 30°，45°，60° の三角比の値は，右の図を用いて求めることができる。

A	30°	45°	60°
$\sin A$	$\dfrac{1}{2}$	$\dfrac{1}{\sqrt{2}}$	$\dfrac{\sqrt{3}}{2}$
$\cos A$	$\dfrac{\sqrt{3}}{2}$	$\dfrac{1}{\sqrt{2}}$	$\dfrac{1}{2}$
$\tan A$	$\dfrac{1}{\sqrt{3}}$	1	$\sqrt{3}$

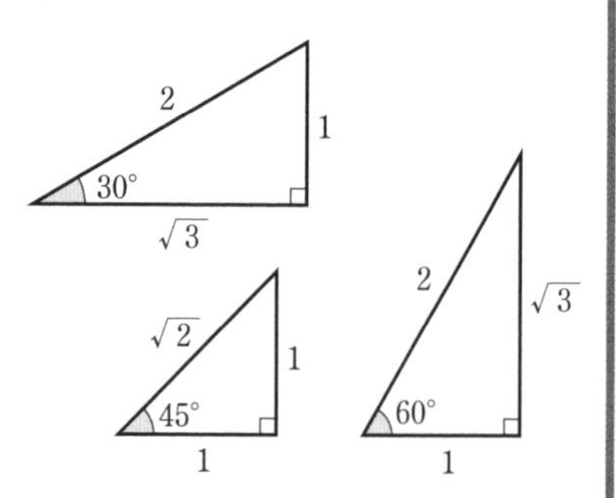

仰角と俯角

- 右の図のように，点 A から点 B を見るとき，AB と A を通る水平面とのなす角を，B が水平面より上にあるならば **仰角** といい，下にあるならば **俯角** という。

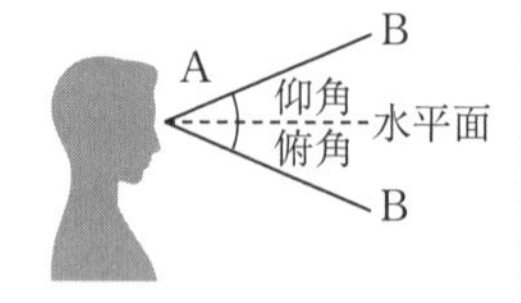

三角比　　解き方のポイント

右の図の直角三角形 ABC において

$$\sin A = \frac{a}{c} \qquad \cos A = \frac{b}{c} \qquad \tan A = \frac{a}{b}$$

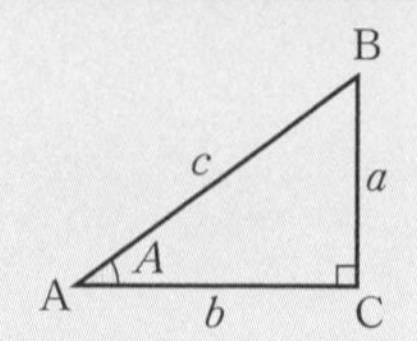

教 p.125

問1 次の図の直角三角形において，$\sin A$，$\cos A$，$\tan A$ の値を求めよ。

(1)

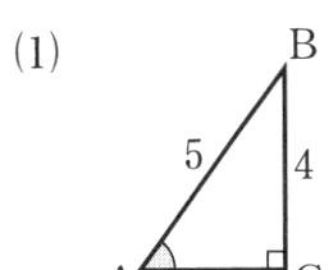

(2)

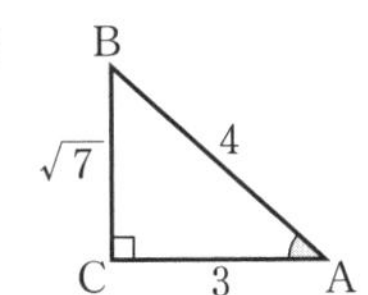

解 答

(1) $\sin A=\dfrac{\mathrm{BC}}{\mathrm{AB}}=\dfrac{4}{5}$，$\cos A=\dfrac{\mathrm{AC}}{\mathrm{AB}}=\dfrac{3}{5}$，$\tan A=\dfrac{\mathrm{BC}}{\mathrm{AC}}=\dfrac{4}{3}$

(2) $\sin A=\dfrac{\mathrm{BC}}{\mathrm{AB}}=\dfrac{\sqrt{7}}{4}$，$\cos A=\dfrac{\mathrm{AC}}{\mathrm{AB}}=\dfrac{3}{4}$，$\tan A=\dfrac{\mathrm{BC}}{\mathrm{AC}}=\dfrac{\sqrt{7}}{3}$

教 p.126

問2 次の図の直角三角形において，$\sin A$，$\cos A$，$\tan A$ の値を求めよ。

(1)

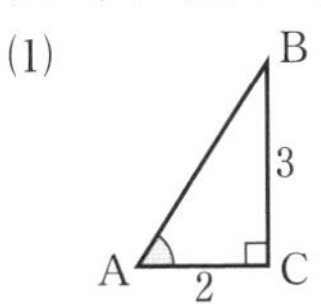

(2)

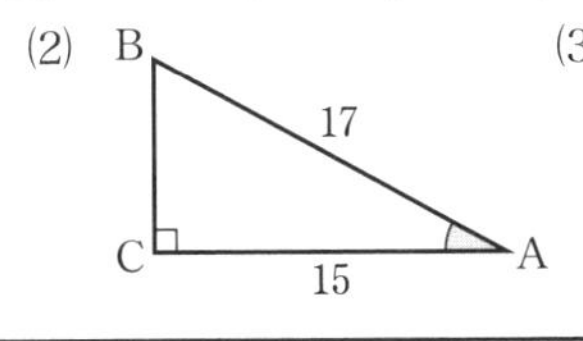

(3)

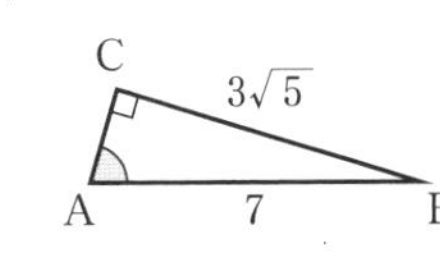

考え方 三平方の定理を用いて，残りの辺の長さを求める。

三平方の定理

B, A, C, a, b, c

$a^2+b^2=c^2$

解 答

(1) $\mathrm{AB}=c$ とすると，三平方の定理により

$$c^2=3^2+2^2=13$$

$c>0$ より　$c=\sqrt{13}$

ゆえに　$\sin A=\dfrac{3}{\sqrt{13}}=\dfrac{3\sqrt{13}}{13}$，

$$\cos A=\frac{2}{\sqrt{13}}=\frac{2\sqrt{13}}{13}，\quad \tan A=\frac{3}{2}$$

(2) $\mathrm{BC}=a$ とすると，三平方の定理により

$$a^2=17^2-15^2=64$$

$a>0$ より　$a=\sqrt{64}=8$

ゆえに　$\sin A=\dfrac{8}{17}$，$\cos A=\dfrac{15}{17}$，$\tan A=\dfrac{8}{15}$

(3) $\mathrm{AC}=b$ とすると，三平方の定理により

$$b^2=7^2-(3\sqrt{5})^2=4$$

$b>0$ より　$b=\sqrt{4}=2$

ゆえに　$\sin A=\dfrac{3\sqrt{5}}{7}$，$\cos A=\dfrac{2}{7}$，$\tan A=\dfrac{3\sqrt{5}}{2}$

教 p.127

問3 三角比の表から，次の値を求めよ。

(1) $\sin 15^\circ$ (2) $\cos 67^\circ$ (3) $\tan 38^\circ$

考え方 教科書 p.223 の三角比の表から求める。

解答 (1) $\sin 15^\circ = 0.2588$ (2) $\cos 67^\circ = 0.3907$ (3) $\tan 38^\circ = 0.7813$

教 p.127

問4 三角比の表から，次の式を満たす A を求めよ。

(1) $\sin A = 0.9659$ (2) $\cos A = 0.9205$ (3) $\tan A = 2.3559$

考え方 教科書 p.223 の三角比の表から，対応する角の大きさを読み取る。

解答 (1) $A = 75^\circ$ (2) $A = 23^\circ$ (3) $A = 67^\circ$

教 p.127

問5 あるロープウェーの山麓駅と山頂駅の水平距離は 1480 m，高低差は 763 m である。ロープの傾斜の角の大きさ A を三角比の表から求めよ。

解答

$$\tan A = \frac{763}{1480} \fallingdotseq 0.5155$$

正接の値が 0.5155 に最も近い A を三角比の表から求めると

$A \fallingdotseq 27^\circ$

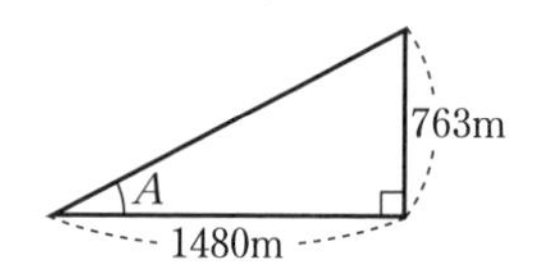

三角比の応用 …… 解き方のポイント

右の図の直角三角形 ABC において，次の式が成り立つ。

$$a = c\sin A$$
$$b = c\cos A$$
$$a = b\tan A$$

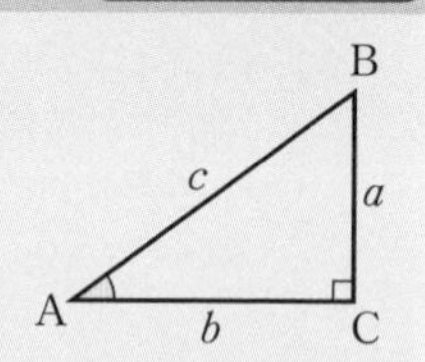

教 p.128

問6 正方形 ABCD において，BD = 10 のとき，BC の長さを求めよ。

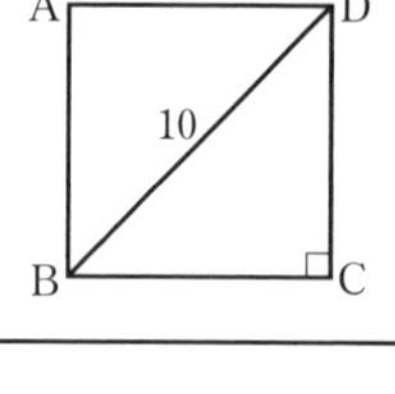

解答 $\mathrm{BC} = \mathrm{BD}\cos 45^\circ$

$$= 10 \cdot \frac{1}{\sqrt{2}} = \frac{10\sqrt{2}}{2} = 5\sqrt{2}$$

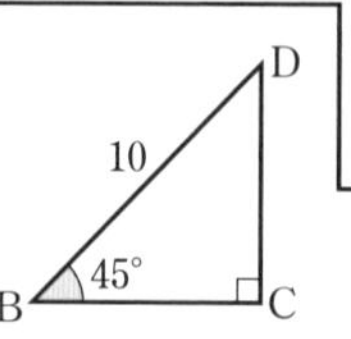

教 p.128

問7　右の図の直角三角形において，a の値を求めよ。

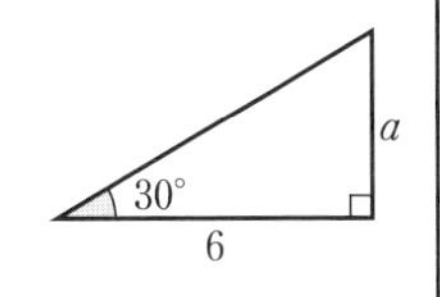

考え方　$\tan 30^\circ$ を利用して a の値を求める。

解答　$a = 6\tan 30^\circ = 6 \cdot \frac{1}{\sqrt{3}} = 6 \cdot \frac{\sqrt{3}}{3} = 2\sqrt{3}$

教 p.129

問8　展望台から地上の A 地点を見下ろすときの俯角は 39° であった。
展望台から A 地点までの水平距離が 200 m であるとすると，展望台の高さは何 m か。
ただし，$\tan 39^\circ = 0.81$ とする。

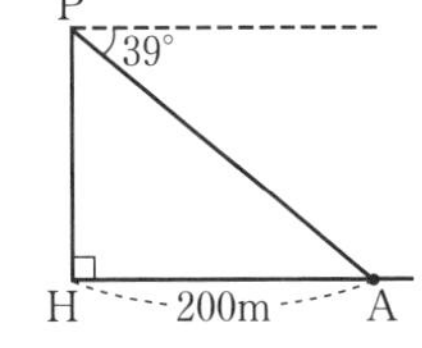

考え方　平行線の錯角は等しいことから，A 地点から展望台を見上げるときの仰角が分かる。

解答　展望台の高さを PH とする。このとき，△PHA は直角三角形である。平行線の錯角は等しいから

$\angle PAH = 39^\circ$

ゆえに

$PH = AH\tan 39^\circ = 200 \cdot 0.81 = 162$ (m)

教 p.129

問9　右の図（省略）のように，高さ 291 cm の壁にはしごを立て掛ける。
安全上，はしごと地面とのなす角が 75°，はしごの上端の突出部分が 60 cm になるようにする。このとき，はしごの長さを求めよ。
ただし，$\sin 75^\circ = 0.97$ とする。

解答　はしごと地面が接している点を A，壁の高さを BC とする。
このとき，△ABC は直角三角形である。
$BC = AB\sin 75^\circ$ であるから

$$AB = \frac{BC}{\sin 75^\circ} = \frac{291}{0.97} = 300 \text{ (cm)}$$

よって，はしごの長さは

$AB + 60 = 300 + 60 = 360$ (cm)

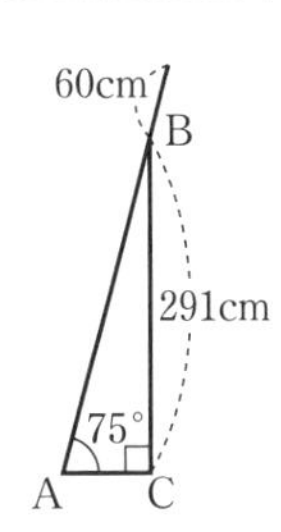

2 三角比の相互関係

三角比の相互関係(1) …… **解き方のポイント**

$$\tan A = \frac{\sin A}{\cos A}, \quad \sin^2 A + \cos^2 A = 1$$

教 p.130

問 10 A が鋭角で，$\sin A = \dfrac{1}{3}$ であるとき，$\cos A$，$\tan A$ の値を求めよ。

解答 $\sin^2 A + \cos^2 A = 1$ であるから

$$\cos^2 A = 1 - \sin^2 A = 1 - \left(\frac{1}{3}\right)^2 = \frac{8}{9}$$

$\cos A > 0$ であるから

$$\cos A = \sqrt{\frac{8}{9}} = \frac{2\sqrt{2}}{3}$$

また

$$\tan A = \frac{\sin A}{\cos A} = \frac{1}{3} \div \frac{2\sqrt{2}}{3} = \frac{1}{2\sqrt{2}} = \frac{\sqrt{2}}{4}$$

参考 右の図のように，$\sin A = \dfrac{1}{3}$ となるような直角三角形 ABC をかくと

$$AB = \sqrt{AC^2 - BC^2} = \sqrt{3^2 - 1^2} = 2\sqrt{2}$$

よって $\cos A = \dfrac{2\sqrt{2}}{3}$

$$\tan A = \frac{1}{2\sqrt{2}} = \frac{\sqrt{2}}{4}$$

三角比の相互関係(2) …… **解き方のポイント**

$$1 + \tan^2 A = \frac{1}{\cos^2 A}$$

教 p.131

問 11 A が鋭角で，$\tan A = \dfrac{1}{2}$ であるとき，$\cos A$，$\sin A$ の値を求めよ。

解答 $1+\tan^2 A=\dfrac{1}{\cos^2 A}$ であるから

$$\frac{1}{\cos^2 A}=1+\left(\frac{1}{2}\right)^2=\frac{5}{4}$$

よって　$\cos^2 A=\dfrac{4}{5}$

$\cos A>0$ であるから

$$\boldsymbol{\cos A}=\sqrt{\frac{4}{5}}=\boldsymbol{\frac{2\sqrt{5}}{5}}$$

また，$\tan A=\dfrac{\sin A}{\cos A}$ であるから

$$\boldsymbol{\sin A}=\tan A\cos A=\frac{1}{2}\cdot\frac{2\sqrt{5}}{5}=\boldsymbol{\frac{\sqrt{5}}{5}}$$

別解 $\tan A=\dfrac{\sin A}{\cos A}$ より

$$\sin A=\tan A\cos A=\frac{1}{2}\cos A \quad \cdots\cdots ①$$

① を $\sin^2 A+\cos^2 A=1$ に代入すると

$$\frac{1}{4}\cos^2 A+\cos^2 A=1 \qquad よって\quad \cos^2 A=\frac{4}{5}$$

$\cos A>0$ であるから　$\cos A=\sqrt{\dfrac{4}{5}}=\dfrac{2\sqrt{5}}{5}$

これを ① に代入して　$\sin A=\dfrac{1}{2}\cdot\dfrac{2\sqrt{5}}{5}=\dfrac{\sqrt{5}}{5}$

● 90° − A の三角比　　解き方のポイント

$$\boldsymbol{\sin(90^\circ-A)=\cos A}$$
$$\boldsymbol{\cos(90^\circ-A)=\sin A}$$
$$\boldsymbol{\tan(90^\circ-A)=\frac{1}{\tan A}}$$

教 p.132

問 12　次の三角比を 45° 以下の角の三角比で表せ。

(1)　$\sin 56^\circ$　　(2)　$\cos 87^\circ$　　(3)　$\tan 72^\circ$

解答 (1)　$\boldsymbol{\sin 56^\circ}=\sin(90^\circ-34^\circ)=\boldsymbol{\cos 34^\circ}$

(2)　$\boldsymbol{\cos 87^\circ}=\cos(90^\circ-3^\circ)=\boldsymbol{\sin 3^\circ}$

(3)　$\boldsymbol{\tan 72^\circ}=\tan(90^\circ-18^\circ)=\boldsymbol{\dfrac{1}{\tan 18^\circ}}$

問　題　　教 p.133

1　右の図を利用して，$\tan 15^\circ$ の値を求めよ。

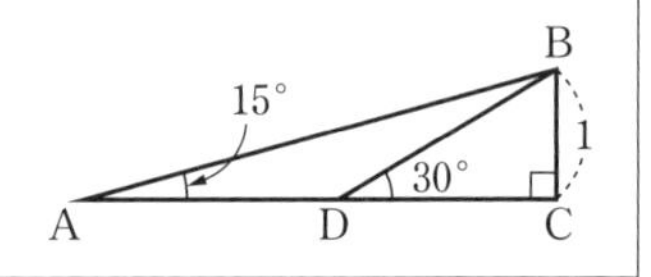

考え方　$\angle \mathrm{ABD} = 15^\circ$ であるから，$\triangle \mathrm{ABD}$ は二等辺三角形である。

したがって，$\mathrm{AD} = \mathrm{DB}$ であるから

$$\tan 15^\circ = \frac{\mathrm{BC}}{\mathrm{AC}} = \frac{\mathrm{BC}}{\mathrm{AD}+\mathrm{DC}} = \frac{\mathrm{BC}}{\mathrm{DB}+\mathrm{DC}}$$

解　答　直角三角形 DBC で，$\mathrm{BC} = 1$，$\angle \mathrm{BDC} = 30^\circ$ であるから

$$\mathrm{BD} = 2,\quad \mathrm{CD} = \sqrt{3}$$

三角形の外角は，それと隣り合わない 2 つの内角の和に等しいから

$$\angle \mathrm{ABD} = 30^\circ - 15^\circ = 15^\circ$$

したがって，$\triangle \mathrm{ABD}$ は $\mathrm{AD} = \mathrm{DB}$ の二等辺三角形であるから

$$\mathrm{AC} = \mathrm{AD} + \mathrm{DC} = \mathrm{DB} + \mathrm{DC} = 2 + \sqrt{3}$$

したがって

$$\tan 15^\circ = \frac{\mathrm{BC}}{\mathrm{AC}} = \frac{1}{2+\sqrt{3}} = \frac{2-\sqrt{3}}{(2+\sqrt{3})(2-\sqrt{3})} = 2-\sqrt{3}$$

2　地面に垂直に建つ塔がある。塔から離れた地点 A において塔の先端 B の仰角を測ると 45° であり，そこから塔に 268 m 近づいた地点 D での仰角は 60° である。このとき，塔の高さは約何 m か。

考え方　$\angle \mathrm{BAC} = 45^\circ$ より，$\triangle \mathrm{ABC}$ は $\angle \mathrm{C} = 90^\circ$ の直角二等辺三角形である。

解　答　$\mathrm{BC} = x$ m とする。

$\triangle \mathrm{ABC}$ は $\angle \mathrm{C} = 90^\circ$ の直角二等辺三角形であるから

$$\mathrm{AC} = \mathrm{BC} = x$$

したがって　$\mathrm{DC} = \mathrm{AC} - \mathrm{AD} = x - 268$

直角三角形 BDC において，$\angle \mathrm{BDC} = 60^\circ$ であるから

$$\mathrm{BC} = \mathrm{DC}\tan 60^\circ \quad すなわち \quad x = (x-268)\times\sqrt{3}$$

$(\sqrt{3}-1)x = 268\sqrt{3}$ であるから

$$x = \frac{268\sqrt{3}}{\sqrt{3}-1} = \frac{268\sqrt{3}(\sqrt{3}+1)}{(\sqrt{3}-1)(\sqrt{3}+1)} = 134(3+\sqrt{3})$$

$\sqrt{3} \fallingdotseq 1.732$ より

$$x \fallingdotseq 134(3+1.732) \fallingdotseq 634$$

したがって，塔の高さは　**約 634 m**

3 右の図の直角三角形 ABC において

$AB = c$

とおくとき，次の線分の長さを c と A の三角比を用いて表せ。

(1) BC　(2) CD　(3) DB

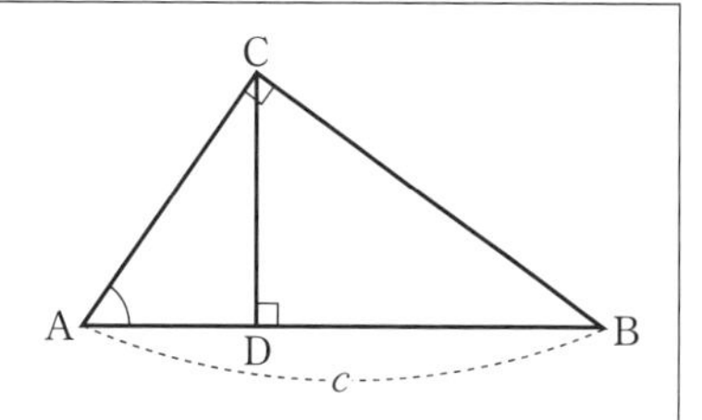

考え方 (1), (2) 直角三角形 ABC，ADC において三角比を利用する。

(3) $\angle BCD = 90° - \angle ACD = A$ であることに注意し，直角三角形 DBC において三角比を利用する。

解答 (1) 直角三角形 ABC において

$$BC = AB\sin A = \boldsymbol{c\sin A}$$

(2) 直角三角形 ADC において

$$CD = AC\sin A$$

ここで，直角三角形 ABC において，$AC = AB\cos A$ であるから

$$CD = AB\cos A\sin A = \boldsymbol{c\sin A\cos A}$$

(3) $\angle BCD = 90° - \angle ACD = A$ であるから，直角三角形 DBC において

$$DB = BC\sin A = c\sin A\sin A = \boldsymbol{c\sin^2 A}$$

4 A が鋭角で，$\cos A = \dfrac{5}{13}$ であるとき，次の値を求めよ。

(1) $\sin A$　(2) $\tan A$

(3) $\sin(90° - A)$　(4) $\cos(90° - A)$

考え方 (1) $\sin^2 A + \cos^2 A = 1$ を用いる。　(2) $\tan A = \dfrac{\sin A}{\cos A}$ を用いる。

(3) $\sin(90° - A) = \cos A$ を用いる。(4) $\cos(90° - A) = \sin A$ を用いる。

解答 (1) $\sin^2 A + \cos^2 A = 1$ であるから

$$\sin^2 A = 1 - \cos^2 A = 1 - \left(\frac{5}{13}\right)^2 = \frac{144}{169}$$

$\sin A > 0$ であるから　$\boldsymbol{\sin A} = \sqrt{\dfrac{144}{169}} = \boldsymbol{\dfrac{12}{13}}$

(2) $\boldsymbol{\tan A} = \dfrac{\sin A}{\cos A} = \dfrac{12}{13} \div \dfrac{5}{13} = \boldsymbol{\dfrac{12}{5}}$

(3) $\boldsymbol{\sin(90° - A)} = \cos A = \boldsymbol{\dfrac{5}{13}}$

(4) $\boldsymbol{\cos(90° - A)} = \sin A = \boldsymbol{\dfrac{12}{13}}$

別解 (2) $1+\tan^2 A=\dfrac{1}{\cos^2 A}$ であるから

$$\tan^2 A=\frac{1}{\cos^2 A}-1=1\div\left(\frac{5}{13}\right)^2-1=\frac{169}{25}-1=\frac{144}{25}$$

$\tan A>0$ であるから　$\tan A=\sqrt{\dfrac{144}{25}}=\dfrac{12}{5}$

---

5 △ABC の 3 つの角の大きさを A, B, C とする。このとき，次の等式が成り立つことを証明せよ。

(1) $\sin\dfrac{A+B}{2}=\cos\dfrac{C}{2}$　　　(2) $\tan\dfrac{A+B}{2}\tan\dfrac{C}{2}=1$

考え方 三角形の内角の和が 180° であることと，$90°-A$ の三角比の公式を用いる。

証明 三角形の内角の和は 180° であるから　$A+B+C=180°$

よって　$\dfrac{A+B}{2}=\dfrac{180°-C}{2}=90°-\dfrac{C}{2}$

(1) $\sin\dfrac{A+B}{2}=\sin\left(90°-\dfrac{C}{2}\right)$

$$=\cos\frac{C}{2}$$

(2) $\tan\dfrac{A+B}{2}\tan\dfrac{C}{2}=\tan\left(90°-\dfrac{C}{2}\right)\tan\dfrac{C}{2}$

$$=\frac{1}{\tan\frac{C}{2}}\cdot\tan\frac{C}{2}$$

$$=1$$

---

6 教科書 223 ページの三角比の表において，正弦の 0° から 45° までの値が分かれば，0° から 90° までの 1° ごとの角に対する正弦，余弦，正接の値をすべて求めることができる。これらの値を求める方法を説明せよ。ただし，計算によって生じる誤差は考えないこととする。

解答 0° から 45° までの正弦の値と，三角比の相互関係 $\sin^2 A+\cos^2 A=1$ から，
0° から 45° までの余弦の値が求められる。
次に，0° から 44° の余弦の値と，$\cos A=\sin(90°-A)$ の公式から，
46° から 90° までの正弦の値が求められる。
さらに，0° から 44° の正弦の値と，$\sin A=\cos(90°-A)$ の公式から，
46° から 90° までの余弦の値が求められる。
また，0° から 89° の正弦，余弦の値と，$\tan A=\dfrac{\sin A}{\cos A}$ の公式から，
0° から 89° までの正接の値が求められる。

活用 夏至と冬至の影の長さ［課題学習］ 教 p.134

考察1 右の図（省略）において，ビルの影の長さは，夏至と冬至の南中時に，それぞれ何 m になるだろうか。教科書 223 ページの三角比の表を用いて，四捨五入して小数第 1 位まで求めてみよう。

解 答 夏至と冬至の南中時のビルの影の長さをそれぞれ x m，y m とすると

$$x=\frac{11}{\tan 78^\circ}=\frac{11}{4.7046}\fallingdotseq 2.3381 \text{ (m)}$$

したがって

夏至の南中時のビルの影の長さは　**約 2.3 m**

また

$$y=\frac{11}{\tan 31^\circ}=\frac{11}{0.6009}\fallingdotseq 18.3059 \text{ (m)}$$

であるから

冬至の南中時のビルの影の長さは　**約 18.3 m**

考察2 この部屋の窓は，その下端が地上から 4 m の位置にあり，高さは 2 m である。夏至や冬至の南中時に，この部屋に太陽の光は届くだろうか。

解 答 考察 1 より夏至の南中時では，ビルの影の長さが 2.3 m で，アパートには影が届かないから

夏至の南中時，太陽の光は部屋に届く。

冬至の南中時では，ビルの影の長さが 18.3 m であるから，アパートに影がかかる。そこで，アパートに影が高さ h m までかかるとすると，三角形の相似を利用して

$11 : h = 18.3 : (18.3-10)$

したがって

$$h=\frac{11\times 8.3}{18.3}=\frac{91.3}{18.3}\fallingdotseq 4.9891$$

すなわち　$h \fallingdotseq 4.99$ (m)

11m
hm
10m
18.3m

したがって，冬至の南中時では，影がかかるのは

$4.99-4=0.99$ (m)

より，窓の下部 0.99 m までであるから

冬至の南中時，太陽の光は部屋に届く。

2節 三角比の拡張

1 三角比と座標

用語のまとめ

いろいろな角の三角比

- いろいろな角の三角比の値は，下の表のようになる。

θ	0°	30°	45°	60°	90°	120°	135°	150°	180°
$\sin\theta$	0	$\dfrac{1}{2}$	$\dfrac{1}{\sqrt{2}}$	$\dfrac{\sqrt{3}}{2}$	1	$\dfrac{\sqrt{3}}{2}$	$\dfrac{1}{\sqrt{2}}$	$\dfrac{1}{2}$	0
$\cos\theta$	1	$\dfrac{\sqrt{3}}{2}$	$\dfrac{1}{\sqrt{2}}$	$\dfrac{1}{2}$	0	$-\dfrac{1}{2}$	$-\dfrac{1}{\sqrt{2}}$	$-\dfrac{\sqrt{3}}{2}$	-1
$\tan\theta$	0	$\dfrac{1}{\sqrt{3}}$	1	$\sqrt{3}$	／	$-\sqrt{3}$	-1	$-\dfrac{1}{\sqrt{3}}$	0

単位円

- 原点を中心とする半径1の円を **単位円** という。

● 拡張した三角比 **解き方のポイント**

$0° \leqq \theta \leqq 180°$ の範囲にある角 θ に対する三角比を次のように定める。

$$\sin\theta = \frac{y}{r} \qquad \cos\theta = \frac{x}{r} \qquad \tan\theta = \frac{y}{x}$$

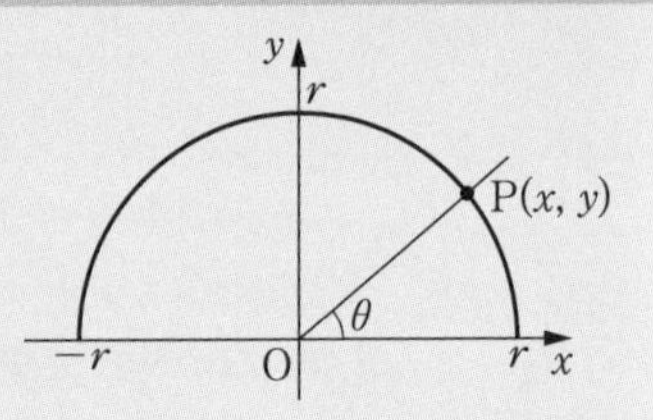

教 p.137

問1 次の図を用いて，135°，150° の三角比の値を求めよ。

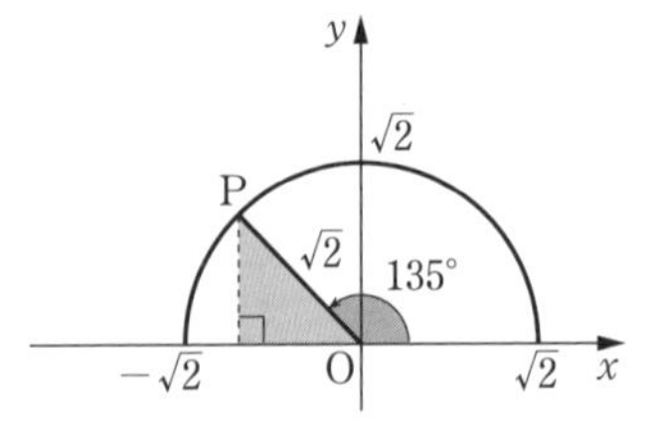

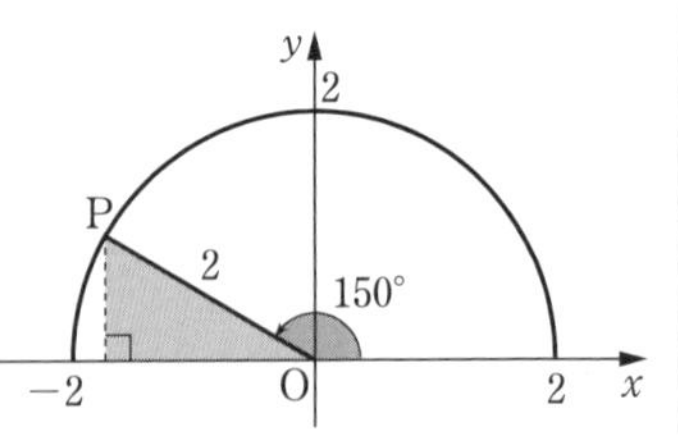

考え方 135°＝180°－45°，　150°＝180°－30° に着目し，右の図の直角三角形の辺の比から，点Pの座標を考えて求める。

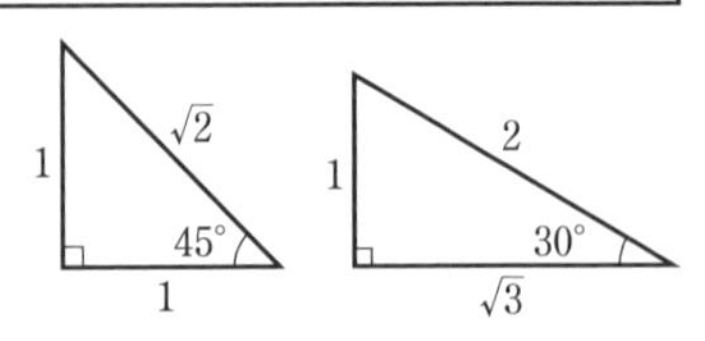

解答 半径 $\sqrt{2}$ の円において，$\theta=135^\circ$ とすると，P$(-1,\ 1)$ であるから

$$\sin 135^\circ=\frac{1}{\sqrt{2}},\ \cos 135^\circ=\frac{-1}{\sqrt{2}}=-\frac{1}{\sqrt{2}},\ \tan 135^\circ=\frac{1}{-1}=-1$$

半径 2 の円において，$\theta=150^\circ$ とすると，P$(-\sqrt{3},\ 1)$ であるから

$$\sin 150^\circ=\frac{1}{2},\ \cos 150^\circ=\frac{-\sqrt{3}}{2}=-\frac{\sqrt{3}}{2},\ \tan 150^\circ=\frac{1}{-\sqrt{3}}=-\frac{1}{\sqrt{3}}$$

単位円と三角比の定義 …… 解き方のポイント

単位円で考えると，角 θ を表す半径を OP，点 P の座標を $(x,\ y)$ とするとき，三角比の定義から

$$\sin\theta=y \qquad \cos\theta=x \qquad \tan\theta=\frac{y}{x}$$

である。

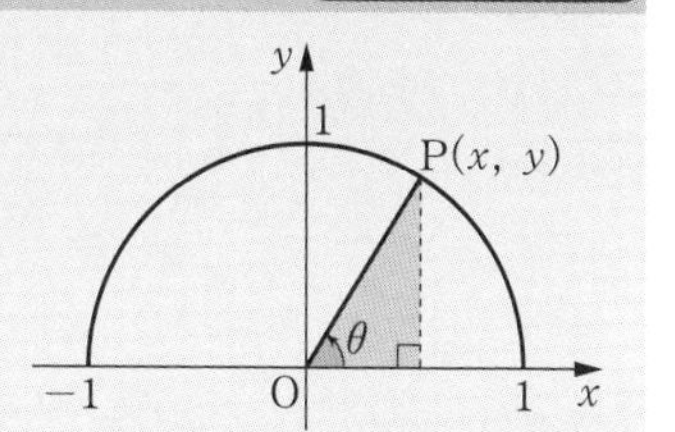

三角比の値の範囲 …… 解き方のポイント

$0^\circ \leqq \theta \leqq 180^\circ$ のとき

$$-1 \leqq \cos\theta \leqq 1, \qquad 0 \leqq \sin\theta \leqq 1$$

である。

$0^\circ \leqq \theta < 90^\circ$，$90^\circ < \theta \leqq 180^\circ$ のとき，$\tan\theta$ は**すべての実数値**をとる。

正弦，余弦を含む方程式 …… 解き方のポイント

$\sin\theta=a$ …単位円の周上で，y 座標が a となる点をとり，そのときの θ の値を求める。

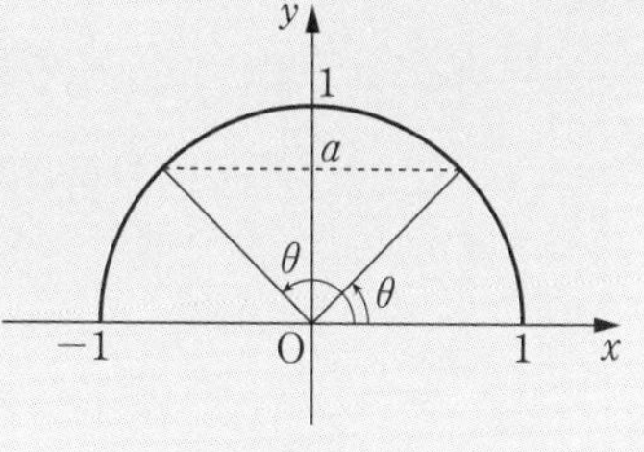

$\cos\theta=b$ …単位円の周上で，x 座標が b となる点をとり，そのときの θ の値を求める。

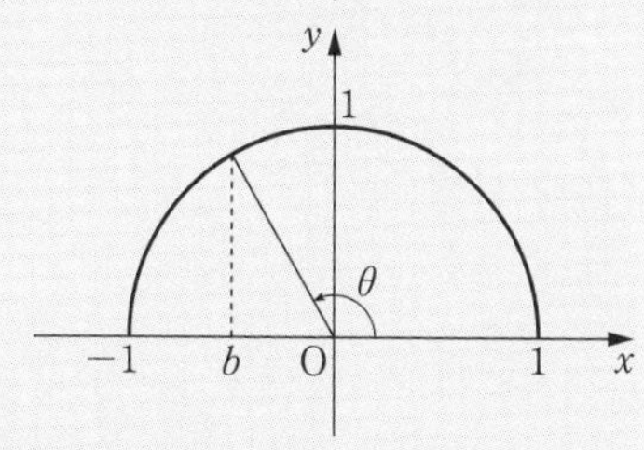

教 p.139

問2　次の等式を満たす角 θ を求めよ。ただし，$0^\circ \leqq \theta \leqq 180^\circ$ とする。

(1)　$\sin\theta = \dfrac{\sqrt{3}}{2}$

(2)　$\cos\theta = -1$

解　答　(1)　単位円の周上で，y 座標が $\dfrac{\sqrt{3}}{2}$ となる点は，右の図の2点P，P′ である。
求める角 θ は $\angle\mathrm{AOP}$，$\angle\mathrm{AOP'}$ であるから

$\theta = 60^\circ,\ 120^\circ$

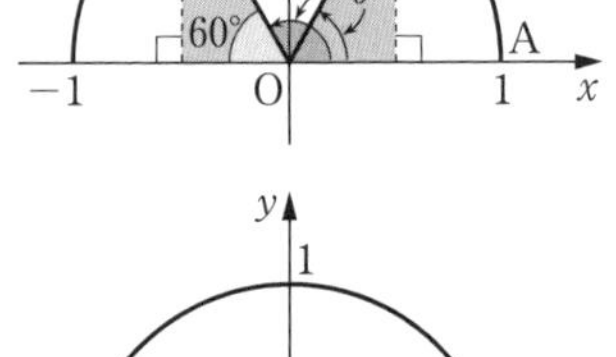

(2)　単位円の周上で，x 座標が -1 となる点は，右の図の点Pである。
求める角 θ は $\angle\mathrm{AOP}$ であるから

$\theta = 180^\circ$

教 p.139

問3　$0^\circ \leqq \theta \leqq 180^\circ$ のとき，$2\cos\theta - 1 = 0$ を満たす角 θ を求めよ。

考え方　$\cos\theta$ について解き，θ の値を求める。

解　答　$2\cos\theta - 1 = 0$ より　$\cos\theta = \dfrac{1}{2}$

単位円の周上で，x 座標が $\dfrac{1}{2}$ となる点は，右の図の点Pである。
求める角 θ は $\angle\mathrm{AOP}$ であるから

$\theta = 60^\circ$

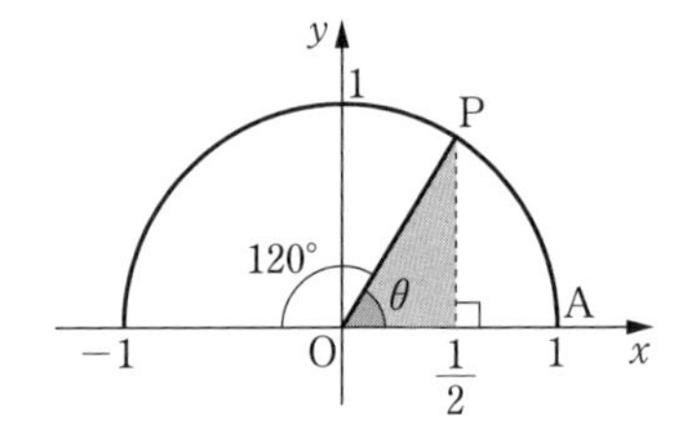

正接を含む方程式　　解き方のポイント

$\tan\theta = c$…直線 $x=1$ 上に点 T(1, c) をとり，直線 OT と単位円の交点を P とする。
このとき，∠AOP が求める θ である。

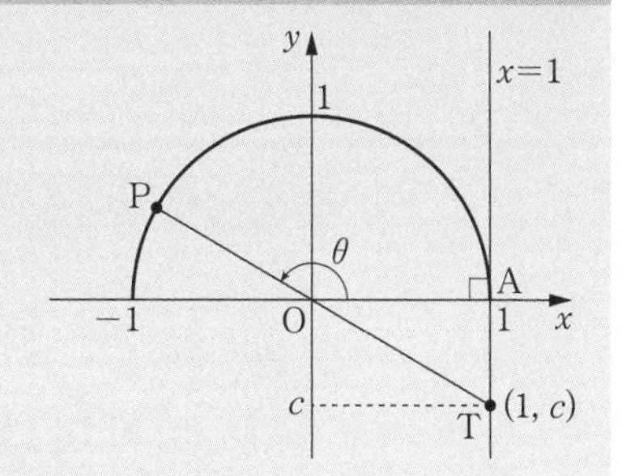

教 p.140

問 4　次の等式を満たす角 θ を求めよ。ただし，$0^\circ \leqq \theta \leqq 180^\circ$ とする。

(1)　$\tan\theta = \sqrt{3}$　　　(2)　$\tan\theta = -1$

解答　(1)　直線 $x=1$ 上に
点 T$(1,\ \sqrt{3})$
をとる。
$0^\circ \leqq \theta \leqq 180^\circ$ であるから，直線 OT と単位円の交点Pを右の図のようにとると
$\theta = \angle\mathrm{AOP}$
である。
$\angle\mathrm{TOA} = 60^\circ$ であるから
$\theta = 60^\circ$

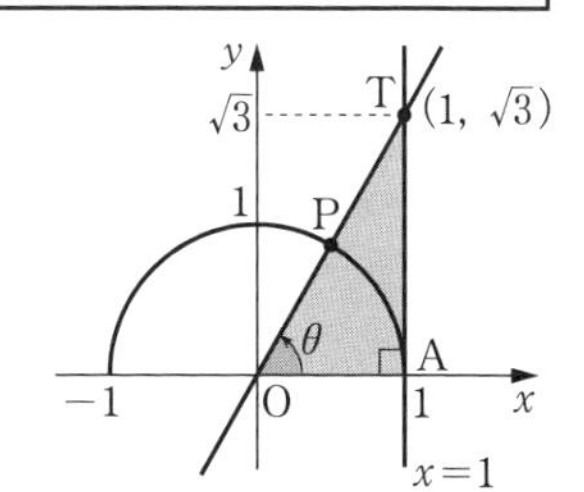

(2)　直線 $x=1$ 上に
点 T$(1,\ -1)$
をとる。
$0^\circ \leqq \theta \leqq 180^\circ$ であるから，直線 OT と単位円の交点Pを右の図のようにとると
$\theta = \angle\mathrm{AOP}$
である。
$\angle\mathrm{TOA} = 45^\circ$ であるから
$\theta = 180^\circ - 45^\circ = 135^\circ$

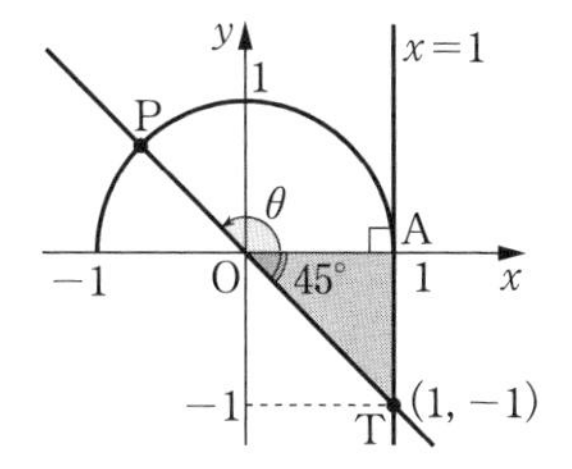

● 直線の傾きと正接　　解き方のポイント

直線 $y=mx$ が x 軸の正の向きとなす角を θ とすると，点 T$(1,\ m)$ は直線 $y=mx$ 上の点であるから

$\tan\theta = m$

となる。

すなわち，直線の傾きは，直線が x 軸の正の向きとなす角の正接の値に等しい。

この関係は，$\theta=0°$ のときにも成り立つ。

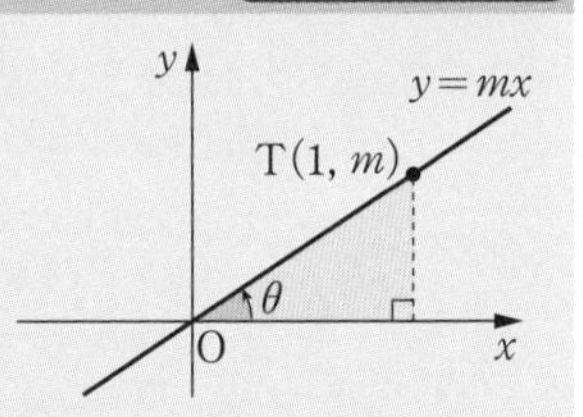

教 p.141

問5　x 軸の正の向きとなす角が $150°$ である直線の傾きを求めよ。

解答　$\tan 150° = -\dfrac{1}{\sqrt{3}}$ であるから，求める直線の傾きは　$-\dfrac{1}{\sqrt{3}}$

教 p.141

問6　次の直線が x 軸の正の向きとなす角を求めよ。

(1)　$y=-\sqrt{3}\,x$　　(2)　$y=x+2$

考え方　直線 $y=mx$ が x 軸の正の向きとなす角を θ とすると，$\tan\theta=m$ となる。

(2)　$y=mx$ と $y=mx+n$ のグラフは平行であるから，直線 $y=mx+n$ が x 軸の正の向きとなす角は，直線 $y=mx$ が x 軸の正の向きとなす角に等しい。

解答　(1)　直線 $y=-\sqrt{3}\,x$ が x 軸の正の向きとなす角を θ とすると

$\tan\theta=-\sqrt{3}$ であるから

$\theta=120°$

(2)　直線 $y=x+2$ が x 軸の正の向きとなす角を θ とすると，θ は直線 $y=x$ が x 軸の正の向きとなす角に等しいから

$\tan\theta=1$ より　　$\theta=45°$

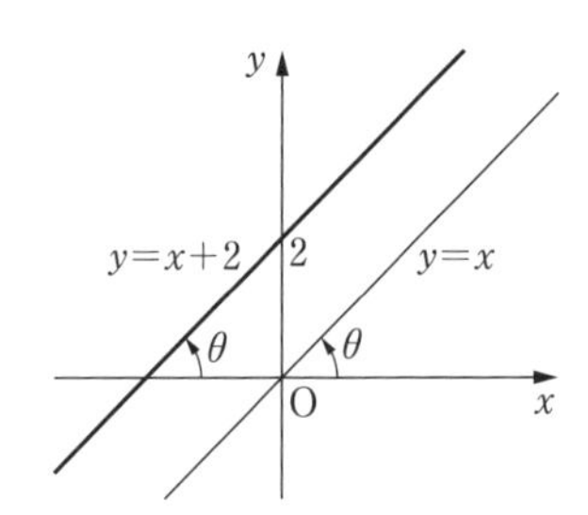

2 拡張した三角比の相互関係

三角比の相互関係(1) ……… 解き方のポイント

$$\tan\theta=\frac{\sin\theta}{\cos\theta},\qquad \sin^2\theta+\cos^2\theta=1$$

教 p.143

問7 $0^\circ \leqq \theta \leqq 180^\circ$ のとき，次の値を求めよ。

(1) $\sin\theta=\dfrac{5}{13}$ のとき，$\cos\theta$，$\tan\theta$

(2) $\cos\theta=-\dfrac{1}{4}$ のとき，$\sin\theta$，$\tan\theta$

考え方 $0^\circ \leqq \theta \leqq 180^\circ$ のとき，$\cos\theta$ の値は θ が鋭角と鈍角のときで符号が異なるから，場合を分けて考える。

解答 (1) $\cos^2\theta=1-\sin^2\theta=1-\left(\dfrac{5}{13}\right)^2=\dfrac{144}{169}$

(i) θ が鋭角のとき，$\cos\theta>0$ であるから

$$\cos\theta=\sqrt{\frac{144}{169}}=\frac{12}{13}$$

$$\tan\theta=\frac{\sin\theta}{\cos\theta}=\frac{5}{13}\div\frac{12}{13}=\frac{5}{12}$$

(ii) θ が鈍角のとき，$\cos\theta<0$ であるから

$$\cos\theta=-\sqrt{\frac{144}{169}}=-\frac{12}{13}$$

$$\tan\theta=\frac{\sin\theta}{\cos\theta}=\frac{5}{13}\div\left(-\frac{12}{13}\right)=-\frac{5}{12}$$

(i)，(ii) より

$$\cos\theta=\frac{12}{13},\ \tan\theta=\frac{5}{12}\quad\text{または}\quad\cos\theta=-\frac{12}{13},\ \tan\theta=-\frac{5}{12}$$

(2) $\sin^2\theta=1-\cos^2\theta=1-\left(-\dfrac{1}{4}\right)^2=\dfrac{15}{16}$

$0^\circ \leqq \theta \leqq 180^\circ$ のとき，$\sin\theta \geqq 0$ であるから

$$\sin\theta=\sqrt{\frac{15}{16}}=\frac{\sqrt{15}}{4}$$

$$\tan\theta=\frac{\sin\theta}{\cos\theta}=\frac{\sqrt{15}}{4}\div\left(-\frac{1}{4}\right)=-\sqrt{15}$$

したがって　$\sin\theta=\dfrac{\sqrt{15}}{4}$，$\tan\theta=-\sqrt{15}$

三角形の相互関係(2) 解き方のポイント

$$1+\tan^2\theta=\frac{1}{\cos^2\theta}$$

教 p.143

問 8 $\tan\theta=-\frac{1}{3}$ のとき，$\sin\theta$，$\cos\theta$ の値を求めよ。

ただし，$0^\circ \leqq \theta \leqq 180^\circ$ とする。

考え方 $\cos\theta$ $\frac{1}{\cos^2\theta}=1+\tan^2\theta$ を利用して求める。

$\sin\theta$ $\sin\theta=\tan\theta\cos\theta$ を利用して求める。

解答 $\frac{1}{\cos^2\theta}=1+\tan^2\theta=1+\left(-\frac{1}{3}\right)^2=\frac{10}{9}$ より

$\cos^2\theta=\frac{9}{10}$

$\tan\theta<0$ より，θ は鈍角であるから $\cos\theta<0$

よって $\cos\theta=-\sqrt{\frac{9}{10}}=-\frac{3\sqrt{10}}{10}$

また $\sin\theta=\tan\theta\cos\theta=\left(-\frac{1}{3}\right)\cdot\left(-\frac{3\sqrt{10}}{10}\right)=\frac{\sqrt{10}}{10}$

180° − θ の三角比 解き方のポイント

$$\sin(180^\circ-\theta)=\sin\theta$$
$$\cos(180^\circ-\theta)=-\cos\theta$$
$$\tan(180^\circ-\theta)=-\tan\theta$$

教 p.144

問 9 三角比の表から，次の値を求めよ。

(1) $\sin 140^\circ$ (2) $\cos 118^\circ$ (3) $\tan 163^\circ$

考え方 $180^\circ-\theta$ の三角比の公式を利用して鋭角の三角比に直し，教科書 p.223 の三角比の表から求める。

解答 (1) $\sin 140^\circ=\sin(180^\circ-40^\circ)=\sin 40^\circ=0.6428$

(2) $\cos 118^\circ=\cos(180^\circ-62^\circ)=-\cos 62^\circ=-0.4695$

(3) $\tan 163^\circ=\tan(180^\circ-17^\circ)=-\tan 17^\circ=-0.3057$

問　題　　教 p.145

7　$0° \leqq \theta \leqq 180°$ のとき，$2\cos^2\theta - 1 = 0$ を満たす角 θ を求めよ。

考え方　θ が鋭角の場合と鈍角の場合に分けて $\cos\theta$ の値を求め，単位円を利用して角 θ を求める。

解　答　$2\cos^2\theta - 1 = 0$ より　$\cos^2\theta = \dfrac{1}{2}$

(i)　θ が鋭角のとき，$\cos\theta > 0$ であるから

$$\cos\theta = \sqrt{\frac{1}{2}} = \frac{1}{\sqrt{2}}$$

(ii)　θ が鈍角のとき，$\cos\theta < 0$ であるから

$$\cos\theta = -\sqrt{\frac{1}{2}} = -\frac{1}{\sqrt{2}}$$

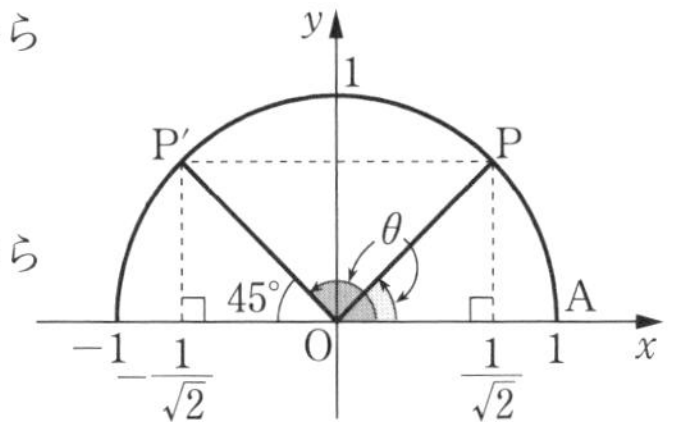

単位円の周上で，x 座標が $\dfrac{1}{\sqrt{2}}$，$-\dfrac{1}{\sqrt{2}}$ となる点は，右の図の 2 点 P，P′ である。

求める角 θ は ∠AOP，∠AOP′ であるから

$\theta = 45°$ **または** $\theta = 135°$

8　2 直線

$$y = \sqrt{3}\,x$$
$$y = -x$$

のなす角 θ を求めよ。

ただし，$0° \leqq \theta \leqq 90°$ とする。

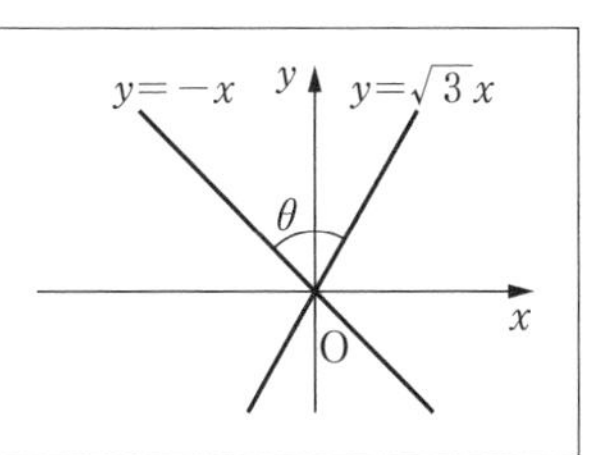

考え方　2 直線が x 軸の正の向きとなす角をそれぞれ求め，その差を求める。

解　答　直線 $y = \sqrt{3}\,x$ が x 軸の正の向きとなす角を θ_1 $(0° \leqq \theta_1 < 180°)$ とすると

$$\tan\theta_1 = \sqrt{3}$$

よって　　$\theta_1 = 60°$

直線 $y = -x$ が x 軸の正の向きとなす角を θ_2 $(0° \leqq \theta_2 < 180°)$ とすると

$$\tan\theta_2 = -1$$

よって　　$\theta_2 = 135°$

したがって，2 直線 $y = \sqrt{3}\,x$，$y = -x$ のなす角 θ は

$$\theta = \theta_2 - \theta_1 = 135° - 60° = 75°$$

9 $0^\circ \leqq \theta \leqq 180^\circ$ のとき，次の値を求めよ。

(1) $\sin\theta = \dfrac{3}{4}$ のとき，$\cos\theta$，$\tan\theta$

(2) $\tan\theta = -\dfrac{2}{\sqrt{5}}$ のとき，$\sin\theta$，$\cos\theta$

考え方 三角比の相互関係を用いる。

$$\sin^2\theta + \cos^2\theta = 1,\quad \tan\theta = \frac{\sin\theta}{\cos\theta},\quad 1 + \tan^2\theta = \frac{1}{\cos^2\theta}$$

θ が鋭角であるか鈍角であるかによって，三角比の符号を考える。

解答 (1) $\cos^2\theta = 1 - \sin^2\theta = 1 - \left(\dfrac{3}{4}\right)^2 = \dfrac{7}{16}$

(i) θ が鋭角のとき，$\cos\theta > 0$ であるから

$$\cos\theta = \sqrt{\frac{7}{16}} = \frac{\sqrt{7}}{4}$$

$$\tan\theta = \frac{\sin\theta}{\cos\theta} = \frac{3}{4} \div \frac{\sqrt{7}}{4} = \frac{3}{\sqrt{7}} = \frac{3\sqrt{7}}{7}$$

(ii) θ が鈍角のとき，$\cos\theta < 0$ であるから

$$\cos\theta = -\sqrt{\frac{7}{16}} = -\frac{\sqrt{7}}{4}$$

$$\tan\theta = \frac{\sin\theta}{\cos\theta} = \frac{3}{4} \div \left(-\frac{\sqrt{7}}{4}\right) = -\frac{3}{\sqrt{7}} = -\frac{3\sqrt{7}}{7}$$

(i)，(ii) より

$$\boldsymbol{\cos\theta = \frac{\sqrt{7}}{4},\quad \tan\theta = \frac{3\sqrt{7}}{7}}$$

または $\boldsymbol{\cos\theta = -\dfrac{\sqrt{7}}{4},\quad \tan\theta = -\dfrac{3\sqrt{7}}{7}}$

(2) $$\frac{1}{\cos^2\theta} = 1 + \tan^2\theta = 1 + \left(-\frac{2}{\sqrt{5}}\right)^2 = \frac{9}{5}$$

であるから $\cos^2\theta = \dfrac{5}{9}$

$\tan\theta < 0$ より，θ は鈍角であるから $\cos\theta < 0$

したがって

$$\boldsymbol{\cos\theta = -\sqrt{\frac{5}{9}} = -\frac{\sqrt{5}}{3}}$$

$$\boldsymbol{\sin\theta} = \tan\theta\cos\theta = \left(-\frac{2}{\sqrt{5}}\right)\cdot\left(-\frac{\sqrt{5}}{3}\right) = \boldsymbol{\frac{2}{3}}$$

10 等式 $1+\dfrac{1}{\tan^2\theta}=\dfrac{1}{\sin^2\theta}$ が成り立つことを証明せよ。

考え方 $\tan\theta=\dfrac{\sin\theta}{\cos\theta}$ を用いる。

証明 $\sin^2\theta+\cos^2\theta=1$ の両辺を $\sin^2\theta$ で割ると

$$\frac{\sin^2\theta+\cos^2\theta}{\sin^2\theta}=\frac{1}{\sin^2\theta}$$

左辺を計算すると

$$\frac{\sin^2\theta+\cos^2\theta}{\sin^2\theta}=1+\frac{\cos^2\theta}{\sin^2\theta}=1+\frac{1}{\dfrac{\sin^2\theta}{\cos^2\theta}}=1+\frac{1}{\tan^2\theta}$$

したがって　$1+\dfrac{1}{\tan^2\theta}=\dfrac{1}{\sin^2\theta}$

別解 $\tan\theta=\dfrac{\sin\theta}{\cos\theta}$ であるから

$$\frac{1}{\tan\theta}=\frac{\cos\theta}{\sin\theta}$$

したがって

$$1+\frac{1}{\tan^2\theta}=1+\frac{\cos^2\theta}{\sin^2\theta}=\frac{\sin^2\theta+\cos^2\theta}{\sin^2\theta}=\frac{1}{\sin^2\theta}$$

11 $\sin 36^\circ=0.588$，$\cos 36^\circ=0.809$，$\tan 36^\circ=0.727$ を用いて，次の三角比の値を求めよ。

(1) $\sin 144^\circ$　(2) $\cos 144^\circ$　(3) $\tan 144^\circ$
(4) $\sin 126^\circ$　(5) $\cos 126^\circ$

考え方 $180^\circ-\theta$ の三角比の公式，$90^\circ-\theta$ の三角比の公式を用いる。

$144^\circ=180^\circ-36^\circ$

$126^\circ=180^\circ-54^\circ=180^\circ-(90^\circ-36^\circ)$

である。

解答

(1) $\mathbf{\sin 144^\circ}=\sin(180^\circ-36^\circ)=\sin 36^\circ=\mathbf{0.588}$

(2) $\mathbf{\cos 144^\circ}=\cos(180^\circ-36^\circ)=-\cos 36^\circ=\mathbf{-0.809}$

(3) $\mathbf{\tan 144^\circ}=\tan(180^\circ-36^\circ)=-\tan 36^\circ=\mathbf{-0.727}$

(4) $\mathbf{\sin 126^\circ}=\sin(180^\circ-54^\circ)=\sin 54^\circ$
$=\sin(90^\circ-36^\circ)=\cos 36^\circ=\mathbf{0.809}$

(5) $\mathbf{\cos 126^\circ}=\cos(180^\circ-54^\circ)=-\cos 54^\circ$
$=-\cos(90^\circ-36^\circ)=-\sin 36^\circ=\mathbf{-0.588}$

12 (1) 鈍角を，直角と鋭角を組み合わせた角として考える。すなわち，
$90^\circ \leqq \alpha \leqq 180^\circ$，$0^\circ \leqq \beta \leqq 90^\circ$
について
$$\alpha = 90^\circ + \beta$$
であるとき，$\sin\alpha$ と $\cos\alpha$ を，β の三角比を用いて表せ。

(2) (1)の結果を用いて，$0^\circ \leqq \theta \leqq 90^\circ$ のとき，$\sin(\theta+90^\circ)$，$\cos(\theta+90^\circ)$，$\tan(\theta+90^\circ)$ を，θ の三角比を用いて表せ。

解答 (1)
$$\sin\alpha = \sin(90^\circ+\beta) = \sin\{180^\circ-(90^\circ-\beta)\} = \sin(90^\circ-\beta)$$
また
$$\cos\alpha = \cos(90^\circ+\beta) = \cos\{180^\circ-(90^\circ-\beta)\} = -\cos(90^\circ-\beta)$$
ここで，$0^\circ \leqq \beta \leqq 90^\circ$ より $0^\circ \leqq 90^\circ-\beta \leqq 90^\circ$ であるから
$$\boldsymbol{\sin\alpha} = \sin(90^\circ-\beta) = \boldsymbol{\cos\beta}$$
$$\boldsymbol{\cos\alpha} = -\cos(90^\circ-\beta) = \boldsymbol{-\sin\beta}$$

(2) (1)の結果より $\beta=\theta$ とおくと
$$\alpha = \theta + 90^\circ$$
$0^\circ \leqq \theta \leqq 90^\circ$ であるから
$$\boldsymbol{\sin(\theta+90^\circ) = \cos\theta}$$
$$\boldsymbol{\cos(\theta+90^\circ) = -\sin\theta}$$
また
$$\boldsymbol{\tan(\theta+90^\circ)} = \frac{\sin(\theta+90^\circ)}{\cos(\theta+90^\circ)} = \frac{\cos\theta}{-\sin\theta} = \frac{1}{-\dfrac{\sin\theta}{\cos\theta}} = \boldsymbol{-\frac{1}{\tan\theta}}$$
ただし，$\theta \neq 0^\circ$，90°

3節　三角形への応用

1　正弦定理

用語のまとめ

外接円

- 三角形の 3 つの頂点を通る円はただ 1 つ定まる。これを，その三角形の **外接円** という。

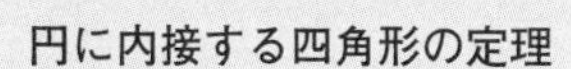

円周角の定理　解き方のポイント

円周角の定理

- 1 つの弧に対する円周角の大きさは一定であり，その弧に対する中心角の半分である。
- 特に，半円の弧に対する円周角の大きさは 90° である。

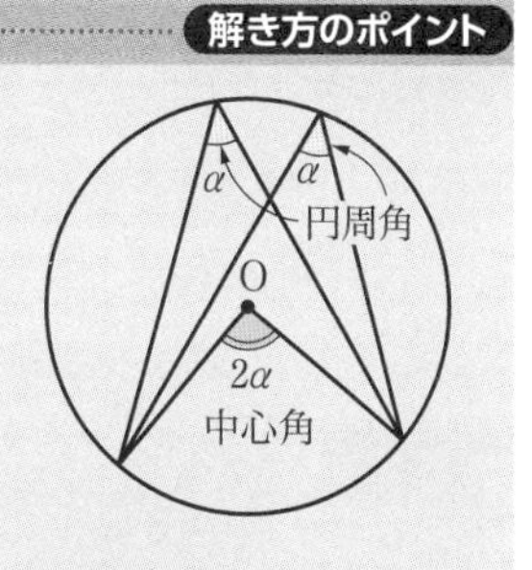

円に内接する四角形の定理

- 円に内接する四角形の対角の和は 180° である。

教 p.147

問 1　右の図（解答の図参照）の △ABC において，その外接円の半径 R を求めよ。

考え方　頂点 B を通る直径を引き，円に内接する四角形をつくる。

解　答　頂点 B を通る直径 BA′ を引く。

∠A′CB は半円の弧に対する円周角であるから

$\angle \mathrm{A'CB} = 90°$

また，四角形 ABA′C は円に内接するから

対角の和が 180° となる。したがって

$\angle \mathrm{BA'C} = 180° - 135° = 45°$

$\mathrm{BA'} \sin A' = \mathrm{BC}$ であるから

$2R \sin 45° = 2$

したがって

$$R = \frac{2}{2\sin 45°} = \sqrt{2}$$

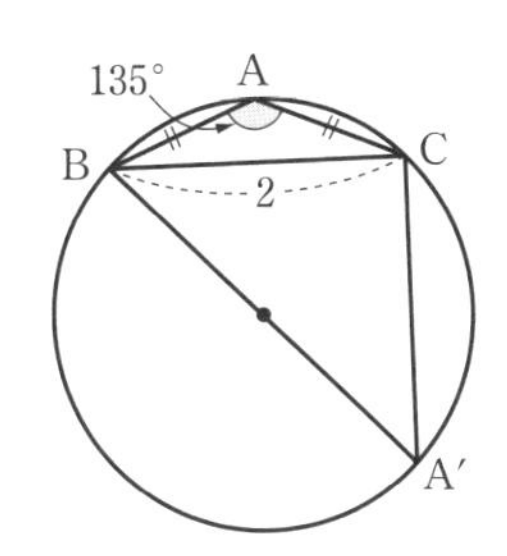

正弦定理　　解き方のポイント

△ABC の外接円の半径を R とすると，次の **正弦定理** が成り立つ。

$$\frac{a}{\sin A}=\frac{b}{\sin B}=\frac{c}{\sin C}=2R$$

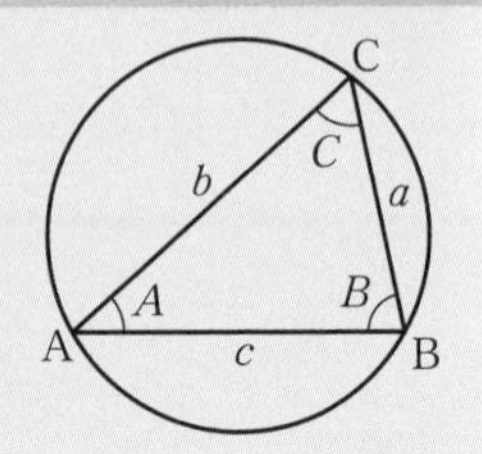

教 p.149

問 2　△ABC において，$b=4$，$B=30^\circ$ のとき，その外接円の半径 R を求めよ。

解　答　正弦定理により

$$2R=\frac{4}{\sin 30^\circ}=8$$

したがって　　$R=4$

教 p.149

問 3　△ABC の外接円の半径を R とする。$A=135^\circ$，$R=4$ のとき，a を求めよ。

解　答　正弦定理により，$\dfrac{a}{\sin A}=2R$ であるから

$$a=2R\sin A=2\cdot4\sin 135^\circ=2\cdot4\cdot\frac{1}{\sqrt{2}}=4\sqrt{2}$$

教 p.149

問 4　△ABC において，$a=10$，$A=120^\circ$，$C=15^\circ$ のとき，b を求めよ。

解　答　$B=180^\circ-(120^\circ+15^\circ)=45^\circ$

正弦定理により，$\dfrac{a}{\sin A}=\dfrac{b}{\sin B}$ であるから

$$\frac{10}{\sin 120^\circ}=\frac{b}{\sin 45^\circ}$$

ゆえに

$$b=\frac{10\sin 45^\circ}{\sin 120^\circ}=10\cdot\frac{1}{\sqrt{2}}\div\frac{\sqrt{3}}{2}=\frac{10\sqrt{6}}{3}$$

2 余弦定理

用語のまとめ

鋭角三角形・鈍角三角形

- すべての角が鋭角である三角形を **鋭角三角形** といい，ある角が鈍角である三角形を **鈍角三角形** という。

教 p.150

問 5 △ABC において，$b=3$, $c=6$, $A=120^\circ$ のとき，a を求めよ。

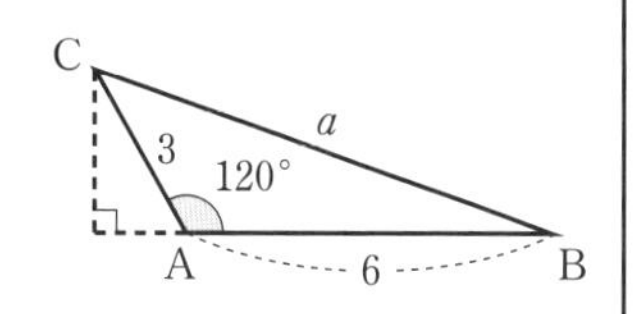

考え方 直角三角形をつくり，三平方の定理を利用する。

解答 頂点 C から辺 AB の延長上に垂線を下ろし，辺 BC を斜辺とする直角三角形をつくる。

垂線と AB の延長の交点を H とすると

$$\mathrm{CH}=3\sin(180^\circ-120^\circ)=3\sin 60^\circ=\frac{3\sqrt{3}}{2}$$

$$\mathrm{BH}=\mathrm{BA}+\mathrm{AH}=6+3\cos(180^\circ-120^\circ)$$

$$=6+3\cos 60^\circ=\frac{15}{2}$$

直角三角形 BCH において，三平方の定理により

$$a^2=\left(\frac{15}{2}\right)^2+\left(\frac{3\sqrt{3}}{2}\right)^2=\frac{252}{4}=63$$

したがって，$a>0$ より

$$a=\sqrt{63}=3\sqrt{7}$$

三平方の定理

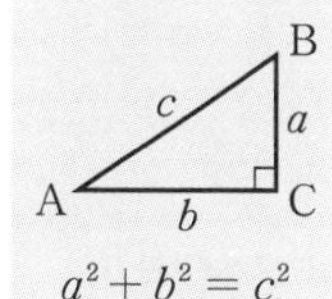

$a^2+b^2=c^2$

● **余弦定理(1)** ……… **解き方のポイント**

△ABC の 3 辺の長さと 1 つの角の大きさの間に，次の **余弦定理** が成り立つ。

$$a^2=b^2+c^2-2bc\cos A$$
$$b^2=c^2+a^2-2ca\cos B$$
$$c^2=a^2+b^2-2ab\cos C$$

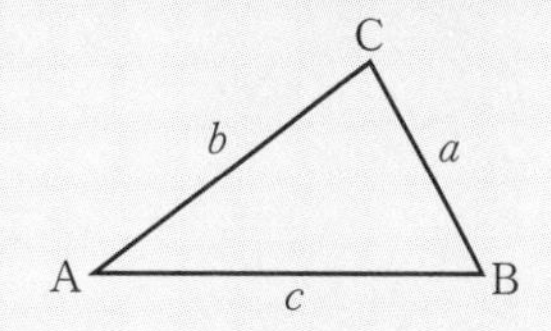

教 p.152

問6　△ABC において，$a=1$，$b=\sqrt{3}$，$C=150^\circ$ のとき，c を求めよ。

解答　余弦定理により

$$\begin{aligned} c^2 &= a^2+b^2-2ab\cos C \\ &= 1^2+(\sqrt{3})^2-2\cdot 1\cdot\sqrt{3}\cos 150^\circ \\ &= 1+3-2\sqrt{3}\cdot\left(-\frac{\sqrt{3}}{2}\right) \\ &= 7 \end{aligned}$$

$c>0$ より　$\boldsymbol{c=\sqrt{7}}$

教 p.152

問7　△ABC において，$a=\sqrt{7}$，$b=1$，$A=120^\circ$ のとき，c を求めよ。

考え方　余弦定理を用いて，c についての2次方程式をつくる。

解答　余弦定理により，$a^2=b^2+c^2-2bc\cos A$ であるから

$$(\sqrt{7})^2=1^2+c^2-2\cdot 1\cdot c\cos 120^\circ \quad \longleftarrow \cos 120^\circ=-\frac{1}{2}$$

よって　$7=1+c^2+c$

したがって　$c^2+c-6=0$

$(c+3)(c-2)=0$

ゆえに　$c=-3,\ 2$

$c>0$ より　$\boldsymbol{c=2}$

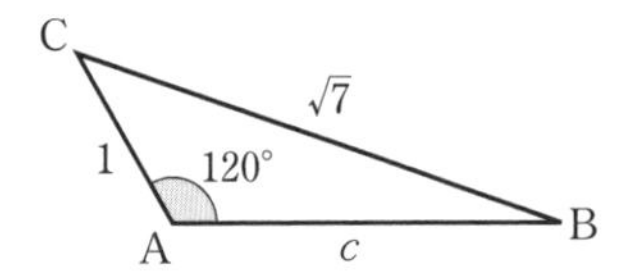

● **余弦定理(2)** ……………… **解き方のポイント**

$$\cos A=\frac{b^2+c^2-a^2}{2bc},\quad \cos B=\frac{c^2+a^2-b^2}{2ca},\quad \cos C=\frac{a^2+b^2-c^2}{2ab}$$

教 p.152

問8　△ABC において，$a=5$，$b=8$，$c=7$ のとき，C を求めよ。

解答　余弦定理により

$$\begin{aligned} \cos C &= \frac{a^2+b^2-c^2}{2ab}=\frac{5^2+8^2-7^2}{2\cdot 5\cdot 8} \\ &= \frac{25+64-49}{80}=\frac{1}{2} \end{aligned}$$

ゆえに　$\boldsymbol{C=60^\circ}$

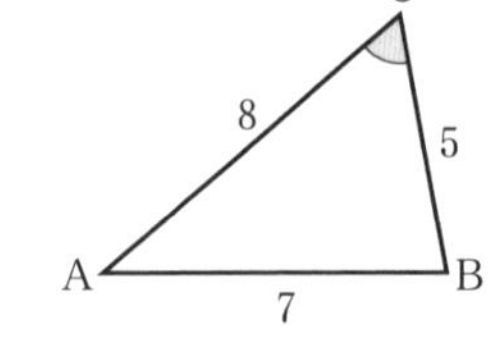

三角形の辺と角の大きさ　解き方のポイント

$a^2 < b^2 + c^2 \iff A < 90°$（$A$ は鋭角）

$a^2 = b^2 + c^2 \iff A = 90°$（$A$ は直角）

$a^2 > b^2 + c^2 \iff A > 90°$（$A$ は鈍角）

三角形において，角の大小と対辺の大小は一致する。特に，最大辺の対角が最大角である。

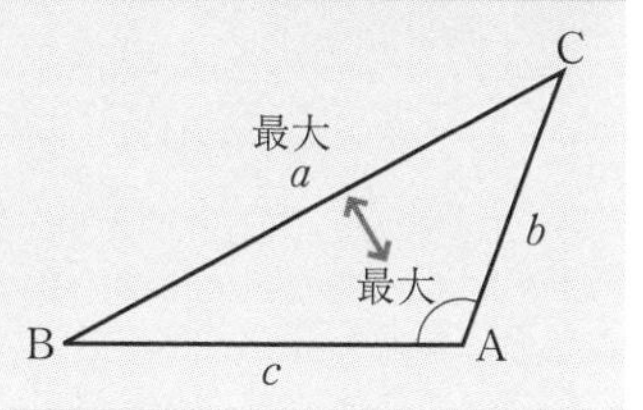

教 p.153

問 9　次の △ABC において，A は鋭角，直角，鈍角のいずれであるか。

(1)　$a = 11$，$b = 8$，$c = 7$　　(2)　$a = 7$，$b = 5$，$c = 6$

考え方　a^2 と $b^2 + c^2$ の大小を比べる。

解答　(1)　$a^2 = 11^2 = 121$，$b^2 + c^2 = 8^2 + 7^2 = 113$ であるから

$a^2 > b^2 + c^2$

したがって，$A > 90°$ となり **A は鈍角である。**

(2)　$a^2 = 7^2 = 49$，$b^2 + c^2 = 5^2 + 6^2 = 61$ であるから

$a^2 < b^2 + c^2$

したがって，$A < 90°$ となり **A は鋭角である。**

教 p.153

問 10　$a = 4$，$b = 8$，$c = 9$ のとき，△ABC は鋭角三角形，直角三角形，鈍角三角形のいずれであるか。

考え方　角の大小と対辺の大小は一致する。最大角に対して，問 9 同様に考える。

解答　最大辺が c であるから，その対角 C が最大角である。

$c^2 = 9^2 = 81$，$a^2 + b^2 = 4^2 + 8^2 = 16 + 64 = 80$

よって　　$c^2 > a^2 + b^2$

したがって　　$C > 90°$

最大角 C が鈍角であるから，**△ABC は鈍角三角形である。**

教 p.154

問11 $\triangle ABC$ において

$$a=2\sqrt{3},\ c=\sqrt{6}+\sqrt{2},\ B=45^\circ$$

のとき，b，A，C を求めよ。

考え方 余弦定理を用いて，辺の長さ，角の大きさを求める。

解答 余弦定理により

$$\begin{aligned} b^2 &= c^2+a^2-2ca\cos B \\ &= (\sqrt{6}+\sqrt{2})^2+(2\sqrt{3})^2-2\cdot(\sqrt{6}+\sqrt{2})\cdot 2\sqrt{3}\cos 45^\circ \\ &= 8+4\sqrt{3}+12-4\sqrt{3}(\sqrt{6}+\sqrt{2})\cdot\frac{1}{\sqrt{2}} \\ &= 20+4\sqrt{3}-4\sqrt{3}(\sqrt{3}+1) \\ &= 8 \end{aligned}$$

$b>0$ より　$b=2\sqrt{2}$

A
$\sqrt{6}+\sqrt{2}$
b
45°
B
C
$2\sqrt{3}$

余弦定理により

$$\begin{aligned} \cos A &= \frac{b^2+c^2-a^2}{2bc} \\ &= \frac{(2\sqrt{2})^2+(\sqrt{6}+\sqrt{2})^2-(2\sqrt{3})^2}{2\cdot 2\sqrt{2}(\sqrt{6}+\sqrt{2})} \\ &= \frac{8+(6+2\sqrt{12}+2)-12}{4\sqrt{12}+8} \\ &= \frac{4+2\sqrt{12}}{8+4\sqrt{12}} \\ &= \frac{1}{2} \end{aligned}$$

$$\frac{4+2\sqrt{12}}{8+4\sqrt{12}}=\frac{4+2\sqrt{12}}{2(4+2\sqrt{12})}$$

ゆえに　　$\cos A=\dfrac{1}{2}$

よって　　　$A=60^\circ$

三角形の内角の和は 180° であるから　　$C=180^\circ-(60^\circ+45^\circ)=75^\circ$

したがって　　$\boldsymbol{b=2\sqrt{2}}$，$\boldsymbol{A=60^\circ}$，$\boldsymbol{C=75^\circ}$

別解 正弦定理 $\dfrac{a}{\sin A}=\dfrac{b}{\sin B}$ により

$$\sin A=\frac{a\sin B}{b}=\frac{2\sqrt{3}\sin 45^\circ}{2\sqrt{2}}=\frac{\sqrt{3}}{\sqrt{2}}\cdot\frac{1}{\sqrt{2}}=\frac{\sqrt{3}}{2}$$

$2\sqrt{3}<\sqrt{6}+\sqrt{2}$ より，BC は最大辺でないから，A は最大角でない。

よって，A は鋭角であるから　$A=60^\circ$

したがって　　$C=180^\circ-(60^\circ+45^\circ)=75^\circ$

発展　三角形の形状　教 p.155

教 p.155

問 1　△ABC において，次の等式が成り立つとき，この三角形はどのような形の三角形か。

(1)　$a\sin A = b\sin B$　　(2)　$a\cos A + b\cos B = c\cos C$

考え方　(1)　正弦定理を用いて，辺の間に成り立つ関係を求める。

(2)　余弦定理を用いて，辺の間に成り立つ関係を求める。

解 答　(1)　△ABC の外接円の半径を R とすると，正弦定理により

$$\sin A = \frac{a}{2R},\ \sin B = \frac{b}{2R}$$

これらを与えられた等式に代入すると

$$a\cdot\frac{a}{2R} = b\cdot\frac{b}{2R}$$

両辺に $2R$ を掛けると　$a^2 = b^2$

よって　　$(a+b)(a-b) = 0$

ここで，$a>0$，$b>0$ より，$a+b>0$ であるから

$a-b=0$　　ゆえに　$a=b$

したがって，**△ABC は BC ＝ AC の二等辺三角形である。**

(2)　余弦定理により

$$\cos A = \frac{b^2+c^2-a^2}{2bc},\ \cos B = \frac{c^2+a^2-b^2}{2ca},\ \cos C = \frac{a^2+b^2-c^2}{2ab}$$

これらを与えられた等式に代入すると

$$a\cdot\frac{b^2+c^2-a^2}{2bc} + b\cdot\frac{c^2+a^2-b^2}{2ca} = c\cdot\frac{a^2+b^2-c^2}{2ab}$$

両辺に $2abc$ を掛けると

$$a^2(b^2+c^2-a^2) + b^2(c^2+a^2-b^2) = c^2(a^2+b^2-c^2)$$

$$-a^4+2a^2b^2-b^4 = -c^4$$

$$c^4-(a^4-2a^2b^2+b^4) = 0$$

$$c^4-(a^2-b^2)^2 = 0$$

$$\{c^2-(a^2-b^2)\}\{c^2+(a^2-b^2)\} = 0$$

$$(c^2-a^2+b^2)(c^2+a^2-b^2) = 0$$

よって　$a^2=b^2+c^2$　または　$b^2=a^2+c^2$　← 三平方の定理が成り立っている

したがって

△ABC は $A=90°$ の直角三角形 または $B=90°$ の直角三角形である。

3 | 三角形の面積

用語のまとめ

内接円

- 三角形の3辺すべてに接する円はただ1つ存在する。これをその三角形の**内接円**という。

三角形の面積 ……………… **解き方のポイント**

△ABCの面積をSとすると，次の公式が成り立つ。

$$S=\frac{1}{2}bc\sin A=\frac{1}{2}ca\sin B=\frac{1}{2}ab\sin C$$

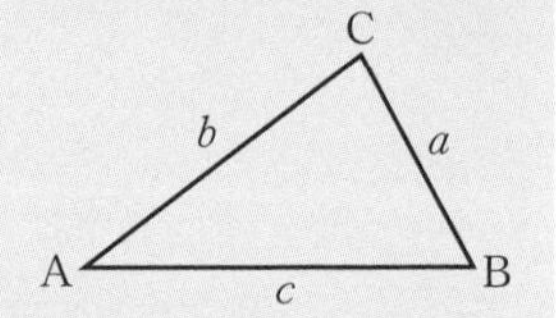

教 p.156

問12 次の△ABCの面積Sを求めよ。

(1) $b=2,\ c=5,\ A=60^\circ$ (2) $a=7,\ b=4,\ C=135^\circ$

解答 (1) $S=\frac{1}{2}bc\sin A=\frac{1}{2}\cdot2\cdot5\sin60^\circ=5\cdot\frac{\sqrt{3}}{2}=\frac{5\sqrt{3}}{2}$

(2) $S=\frac{1}{2}ab\sin C=\frac{1}{2}\cdot7\cdot4\sin135^\circ=14\cdot\frac{\sqrt{2}}{2}=7\sqrt{2}$

教 p.156

問13 $a=8,\ b=13,\ c=7$である△ABCの面積Sを求めよ。

考え方 3辺の長さが分かっているから，まず，余弦定理を用いて$\cos A$を求める。

解答 余弦定理により

$$\cos A=\frac{b^2+c^2-a^2}{2bc}=\frac{13^2+7^2-8^2}{2\cdot13\cdot7}=\frac{11}{13}$$

Aは三角形の内角で，$0^\circ<A<180^\circ$であるから $\sin A>0$

よって $\sin A=\sqrt{1-\cos^2 A}=\sqrt{1-\left(\frac{11}{13}\right)^2}=\frac{4\sqrt{3}}{13}$

ゆえに，三角形の面積の公式により

$$S=\frac{1}{2}bc\sin A=\frac{1}{2}\cdot13\cdot7\cdot\frac{4\sqrt{3}}{13}=14\sqrt{3}$$

別解 ヘロンの公式（教科書 p.163 を用いることもできる。）

教 p.157

問14 円に内接する四角形 ABCD において，$AB=5$，$BC=4$，$CD=4$，$\angle ABC=60^\circ$ とするとき，AD を求めよ。
また，四角形 ABCD の面積 S を求めよ。

考え方 四角形 ABCD の面積は，△ABC の面積と △ACD の面積の和である。△ABC に余弦定理を用いて AC を求める。AD は，円に内接する四角形の対角の和が 180° であることを利用し，△ACD に余弦定理を用いて求める。

解 答 対角線 AC を引き，△ABC に余弦定理を用いると

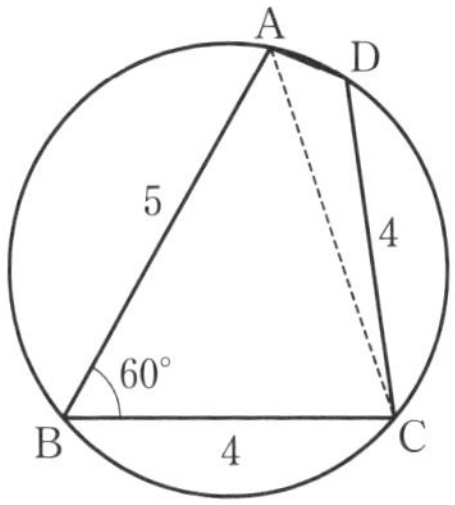

$$AC^2=5^2+4^2-2\cdot5\cdot4\cos60^\circ$$
$$=25+16-40\cdot\frac{1}{2}$$
$$=21$$

$AC>0$ より　$AC=\sqrt{21}$

四角形 ABCD は円に内接する四角形である。
したがって，対角の和は 180° であるから

$$\angle ADC=180^\circ-60^\circ=120^\circ$$

$AD=x$ として，△ACD に余弦定理を用いると

$$(\sqrt{21})^2=x^2+4^2-2\cdot x\cdot4\cos120^\circ$$
$$21=x^2+16-8x\cdot\left(-\frac{1}{2}\right)$$

すなわち　$x^2+4x-5=0$

$$(x-1)(x+5)=0$$

これを解いて　$x=1,\ -5$

$x>0$ より　**AD = 1**

四角形 ABCD の面積は △ABC の面積と △ACD の面積の和であるから

$$S=\triangle ABC+\triangle ACD$$
$$=\frac{1}{2}\cdot5\cdot4\sin60^\circ+\frac{1}{2}\cdot1\cdot4\sin120^\circ$$
$$=10\cdot\frac{\sqrt{3}}{2}+2\cdot\frac{\sqrt{3}}{2}$$
$$=5\sqrt{3}+\sqrt{3}$$
$$=6\sqrt{3}$$

● 三角形の内接円の半径と面積 …… 解き方のポイント

$\triangle$ABC の内接円の半径を r, $\triangle$ABC の面積を S とすると，次の式が成り立つ。

$$S=\frac{1}{2}r(a+b+c)$$

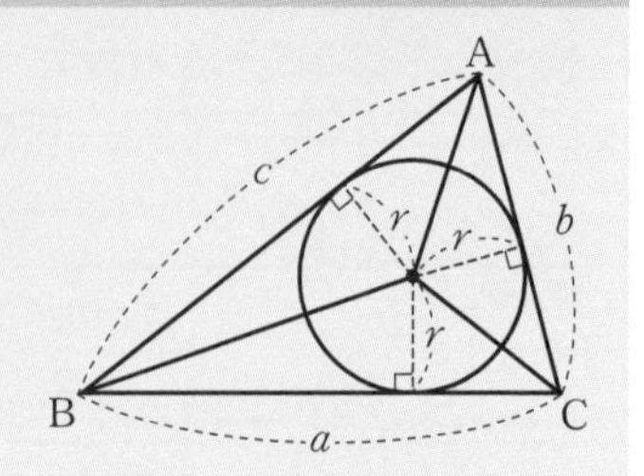

教 p.158

問 15 $a=7$, $b=6$, $c=5$ である $\triangle$ABC の内接円の半径 r を求めよ。

解 答 余弦定理により

$$\cos A=\frac{b^2+c^2-a^2}{2bc}=\frac{6^2+5^2-7^2}{2\cdot6\cdot5}=\frac{1}{5}$$

よって　$\sin A=\sqrt{1-\cos^2 A}=\sqrt{1-\left(\frac{1}{5}\right)^2}=\frac{2\sqrt{6}}{5}$

ゆえに，$\triangle$ABC の面積 S は

$$S=\frac{1}{2}bc\sin A=\frac{1}{2}\cdot6\cdot5\cdot\frac{2\sqrt{6}}{5}=6\sqrt{6}$$

$\triangle$ABC の内接円の半径が r であるから，$S=\frac{1}{2}r(a+b+c)$ より

$$6\sqrt{6}=\frac{1}{2}\cdot r\cdot(7+6+5)$$

したがって，求める半径 r は　$r=\frac{6\sqrt{6}}{9}=\frac{2\sqrt{6}}{3}$

4 | 空間図形の計量

教 p.159

問 16 右の図の直方体 ABCD−EFGH において

$\mathrm{AB}=3$, $\mathrm{BC}=6$, $\mathrm{BF}=2$

である。このとき，$\triangle$DEG の面積 S を求めよ。

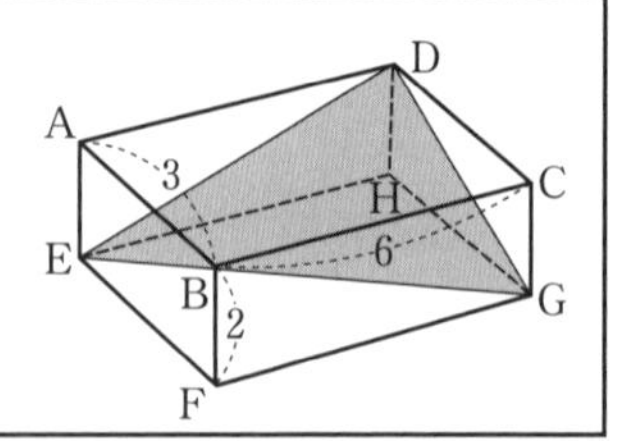

考え方 三平方の定理を用いて $\triangle$DEG の 3 辺の長さを求め，余弦定理と三角形の面積の公式を用いて，三角形の面積を求める。

解答 三平方の定理により，△DEG の 3 辺の長さは

$$DE=\sqrt{6^2+2^2}=\sqrt{40}=2\sqrt{10}$$

$$EG=\sqrt{3^2+6^2}=\sqrt{45}=3\sqrt{5}$$

$$GD=\sqrt{2^2+3^2}=\sqrt{13}$$

である。$\angle DEG=\theta$ とおくと，△DEG において，余弦定理により

$$\cos\theta=\frac{DE^2+EG^2-GD^2}{2\cdot DE\cdot EG}=\frac{40+45-13}{2\cdot 2\sqrt{10}\cdot 3\sqrt{5}}=\frac{3\sqrt{2}}{5}$$

よって　$\sin\theta=\sqrt{1-\cos^2\theta}=\sqrt{1-\left(\frac{3\sqrt{2}}{5}\right)^2}=\frac{\sqrt{7}}{5}$

ゆえに，求める面積 S は

$$S=\frac{1}{2}\cdot DE\cdot EG\sin\theta=\frac{1}{2}\cdot 2\sqrt{10}\cdot 3\sqrt{5}\cdot\frac{\sqrt{7}}{5}=3\sqrt{14}$$

教 p.160

問 17 例題 8 において，正四面体 ABCD の体積 V を a で表せ。

考え方 正四面体 ABCD で，△BCD を底面とすると，高さは AH である。

解答 △BCD を底面，高さを AH とすると，正四面体 ABCD の体積 V は

$$V=\frac{1}{3}\cdot\triangle BCD\cdot AH=\frac{1}{3}\cdot\left(\frac{1}{2}\cdot a\cdot a\sin 60^\circ\right)\cdot\frac{\sqrt{6}}{3}a$$

$$=\frac{1}{3}\cdot\frac{1}{2}\cdot a\cdot\frac{\sqrt{3}}{2}a\cdot\frac{\sqrt{6}}{3}a=\frac{\sqrt{2}}{12}a^3$$

別解 V は，三角錐 BAMD，CAMD の体積の和と考えられる。三角錐 BAMD，CAMD の底面は △AMD で，高さはそれぞれ BM，CM であるから

$$V=\frac{1}{3}\cdot\triangle AMD\cdot BM+\frac{1}{3}\cdot\triangle AMD\cdot CM$$

$$=\frac{1}{3}\cdot\triangle AMD\cdot(BM+CM)\quad\longleftarrow\ \triangle AMD=\frac{1}{2}\cdot DM\cdot AH$$

$$=\frac{1}{3}\cdot\left(\frac{1}{2}\cdot\frac{\sqrt{3}}{2}a\cdot\frac{\sqrt{6}}{3}a\right)\cdot a=\frac{1}{3}\cdot\frac{\sqrt{2}}{4}a^2\cdot a=\frac{\sqrt{2}}{12}a^3$$

AH が正四面体の高さを表すことは，「直線 l が，平面 α 上の交わる 2 直線 m，n に垂直ならば，$l\perp\alpha$ である」ことを利用して，次のように示すことができる。

$AM\perp BC$，$DM\perp BC$ より

　平面 $ADM\perp BC$

したがって　$AH\perp BC$

これと，$AH\perp DM$ より，

平面 $BCD\perp AH$ となり，AH は正四面体の高さを表す。

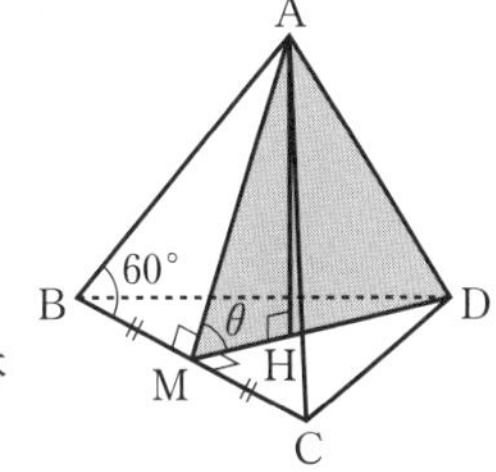

問　題　　教 p.161

13 △ABC において，AB = 4，AC = 3，$A = 60°$ とし，辺 BC の中点を M とする。このとき，次の値を求めよ。

(1) BC　　(2) $\cos B$

(3) AM

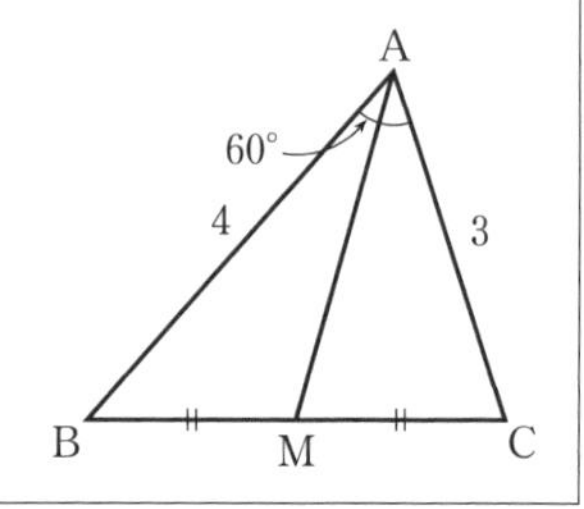

考え方 (1), (2) △ABC に余弦定理を用いる。

(3) BM の長さを求め，△ABM に余弦定理を用いる。

解　答 (1) △ABC において，余弦定理により

$$\mathrm{BC}^2 = 3^2 + 4^2 - 2\cdot 3\cdot 4\cos 60° = 9 + 16 - 24\cdot\frac{1}{2} = 13$$

BC > 0 より　$\mathbf{BC = \sqrt{13}}$

(2) △ABC において，余弦定理により

$$\cos B = \frac{4^2 + (\sqrt{13})^2 - 3^2}{2\cdot 4\cdot\sqrt{13}} = \frac{16 + 13 - 9}{8\sqrt{13}} = \frac{20}{8\sqrt{13}} = \frac{5\sqrt{13}}{26}$$

(3) 点 M は辺 BC の中点であるから　$\mathrm{BM} = \frac{1}{2}\mathrm{BC} = \frac{\sqrt{13}}{2}$

△ABM において，余弦定理により

$$\mathrm{AM}^2 = 4^2 + \left(\frac{\sqrt{13}}{2}\right)^2 - 2\cdot 4\cdot\frac{\sqrt{13}}{2}\cdot\frac{5\sqrt{13}}{26} = 16 + \frac{13}{4} - 10 = \frac{37}{4}$$

AM > 0 より　$\mathbf{AM = \frac{\sqrt{37}}{2}}$

14 △ABC において，その面積を S とするとき，次の問に答えよ。

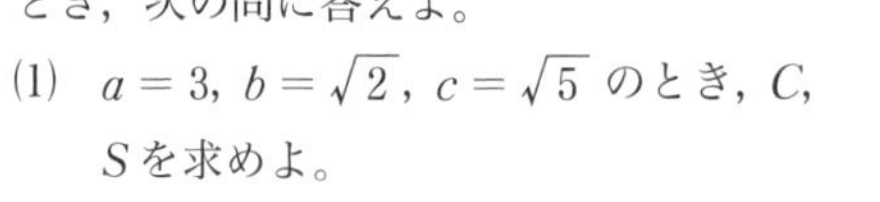

(1) $a = 3$, $b = \sqrt{2}$, $c = \sqrt{5}$ のとき，C，S を求めよ。

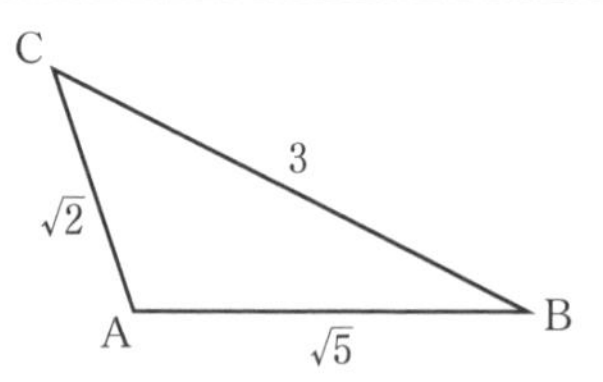

(2) $c = \sqrt{2}$, $b = 2$, $B = 135°$ のとき，C，a，S を求めよ。

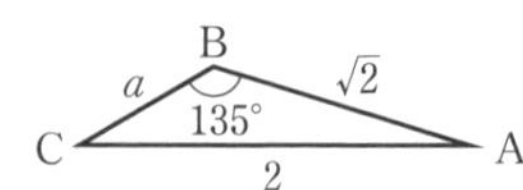

考え方 (1) 余弦定理，三角形の面積の公式を用いる。

(2) 正弦定理，余弦定理，三角形の面積の公式を用いる。

解　答 (1) 余弦定理により

$$\cos C=\frac{a^2+b^2-c^2}{2ab}=\frac{3^2+(\sqrt{2})^2-(\sqrt{5})^2}{2\cdot 3\cdot \sqrt{2}}=\frac{1}{\sqrt{2}}$$

したがって　$C=45°$

三角形の面積の公式により

$$S=\frac{1}{2}ab\sin C=\frac{1}{2}\cdot 3\cdot \sqrt{2}\sin 45°=\frac{3\sqrt{2}}{2}\cdot\frac{1}{\sqrt{2}}=\frac{3}{2}$$

(2)　正弦定理により $\dfrac{b}{\sin B}=\dfrac{c}{\sin C}$ であるから

$$\sin C=\frac{c\sin B}{b}=\frac{\sqrt{2}\sin 135°}{2}=\sqrt{2}\cdot\frac{1}{\sqrt{2}}\div 2=\frac{1}{2}$$

$B>90°$ より，$C<90°$ であるから　$C=30°$

余弦定理により $b^2=c^2+a^2-2ca\cos B$ であるから

$$2^2=(\sqrt{2})^2+a^2-2\cdot\sqrt{2}\cdot a\cos 135°$$

$$4=2+a^2-2\sqrt{2}\,a\cdot\left(-\frac{1}{\sqrt{2}}\right)$$

整理すると　$a^2+2a-2=0$

これを解くと　$a=-1\pm\sqrt{3}$　※

$a>0$ より　$a=\sqrt{3}-1$

$$S=\frac{1}{2}ca\sin B$$

$$=\frac{1}{2}\cdot\sqrt{2}\cdot(\sqrt{3}-1)\sin 135°=\frac{\sqrt{2}(\sqrt{3}-1)}{2}\cdot\frac{1}{\sqrt{2}}$$

$$=\frac{\sqrt{3}-1}{2}$$

※
$$a=\frac{-1\pm\sqrt{1^2-1\cdot(-2)}}{1}$$
$$=-1\pm\sqrt{3}$$

15　△ABC において，$\mathrm{AB}=\sqrt{3}$，$\mathrm{AC}=2$，$A=60°$ とし，∠A の二等分線と辺 BC との交点を D とする。このとき，次の問に答えよ。

(1)　△ABC の面積 S を求めよ。

(2)　AD を求めよ。

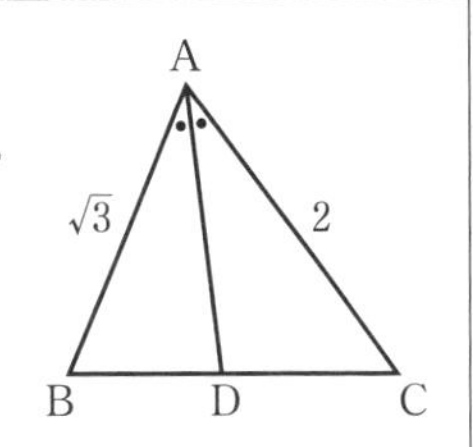

考え方　(2)　△ABC＝△ABD＋△ACD であることから AD を求める。

解　答　(1)　$S=\frac{1}{2}\cdot\mathrm{AB}\cdot\mathrm{AC}\sin A=\frac{1}{2}\cdot\sqrt{3}\cdot 2\sin 60°=\sqrt{3}\cdot\frac{\sqrt{3}}{2}=\frac{3}{2}$

(2)　△ABC＝△ABD＋△ACD である。

AD＝x として，三角形の面積の公式を用いると

$$S=\frac{1}{2}\cdot\mathrm{AB}\cdot\mathrm{AD}\sin\frac{A}{2}+\frac{1}{2}\cdot\mathrm{AC}\cdot\mathrm{AD}\sin\frac{A}{2}$$

$$\frac{1}{2}\cdot\sqrt{3}\cdot x\sin 30^\circ+\frac{1}{2}\cdot 2\cdot x\sin 30^\circ=\frac{\sqrt{3}}{4}x+\frac{1}{2}x$$

よって　$\dfrac{3}{2}=\dfrac{\sqrt{3}}{4}x+\dfrac{1}{2}x$

両辺に 4 を掛けて　$6=(2+\sqrt{3})x$

したがって　$x=\dfrac{6}{2+\sqrt{3}}=\dfrac{6(2-\sqrt{3})}{(2+\sqrt{3})(2-\sqrt{3})}=12-6\sqrt{3}$

ゆえに　$\mathbf{AD=12-6\sqrt{3}}$

16 1辺の長さが2の正方形ABCDを底面とし，4個の正三角形を側面とする正四角錐OABCDがある。辺OBの中点をM，$\angle \mathrm{AMC}=\theta$ とするとき，$\cos\theta$ の値を求めよ。

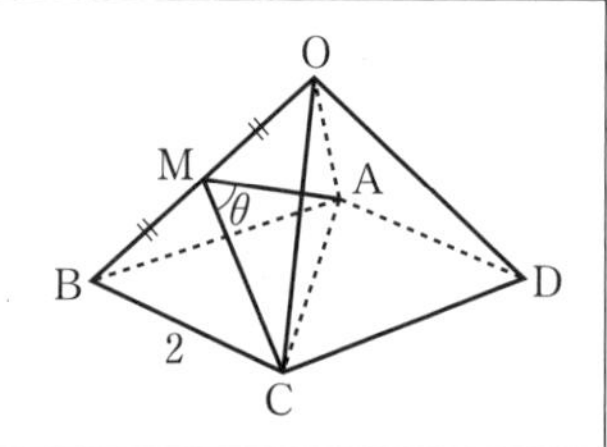

考え方　$\triangle$MAC の 3 辺，MA，MC，AC の長さを求め，余弦定理を用いて，$\cos\theta$ の値を求める。

解答　MA は正三角形 OAB の頂点 A からの中線であるから　$\angle \mathrm{AMB}=90^\circ$

よって，三平方の定理により　$\mathrm{MA}^2=\mathrm{AB}^2-\mathrm{BM}^2=2^2-1^2=3$

同様に　$\mathrm{MC}^2=3$

$\mathrm{MA}>0$，$\mathrm{MC}>0$ であるから　$\mathrm{MA}=\mathrm{MC}=\sqrt{3}$

AC は正方形 ABCD の対角線であるから　$\mathrm{AC}=2\sqrt{2}$

よって，$\triangle$AMC において，余弦定理により

$$\cos\theta=\frac{\mathrm{MA}^2+\mathrm{MC}^2-\mathrm{AC}^2}{2\cdot\mathrm{MA}\cdot\mathrm{MC}}=\frac{3+3-8}{2\cdot\sqrt{3}\cdot\sqrt{3}}=-\frac{1}{3}$$

17 三角形について，次の条件が与えられたとき，残りの辺の長さや角の大きさを求める方法を説明せよ。ただし，角の大きさが分かればその三角比の値が分かり，三角比の値が分かればその角の大きさが分かるとする。

(1)　3 辺の長さ

(2)　2 辺の長さとその間の角の大きさ

(3)　1 辺の長さとその両端の角の大きさ

解答　(1)　$\triangle$ABC の 3 辺の長さ a，b，c が与えられたとする。

余弦定理 $\cos A=\dfrac{b^2+c^2-a^2}{2bc}$ により，$\cos A$ の値を求める。同様にして，$\cos B$，$\cos C$ の値を求める。

したがって，三角比の値からその角の大きさを求めることができる。

(2)　△ABC の 2 辺の長さ a，b とその間の角の大きさ C が与えられたとする。

余弦定理 $c^2=a^2+b^2-2ab\cos C$ により，残りの辺の長さ c を求めることができる。3 辺の長さが求められたことから，(1) と同様にして，残りの角の大きさ A，B を求めることができる。

(3)　△ABC の 1 辺の長さ a とその両端の角の大きさ B，C が与えられたとする。

$A=180^\circ-(B+C)$ より，残りの角の大きさ A を求めることができる。

正弦定理 $\dfrac{b}{\sin B}=\dfrac{a}{\sin A}$，すなわち $b=\dfrac{\sin B}{\sin A}a$ により b，同様にして，$c=\dfrac{\sin C}{\sin A}a$ より c を，それぞれ求めることができる。

探究　2 辺とその間にない角が与えられた三角形［課題学習］ 教 p.162

考察 1　△ABC において，辺の長さや角の大きさが次のように与えられるとき，a の値として考えられるのはそれぞれ何通りあるだろうか。ただし，△ABC ができない場合は「0 通り」とする。

(1)　$b=3$，$c=3$，$B=60^\circ$ のとき

(2)　$b=2$，$c=3$，$B=60^\circ$ のとき

解答　(1)　余弦定理により，$b^2=c^2+a^2-2ca\cos B$ であるから

$$3^2=3^2+a^2-2\cdot3\cdot a\cos60^\circ$$

したがって

$$a^2-3a=0$$

$$a(a-3)=0$$

$a>0$ より　　$a=3$

したがって　　**1 通り**

(2)　△ABC ができると仮定すると，余弦定理により

$b^2=c^2+a^2-2ca\cos B$ であるから

$$2^2=3^2+a^2-2\cdot3\cdot a\cos60^\circ$$

整理すると　　$a^2-3a+5=0$　……①

2 次方程式 $a^2-3a+5=0$ の判別式を D とすると

$$D=(-3)^2-4\cdot1\cdot5=-11<0$$

したがって，① を満たす実数 a は存在しない。

すなわち，△ABC ができないから　　**0 通り**

別解 (1) △ABC は AB = AC より　$C = B = 60°$

よって　$A = 60°$

したがって，△ABC は正三角形となるから

$a = 3$

したがって　1 通り

> **考察 2**　△ABC において，$b = t$，$c = 3$，$B = 60°$ としたとき，a の値が 2 通りになるような t の値の範囲を求めてみよう。

解 答 t は辺の長さを表すから　$t > 0$　……①

余弦定理により

$$t^2 = 3^2 + a^2 - 2\cdot 3\cdot a\cos 60°$$

整理すると

$$a^2 - 3a + 9 - t^2 = 0$$

この a についての 2 次方程式の正の解の個数が，辺の長さ a として考えられる値の個数である。

したがって，求めるのは a の値が 2 通りになる場合であるから，$x = a$ として，x についての 2 次方程式

$$x^2 - 3x + 9 - t^2 = 0 \quad \cdots\cdots ②$$

が異なる 2 つの正の解をもつような t の値の範囲を求めればよい。

方程式 ② が異なる 2 つの正の解をもつための条件は，2 次関数

$y = x^2 - 3x + 9 - t^2$ のグラフが x 軸の正の部分と異なる 2 点で交わることである。このグラフは下に凸の放物線であるから，これは次の 3 つの条件が成り立つことと同値である。

[1]　x 軸と異なる 2 点で交わる

[2]　軸が $x > 0$ の部分にある

[3]　y 軸との交点の y 座標が正

すなわち

[1]　2 次方程式 ② の判別式を D とすると，$D > 0$ となるから

$$9 - 4(9 - t^2) > 0$$

$$4t^2 - 27 > 0$$

$$t^2 > \frac{27}{4}$$

したがって

$$t < -\frac{3\sqrt{3}}{2},\ \frac{3\sqrt{3}}{2} < t \quad \cdots\cdots ③$$

[2] $$y=\left(x-\frac{3}{2}\right)^2+\frac{27}{4}-t^2$$

と変形でき，軸は直線 $x=\frac{3}{2}$ であるから，t の値に関わらず軸は $x>0$ の部分にある。

[3] y 軸との交点の y 座標は $9-t^2$ であるから

$$9-t^2>0$$

$$t^2-9<0$$

$$(t+3)(t-3)<0$$

したがって　$-3<t<3$　……④

①，③，④ を同時に満たす t の値の範囲を求めると

$$\frac{3\sqrt{3}}{2}<t<3$$

したがって，$\frac{3\sqrt{3}}{2}<t<3$ のとき，a の値は2通りになる。

発展　ヘロンの公式　教 p.163

ヘロンの公式　解き方のポイント

△ABC の3辺の長さ a，b，c と面積 S の間に次のヘロンの公式が成り立つ。

$$S=\sqrt{s(s-a)(s-b)(s-c)}\quad ただし，s=\frac{a+b+c}{2}$$

教 p.163

問1　3辺の長さが5，6，9である三角形の面積 S を求めよ。

考え方　3辺の長さが与えられている三角形の面積を求めるには，ヘロンの公式を用いる。

解答　3辺の長さが5，6，9である三角形の面積 S は

ヘロンの公式により

$$s=\frac{5+6+9}{2}=10$$

であるから

$$S=\sqrt{10\cdot(10-5)\cdot(10-6)\cdot(10-9)}$$

$$=\sqrt{10\cdot5\cdot4\cdot1}$$

$$=10\sqrt{2}$$

練 習 問 題 A

教 p.164

1 鋭角三角形 ABC において

$$a = b\cos C + c\cos B$$

が成り立つことを証明せよ。

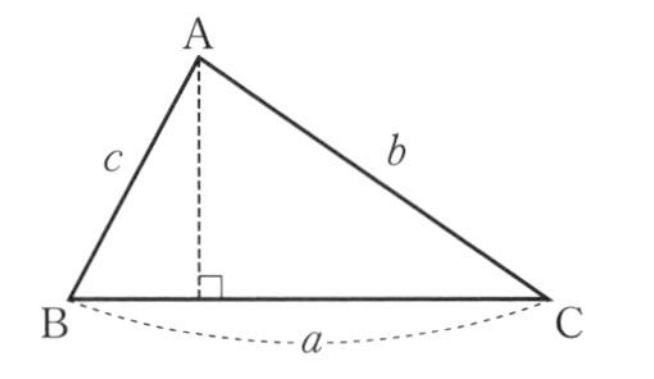

考え方 A から BC に垂線 AH を引くと，$a = \mathrm{BC} = \mathrm{CH} + \mathrm{BH}$ である。

証明 A から BC に垂線 AH を引くと，△ABC は鋭角三角形であることから，H は辺 BC 上にある。

$$\mathrm{CH} = \mathrm{AC}\cos C = b\cos C$$

$$\mathrm{BH} = \mathrm{AB}\cos B = c\cos B$$

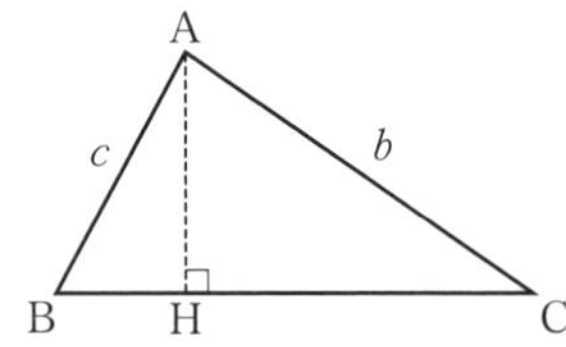

ゆえに　$a = \mathrm{BC} = \mathrm{CH} + \mathrm{BH}$

$$= b\cos C + c\cos B$$

別解 余弦定理により

$$\cos C = \frac{a^2+b^2-c^2}{2ab},\quad \cos B = \frac{c^2+a^2-b^2}{2ca}$$

等式の右辺にこれらを代入すると

$$b\cos C + c\cos B = b\cdot\frac{a^2+b^2-c^2}{2ab} + c\cdot\frac{c^2+a^2-b^2}{2ca} = \frac{2a^2}{2a} = a$$

2 △ABC の面積を S，外接円の半径を R とするとき

$$S = \frac{abc}{4R}$$

が成り立つことを，面積の公式と正弦定理を用いて証明せよ。

証明 正弦定理により，$\dfrac{c}{\sin C} = 2R$ であるから

$$\sin C = \frac{c}{2R}$$

これを面積の公式 $S = \dfrac{1}{2}ab\sin C$ に代入すると

$$S = \frac{1}{2}\cdot a\cdot b\cdot\frac{c}{2R} = \frac{abc}{4R}$$

3 半径 1 の円に内接する正十二角形の面積を求めよ。

考え方 正十二角形のとなり合う 2 つの頂点を A，B，外接円の中心を O とし，まず，△OAB の面積を求める。

解答 正十二角形のとなり合う2つの頂点をA，B，外接円の中心をOとすると

$\angle AOB = 360° \div 12 = 30°$

よって，三角形の面積の公式を用いると，求める正十二角形の面積は

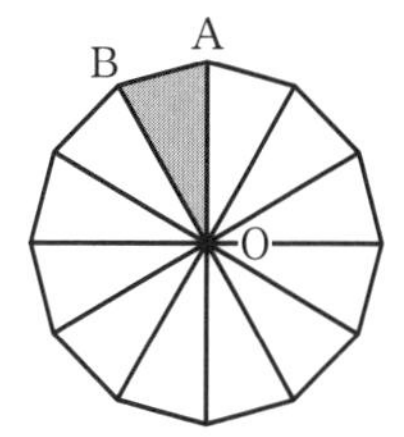

$$12 \times \triangle AOB = 12 \cdot \frac{1}{2} \cdot OA \cdot OB \sin 30°$$

$$= 12 \cdot \frac{1}{2} \cdot 1 \cdot 1 \cdot \frac{1}{2} = 3$$

4 円に内接する四角形ABCDにおいて

$AB = 3,\ BC = 4,\ CD = DA = 5$

である。

このとき，次の問に答えよ。

(1) 2つの角$\angle BAD$，$\angle BCD$に着目して，対角線BDおよび$\cos\angle BAD$の値を求めよ。

(2) 四角形ABCDの面積を求めよ。

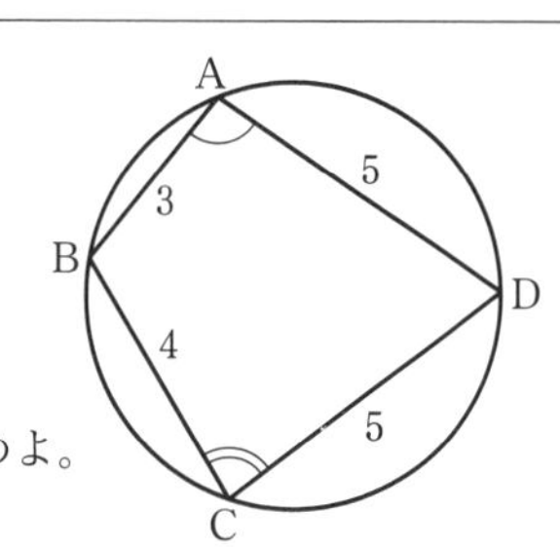

考え方 対角線BDを引くと，四角形ABCDは$\triangle ABD$と$\triangle CBD$に分けられる。

(1) 円に内接する四角形の対角の和は180°であることに着目する。

(2) 四角形ABCDの面積をSとすると，$S = \triangle ABD + \triangle CBD$である。

解答 対角線BDを引く。また，$\angle BAD$をθとおく。

(1) 四角形ABCDは円に内接するから

$\angle BCD = 180° - \theta$

よって　$\cos\angle BCD = \cos(180° - \theta) = -\cos\theta$

$BD = x$とし，$\triangle ABD$，$\triangle BCD$それぞれに余弦定理を用いると

$x^2 = 3^2 + 5^2 - 2 \cdot 3 \cdot 5 \cos\angle BAD = 34 - 30\cos\theta$ ……①

$x^2 = 4^2 + 5^2 - 2 \cdot 4 \cdot 5 \cos\angle BCD = 41 + 40\cos\theta$ ……②

①，②より　$34 - 30\cos\theta = 41 + 40\cos\theta$

これを解いて　$\cos\theta = -\frac{1}{10}$

$\cos\theta = -\frac{1}{10}$を①に代入して

$$x^2 = 34 - 30 \cdot \left(-\frac{1}{10}\right) = 34 + 3 = 37$$

$x > 0$より　$x = \sqrt{37}$

したがって　**$BD = \sqrt{37}$，$\cos\angle BAD = -\frac{1}{10}$**

(2) 四角形 ABCD の面積を S とすると

$$S=\triangle ABD+\triangle CBD$$
$$=\frac{1}{2}\cdot AB\cdot AD\sin\theta+\frac{1}{2}\cdot BC\cdot CD\sin(180^\circ-\theta)$$

$\sin\theta$ の値を求めると

$$\sin^2\theta=1-\cos^2\theta=1-\left(-\frac{1}{10}\right)^2=\frac{99}{100}$$

$0^\circ<\theta<180^\circ$ より，$\sin\theta>0$ であるから

$$\sin\theta=\sqrt{\frac{99}{100}}=\frac{3\sqrt{11}}{10}$$

また，$\sin(180^\circ-\theta)=\sin\theta$ より

$$S=\frac{1}{2}\cdot3\cdot5\cdot\frac{3\sqrt{11}}{10}+\frac{1}{2}\cdot4\cdot5\cdot\frac{3\sqrt{11}}{10}=\frac{9\sqrt{11}}{4}+3\sqrt{11}$$
$$=\mathbf{\frac{21\sqrt{11}}{4}}$$

5 1辺の長さが4の正四面体 ABCD の辺 AB 上に点 P，辺 AC 上に点 Q を

$AP=1$，$AQ=2$

となるようにとるとき，次の問に答えよ。

(1) △DPQ の辺 DP，PQ，QD を求めよ。

(2) $\angle PQD=\theta$ とするとき，$\cos\theta$ の値を求めよ。

(3) △DPQ の面積を求めよ。

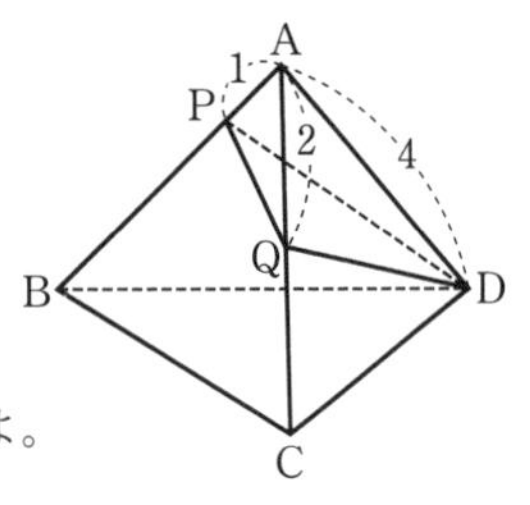

考え方 (1) △APD，△APQ，△AQD において，余弦定理を用いる。

(2) $\cos\theta=\dfrac{PQ^2+QD^2-DP^2}{2\cdot PQ\cdot QD}$ から求める。

(3) $\sin\theta=\sqrt{1-\cos^2\theta}$ である。

解 答 (1) △APD において，余弦定理により

$$DP^2=AP^2+AD^2-2\cdot AP\cdot AD\cos60^\circ$$
$$=1^2+4^2-2\cdot1\cdot4\cos60^\circ=1+16-8\cdot\frac{1}{2}=13$$

$DP>0$ より　$\mathbf{DP=\sqrt{13}}$

同様にして，△APQ，△AQD において，余弦定理により

$$PQ^2=AP^2+AQ^2-2\cdot AP\cdot AQ\cos60^\circ=1+4-2=3$$

$PQ>0$ より　$\mathbf{PQ=\sqrt{3}}$

$$QD^2=AD^2+AQ^2-2\cdot AD\cdot AQ\cos60^\circ=16+4-8=12$$

$QD>0$ より　$\mathbf{QD=2\sqrt{3}}$

(2) 余弦定理により

$$\cos\theta = \frac{PQ^2 + QD^2 - DP^2}{2\cdot PQ\cdot QD} = \frac{3+12-13}{2\cdot\sqrt{3}\cdot 2\sqrt{3}} = \frac{1}{6}$$

(3) $0^\circ < \theta < 180^\circ$ であるから　$\sin\theta > 0$

したがって

$$\sin\theta = \sqrt{1-\cos^2\theta} = \sqrt{1-\left(\frac{1}{6}\right)^2} = \frac{\sqrt{35}}{6}$$

したがって，求める面積は

$$\triangle DPQ = \frac{1}{2}\cdot PQ\cdot QD\sin\theta = \frac{1}{2}\cdot\sqrt{3}\cdot 2\sqrt{3}\cdot\frac{\sqrt{35}}{6} = \frac{\sqrt{35}}{2}$$

6 $\triangle ABC$ において，$\frac{\sin A}{5} = \frac{\sin B}{6} = \frac{\sin C}{7}$ が成り立つとする。
$\triangle ABC$ の最大角を θ とするとき，$\cos\theta$ の値を求めよ。

考え方 与えられた式を k とおいて，$\sin A$，$\sin B$，$\sin C$ を k で表し，正弦定理に代入して，3 つの辺 a，b，c を k で表す。

解　答 $\frac{\sin A}{5} = \frac{\sin B}{6} = \frac{\sin C}{7} = k$ とおくと

$\sin A = 5k$，$\sin B = 6k$，$\sin C = 7k$　……①

$\triangle ABC$ の外接円の半径を R とすると，正弦定理により

$$\frac{a}{\sin A} = \frac{b}{\sin B} = \frac{c}{\sin C} = 2R$$

であるから，これに①を代入すると

$$\frac{a}{5k} = \frac{b}{6k} = \frac{c}{7k} = 2R$$

すなわち

$a = 10kR$，$b = 12kR$，$c = 14kR$

したがって　$a < b < c$

c が最大辺であるから，最大角は C である。

したがって，余弦定理により

$$\cos\theta = \cos C = \frac{a^2+b^2-c^2}{2ab} = \frac{(10kR)^2+(12kR)^2-(14kR)^2}{2\cdot 10kR\cdot 12kR}$$

$$= \frac{100+144-196}{2\cdot 10\cdot 12} = \frac{48}{2\cdot 10\cdot 12} = \frac{1}{5}$$

練習問題 B

教 p.165

7 四角形ABCDの対角線の長さを右の図のようにl, mとし，そのなす角をθとする。このとき，四角形の面積Sは

$$S=\frac{1}{2}lm\sin\theta$$

と表されることを示せ。

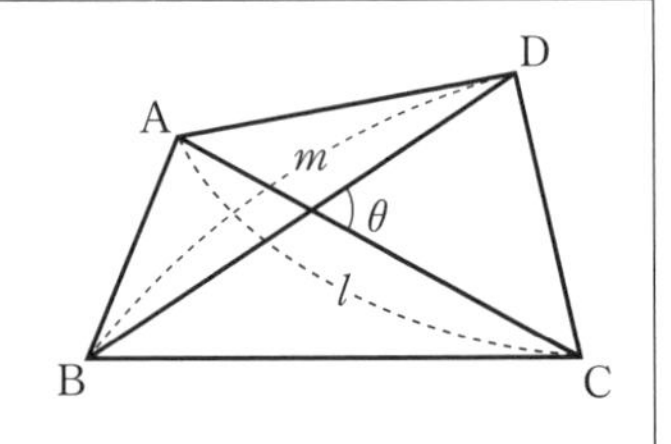

考え方 四角形を三角形△DACと△BACに分けて考え，それぞれの三角形の辺ACを底辺とした高さをθで表す。

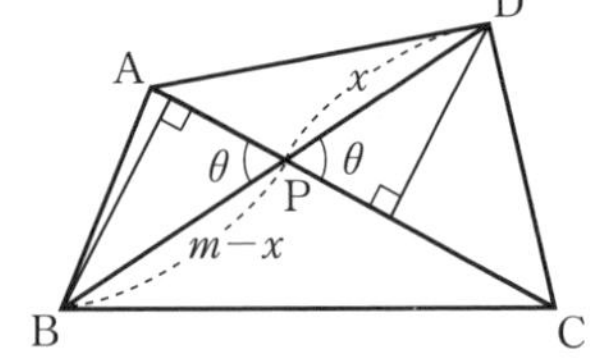

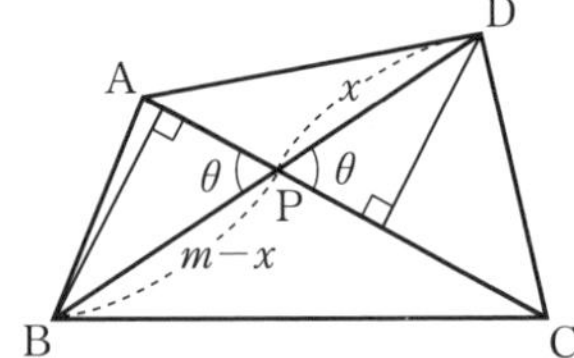

解　答 対角線の交点をPとする。

DP $=x$ とおくと　BP $=m-x$

対頂角は等しいから　　$\angle\mathrm{APB}=\theta$

よって

　△DACの辺ACを底辺とした高さは　$x\sin\theta$

　△BACの辺ACを底辺とした高さは　$(m-x)\sin\theta$

したがって，△DACと△BACの面積はそれぞれ

$$\triangle\mathrm{DAC}=\frac{1}{2}\cdot l\cdot x\sin\theta,\ \triangle\mathrm{BAC}=\frac{1}{2}\cdot l\cdot(m-x)\sin\theta$$

ゆえに，求める面積Sは

$$S=\triangle\mathrm{DAC}+\triangle\mathrm{BAC}=\frac{1}{2}lx\sin\theta+\frac{1}{2}l(m-x)\sin\theta=\frac{1}{2}lm\sin\theta$$

8 右の図の三角錐OABCにおいて

$$\mathrm{OA}=1,\ \mathrm{OB}=\sqrt{3},\ \mathrm{OC}=\sqrt{6},$$
$$\angle\mathrm{AOB}=\angle\mathrm{BOC}=\angle\mathrm{COA}=90^\circ$$

とする。このとき，次の値を求めよ。

(1) 三角錐OABCの体積V

(2) $\angle\mathrm{ABC}$

(3) △ABCの面積S

(4) 頂点Oから△ABCに下ろした垂線OHの長さh

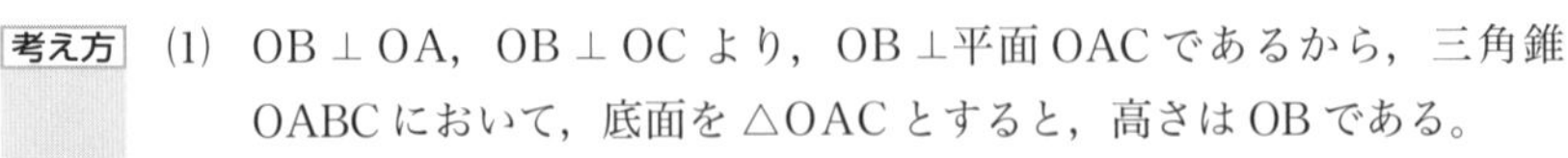

考え方 (1) OB⊥OA, OB⊥OCより，OB⊥平面OACであるから，三角錐OABCにおいて，底面を△OACとすると，高さはOBである。

(4) 三角錐OABCにおいて，底面を△ABCとすると，高さはOHである。

解 答 (1) $\triangle OAC = \dfrac{1}{2}\cdot 1\cdot\sqrt{6} = \dfrac{\sqrt{6}}{2}$ であるから

$$V = \frac{1}{3}\cdot\triangle OAC\cdot OB = \frac{1}{3}\cdot\frac{\sqrt{6}}{2}\cdot\sqrt{3} = \frac{\sqrt{2}}{2}$$

(2) 三平方の定理により，△ABC の 3 辺の長さを求めると

$$AB = \sqrt{OA^2 + OB^2} = \sqrt{1^2 + (\sqrt{3})^2} = \sqrt{4} = 2$$

$$BC = \sqrt{OB^2 + OC^2} = \sqrt{(\sqrt{3})^2 + (\sqrt{6})^2} = \sqrt{9} = 3$$

$$CA = \sqrt{OC^2 + OA^2} = \sqrt{(\sqrt{6})^2 + 1^2} = \sqrt{7}$$

△ABC において，余弦定理により

$$\cos\angle ABC = \frac{AB^2 + BC^2 - CA^2}{2\cdot AB\cdot BC} = \frac{4 + 9 - 7}{2\cdot 2\cdot 3} = \frac{1}{2}$$

したがって　$\boldsymbol{\angle ABC = 60^\circ}$

(3) $\boldsymbol{S} = \dfrac{1}{2}\cdot AB\cdot BC\sin 60^\circ = \dfrac{1}{2}\cdot 2\cdot 3\cdot\dfrac{\sqrt{3}}{2} = \boldsymbol{\dfrac{3\sqrt{3}}{2}}$

(4) $V = \dfrac{1}{3}Sh$ であるから　$\dfrac{\sqrt{2}}{2} = \dfrac{1}{3}\cdot\dfrac{3\sqrt{3}}{2}h$

整理すると　$\sqrt{2} = \sqrt{3}\,h$

したがって　$\boldsymbol{h} = \dfrac{\sqrt{2}}{\sqrt{3}} = \boldsymbol{\dfrac{\sqrt{6}}{3}}$

9 $A = 36^\circ$，$BC = 2$，$AB = AC$ の二等辺三角形 ABC がある。∠B の二等分線が辺 AC と交わる点を D とするとき，次の問に答えよ。

(1) $AB = x$ とおいて x の 2 次方程式をつくり，AB の長さを求めよ。

(2) (1) を利用して，$\cos 36^\circ$ の値を求めよ。

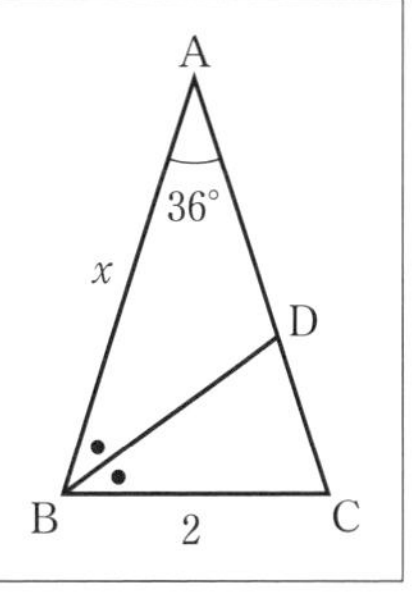

考え方 (1) △ABC ∽ △BDC であることから，x の 2 次方程式をつくる。

解 答 (1) △ABC は AB = AC の二等辺三角形であるから

$$\angle ABC = (180^\circ - \angle BAC) \div 2 = (180^\circ - 36^\circ) \div 2 = 72^\circ$$

BD は ∠B の二等分線であるから

$$\angle DBA = \angle DBC = \angle ABC \div 2 = 72^\circ \div 2 = 36^\circ$$

よって，△DBC，△DBA はいずれも二等辺三角形であり

$$BC = BD = AD = 2$$

$AB = x$ とおくと　$DC = AC - AD = x - 2$

△ABC と △BDC において

$\angle BAC = \angle DBC,\ \angle ACB = \angle BCD$

2組の角がそれぞれ等しいから　△ABC ∽ △BDC

ゆえに，AB：BD = BC：DC より　$x : 2 = 2 : (x-2)$

よって　$\boldsymbol{x^2 - 2x - 4 = 0}$

これを解くと　$x = 1 \pm \sqrt{5}$

AB > 0 であるから　　**AB = $1+\sqrt{5}$**

(2)　△ABD において，余弦定理により

$$\cos 36^\circ = \frac{(1+\sqrt{5})^2 + 2^2 - 2^2}{2 \cdot (1+\sqrt{5}) \cdot 2} = \frac{1+\sqrt{5}}{4}$$

別解　(2)　点 D から AB へ垂線を下ろし，AB との交点を H とすると，

△ADB は二等辺三角形であるから，DH は AB の垂直二等分線である。

したがって　　$\cos 36^\circ = \dfrac{AH}{AD} = \dfrac{x}{2} \div 2 = \dfrac{x}{4} = \dfrac{1+\sqrt{5}}{4}$

10　1辺の長さが6の正四面体 ABCD について，次の問に答えよ。

(1)　正四面体の体積を求めよ。

(2)　正四面体に内接する球の中心を O とする。正四面体の体積が4つの四面体 ABCO，ACDO，ABDO，BCDO の体積の和であることを用いて，球の半径 r を求めよ。

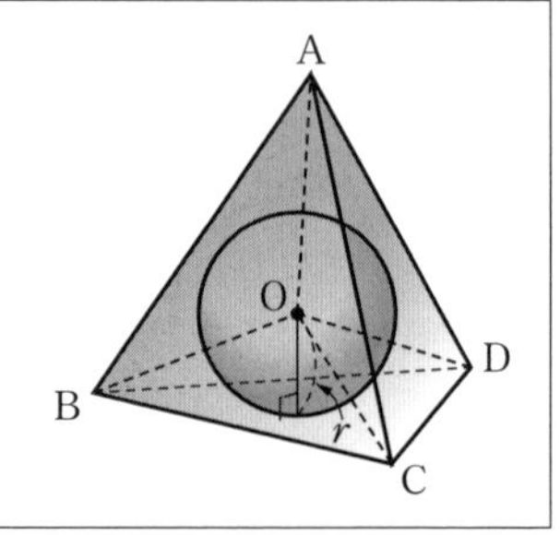

考え方　(1)　(正四面体の体積) $= \dfrac{1}{3} \times$(底面積)$\times$(高さ)

(2)　四面体 OBCD の体積を r を用いて表し，(1) で求めた正四面体の体積と比較する。

解　答　(1)　辺 BC の中点を M とすると

$AM = DM = 3\sqrt{3}$

$\angle AMD = \theta$ とすると，余弦定理により

$$\cos\theta = \frac{AM^2 + DM^2 - AD^2}{2 \cdot AM \cdot DM}$$

$$= \frac{(3\sqrt{3})^2 + (3\sqrt{3})^2 - 6^2}{2 \cdot 3\sqrt{3} \cdot 3\sqrt{3}}$$

$$= \frac{1}{3}$$

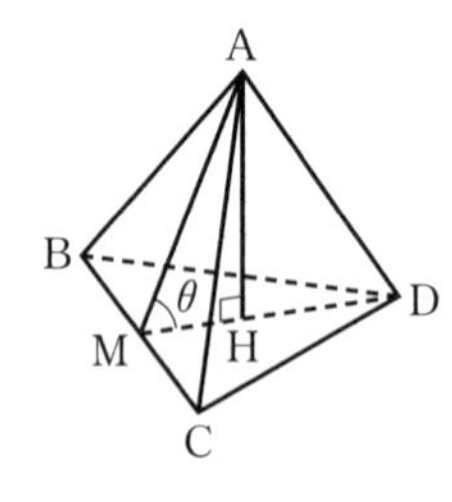

$0^\circ < \theta < 180^\circ$ より，$\sin\theta > 0$ であるから

$$\sin\theta = \sqrt{1-\left(\frac{1}{3}\right)^2} = \frac{2\sqrt{2}}{3}$$

A から平面 BCD に垂線を下ろし，平面 BCD との交点を H とすると，H は線分 MD 上にあるから

$$\mathrm{AH} = \mathrm{AM}\sin\theta = 3\sqrt{3}\cdot\frac{2\sqrt{2}}{3} = 2\sqrt{6}$$

したがって，正四面体の体積 V は

$$V = \frac{1}{3}\cdot\triangle\mathrm{BCD}\cdot\mathrm{AH}$$
$$= \frac{1}{3}\cdot\left(\frac{1}{2}\cdot 6\cdot 6\sin 60^\circ\right)\cdot 2\sqrt{6}$$
$$= 18\sqrt{2}$$

(2) △ABC の面積は

$$\frac{1}{2}\cdot 6\cdot 6\sin 60^\circ = 9\sqrt{3}$$

四面体 ABCO は，正四面体の 1 つの面 △ABC を底面とし，高さ r の三角錐であるから，その体積は

$$\frac{1}{3}\cdot 9\sqrt{3}\cdot r = 3\sqrt{3}\,r$$

四面体 ACDO，ABDO，BCDO の体積も同様に $3\sqrt{3}\,r$ である。
これら 4 つの四面体の体積の和が正四面体の体積と等しいから

$$3\sqrt{3}\,r\cdot 4 = 18\sqrt{2}$$
$$r = \frac{18\sqrt{2}}{12\sqrt{3}} = \frac{\sqrt{6}}{2}$$

別解 (1) $\mathrm{AM} = \mathrm{DM} = 3\sqrt{3}$，$\sin\theta = \dfrac{2\sqrt{2}}{3}$ であるから

$$\triangle\mathrm{AMD} = \frac{1}{2}\cdot\mathrm{AM}\cdot\mathrm{DM}\sin\theta$$
$$= \frac{1}{2}\cdot 3\sqrt{3}\cdot 3\sqrt{3}\cdot\frac{2\sqrt{2}}{3}$$
$$= 9\sqrt{2}$$

正四面体 ABCD の体積 V は，△AMD を底面とする 2 つの三角錐 BAMD，CAMD の体積の和であり，それぞれの高さは BM，CM であるから

$$V = \frac{1}{3}\cdot 9\sqrt{2}\cdot 3 + \frac{1}{3}\cdot 9\sqrt{2}\cdot 3 = 18\sqrt{2}$$

活用　滝の落差の求め方［課題学習］　教 p.166

考察 1　$\triangle$APQ において，AQ と $\angle$PAQ を測ることができたとする。このとき，PQ はどのようにして求められるだろうか。

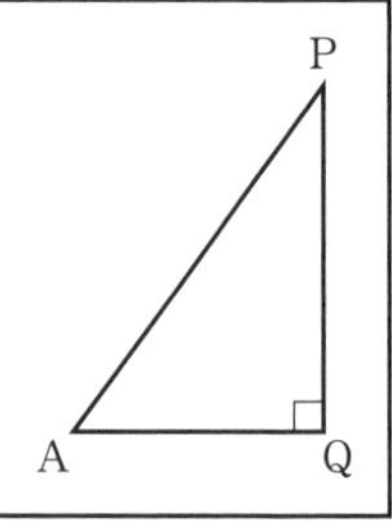

解 答　$\triangle$APQ は直角三角形であるから

$$PQ = AQ\tan\angle PAQ$$

から，PQ を求めることができる。

考察 2　右の図において，直接測ることができるのは

AB，$\angle$PAQ，$\angle$PBQ，$\angle$QAB，$\angle$QBA

のみである。これらから PQ を求めるには，どのようにすればよいだろうか。

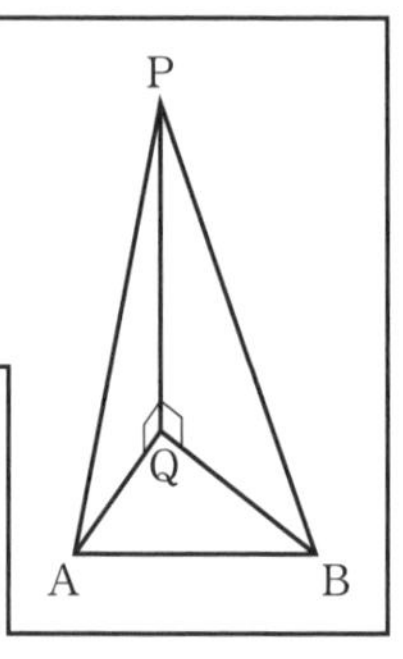

考え方　直接測ることができる長さや角は，下の図の色をつけた部分である。
これらの値を使って，求め方を考える。

解 答

$$\angle AQB = 180^\circ - (\angle QAB + \angle QBA)$$

正弦定理により

$$\frac{AQ}{\sin\angle QBA} = \frac{AB}{\sin\angle AQB}$$

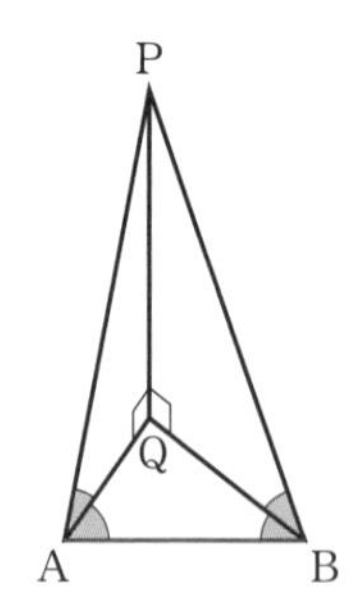

したがって

$$AQ = \frac{AB\sin\angle QBA}{\sin\angle AQB}$$

$$= \frac{AB\sin\angle QBA}{\sin\{180^\circ - (\angle QAB + \angle QBA)\}}$$

$$= \frac{AB\sin\angle QBA}{\sin(\angle QAB + \angle QBA)}$$

したがって

$$PQ = AQ\tan\angle PAQ$$

$$= \frac{AB\sin\angle QBA}{\sin(\angle QAB + \angle QBA)}\cdot\tan\angle PAQ$$

から，PQ を求めることができる。

考察 3　実際に測ると，次のようになった。

$AB = 25\,\text{m}$，$\angle PAQ = 60^\circ$，$\angle QAB = 75^\circ$，$\angle QBA = 60^\circ$

このとき，PQ は何 m だろうか。

解答　考察 2 より

$$PQ = \frac{25 \cdot \sin 60^\circ}{\sin(75^\circ + 60^\circ)} \cdot \tan 60^\circ$$

$$= \frac{25 \cdot \sin 60^\circ}{\sin 135^\circ} \cdot \tan 60^\circ$$

$$= 25 \cdot \frac{\sqrt{3}}{2} \cdot \sqrt{3} \div \frac{1}{\sqrt{2}}$$

$$= \frac{75\sqrt{2}}{2}$$

したがって　$PQ = \dfrac{75\sqrt{2}}{2}$ (m)

別解　$\triangle ABQ$ において

$$\angle AQB = 180^\circ - (75^\circ + 60^\circ) = 45^\circ$$

正弦定理により　$\dfrac{AQ}{\sin 60^\circ} = \dfrac{25}{\sin 45^\circ}$

したがって

$$AQ = \frac{25 \cdot \sin 60^\circ}{\sin 45^\circ} = 25 \cdot \frac{\sqrt{3}}{2} \div \frac{1}{\sqrt{2}} = \frac{25\sqrt{6}}{2}$$

ここで

$$\angle APQ = 180^\circ - (\angle PAQ + \angle AQP)$$

$$= 180^\circ - (60^\circ + 90^\circ)$$

$$= 30^\circ$$

したがって

$$PQ = \frac{AQ}{\tan 30^\circ} = \frac{25\sqrt{6}}{2} \div \frac{1}{\sqrt{3}} = \frac{75\sqrt{2}}{2} \text{ (m)}$$

考察 4　PQの求め方を他にも考えてみよう。

解答　地点A，Bに加えて，線分AB上のA，Bとは異なる地点Cをとり

AC，BC，$\angle$PAQ，$\angle$PCQ，$\angle$PBQ

を直接測ることができるとする。

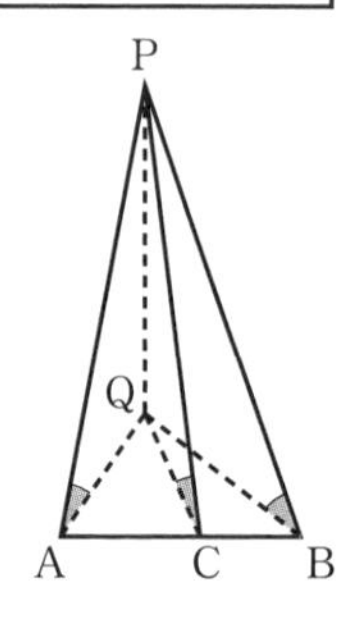

このとき，PQ $= x$ とおくと

$\angle$PQA $=$ $\angle$PQC $=$ $\angle$PBQ $= 90°$ であるから

$$\mathrm{AQ} = \frac{x}{\tan\angle\mathrm{PAQ}}$$

$$\mathrm{CQ} = \frac{x}{\tan\angle\mathrm{PCQ}}$$

$$\mathrm{BQ} = \frac{x}{\tan\angle\mathrm{PBQ}}$$

と表される。

そこで，$\cos\angle$QABを，$\triangle$AQB，$\triangle$QACのそれぞれの三角形における余弦定理を用いて2通りのxの式で表すことで,xについての方程式が得られ，それを解くことでPQを求めることができる。

5章 データの分析

関連する既習事項

四分位数

データの中央値を第２四分位数という。中央値を境にしてデータの値の個数が等しくなるように２つの部分に分ける（データの値の個数が奇数のときは中央値を除く）とき，２つに分けたうち，最小値を含むほうのデータの中央値を第１四分位数，最大値を含むほうのデータの中央値を第３四分位数という。

1節 データの散らばりの大きさ

1 データの分布とグラフ

用語のまとめ

データ

- データの特性を表す数量を **変量** という。

箱ひげ図

- データの分布を最小値，第1四分位数，中央値，第3四分位数，最大値の5つの数値を，箱と線（ひげ）を用いて表した図を **箱ひげ図** という。

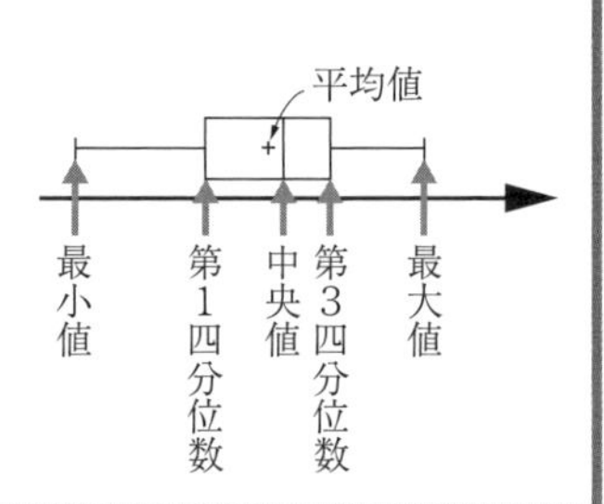

教 p.169

問1 前ページの，3月の日ごとの平均気温のデータについて，その度数分布表を利用して中央値，第1四分位数，第3四分位数を求めよ。また，箱ひげ図をかけ。

考え方 それぞれ階級に入るデータは，小さいほうから ①，②，…，㉛ とすると，右のようになる。

平均気温	入るデータ
3.0 ～ 5.0	①
5.0 ～ 7.0	②③
7.0 ～ 9.0	④⑤⑥⑦
9.0 ～ 11.0	⑧⑨⑩⑪⑫
11.0 ～ 13.0	⑬⑭⑮⑯⑰⑱
13.0 ～ 15.0	⑲⑳㉑㉒㉓㉔㉕㉖
⋮	⋮

解答 中央値は小さいほうから16番目，すなわち，度数分布表の11.0℃以上13.0℃未満の階級に入る値

11.3　11.3　11.6　11.6
11.9　12.4

の4番目の値である。

したがって，**中央値は 11.6℃** である。

第1四分位数は小さいほうから8番目，すなわち，度数分布表の9.0℃以上11.0℃未満の階級に入る値

9.2　9.4　9.5　9.7　9.9

の1番目の値である。

したがって，**第1四分位数は 9.2℃** である。

第 3 四分位数は小さいほうから 24 番目，すなわち，度数分布表の 13.0°C 以上 15.0°C未満の階級に入る値

13.0　13.0　13.2　13.4　13.8　13.9　14.1　14.3

の 6 番目の値である。

したがって，**第 3 四分位数は 13.9℃** である。

また，最小値は 3.8°C，最大値は 18.1°Cであるから箱ひげ図は，右の図のようになる。

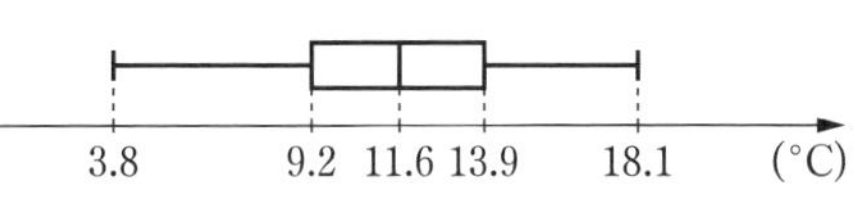

● 範囲，四分位範囲　　解き方のポイント

(範囲) = (最大値) − (最小値)

(四分位範囲) = (第 3 四分位数) − (第 1 四分位数)

教 p.169

問 2　図 1 について述べた次の ①，② の記述はそれぞれ正しいといえるか。

① この年の 2 月は，ほかの月と比べて範囲も四分位範囲も比較的小さく，1 年の中でも日ごとの平均気温が安定した月である。

② 9 月は平均気温が 20°C以上の日が 20 日以上あるが，10 月は 10 日以下である。

考え方　範囲と四分位範囲は，箱ひげ図では，次の長さを表す。

範囲　左右のひげを含めた，箱ひげ図全体の長さ

四分位範囲　箱の左右の長さ

解　答　① **正しい。**

図 1 より，2 月の箱ひげ図は，ひげ全体の長さや箱の長さが短いことから，ほかの月に比べて範囲や四分位範囲は比較的小さく，日ごとの平均気温が安定した月であると分かる。

② **正しいとはいえない。**

図 1 より，9 月については，第 1 四分位数が 20°C以上であることから，平均気温が 20°C以上の日は 20 日以上であることは分かるが，10 月については，10 日以下かどうかは分からない。

2 分散と標準偏差

用語のまとめ

偏差

- データの各値と平均値の差を，それぞれ平均値からの **偏差** という。

分散と標準偏差

- 偏差を 2 乗した値の平均値を **分散** といい，s^2 で表す。
  また，分散の正の平方根を **標準偏差** といい，s で表す。

● **偏差** …… **解き方のポイント**

(偏差) = (データの各値) − (データの平均値)

教 p.170

問 3 例 1 の市販のミニトマトについて，5 個それぞれの重さの偏差を求めよ。

解 答 市販のミニトマト 5 個の重さの平均値 $\overline{y}$ は

$$\frac{1}{5}(18+20+17+19+16)=18 \ \ \text{(g)}$$

であるから，それぞれの重さの偏差 $y-\overline{y}$ は次のようになる。

市販のミニトマトの重さの偏差 $y-\overline{y}$ (g)	0	2	−1	1	−2

● **分散と標準偏差** …… **解き方のポイント**

分散 $$s^2=\frac{1}{n}\{(x_1-\overline{x})^2+(x_2-\overline{x})^2+\cdots+(x_n-\overline{x})^2\}$$

標準偏差 $$s=\sqrt{\frac{1}{n}\{(x_1-\overline{x})^2+(x_2-\overline{x})^2+\cdots+(x_n-\overline{x})^2\}}$$

教 p.171

問 4 例 1 の市販のミニトマトの重さについて，分散と標準偏差を求めよ。ただし，$\sqrt{2}=1.414$ とする。また，例 2 の結果を用いて，家庭菜園のミニトマトと市販のミニトマトの重さの散らばりの大きさを比較せよ。

解答 市販のミニトマトの重さについて，分散 $s_y{}^2$ を求めると

$$s_y{}^2 = \frac{1}{5}\{0^2 + 2^2 + (-1)^2 + 1^2 + (-2)^2\} = 2$$

したがって　**分散は　2**

標準偏差 s_y は

$$s_y = \sqrt{2} \fallingdotseq 1.414$$

したがって　**標準偏差は　1.41 g**

家庭菜園のミニトマトの標準偏差（分散）のほうが市販のミニトマトの標準偏差（分散）より大きい。

したがって，**家庭菜園のミニトマトのほうが市販のミニトマトより，重さの散らばりが大きい** といえる。

教 p.172

問 5　右の度数分布表（省略）は，例題 1 のバスケットボール部における B さんの 10 日分のフリースローの得点である。B さんの 1 日分の得点は，A さんと比べて安定しているといえるだろうか。標準偏差を利用して考えよ。

解答 B さんの得点の平均値 $\overline{x_B}$ は

$$\overline{x_B} = \frac{1}{10}(0 \cdot 0 + 1 \cdot 0 + 2 \cdot 4 + 3 \cdot 3 + 4 \cdot 2 + 5 \cdot 1) = 3 \text{（点）}$$

さらに，$x_B - \overline{x_B}$，$(x_B - \overline{x_B})^2$ の値は，次の表のようになる。

x_B（点）	度数	$x_B - \overline{x_B}$	$(x_B - \overline{x_B})^2$
0	0	−3	9
1	0	−2	4
2	4	−1	1
3	3	0	0
4	2	1	1
5	1	2	4

よって，B さんの得点の分散 $s_B{}^2$ は

$$s_B{}^2 = \frac{1}{10}(9 \cdot 0 + 4 \cdot 0 + 1 \cdot 4 + 0 \cdot 3 + 1 \cdot 2 + 4 \cdot 1) = \frac{1}{10} \cdot 10 = 1$$

標準偏差 s_B は

$$s_B = \sqrt{1} = 1 \text{（点）}$$

例題 1 の結果と比べると，B さんのほうが標準偏差が小さい。

したがって，この 10 日分における 1 日分の得点は，A さんと比べて，**B さんのほうが安定している**といえる。

3 分散，標準偏差の性質

教 p.173

問6 例3より，$y=2x+3$ である変量 x と y の平均値，分散，標準偏差の値の間に，それぞれどのような関係が成り立っていると考えられるか。

考え方 例3の結果をまとめると，次のようになる。

平均値	$\overline{x}=5$	➡（2倍して3を加える）➡	$\overline{y}=13$
分散	$s_x{}^2=10$	➡（4倍）➡	$s_y{}^2=40$
標準偏差	$s_x=\sqrt{10}$	➡（2倍）➡	$s_y=2\sqrt{10}$

解答 変量 y は変量 x のデータの値を2倍して3を加えたものである。
データのすべての値を2倍して3を加えるから，**平均値も2倍して3を加えたものとなる** と考えられる。
例えば，変量 x_1 について，2倍して3を加えたときの偏差は

$$(2x_1+3)-(2\overline{x}+3)=2(x_1-\overline{x})$$

となり，偏差は2倍になる。
したがって，分散の定義から，**分散は 2^2 倍となる** と考えられる。
また，標準偏差は分散の正の平方根であるから，**標準偏差は2倍となる** と考えられる。

平均値，分散，標準偏差の性質 ……………… **解き方のポイント**

2つの変量 x と y の間に，a，b を定数として $y=ax+b$ という関係があるとき，次の性質が成り立つ。

平均値 $\overline{y}=a\overline{x}+b$ （$\overline{x}$，$\overline{y}$ はそれぞれ x，y の平均値）
分散 $s_y{}^2=a^2s_x{}^2$ （$s_x{}^2$，$s_y{}^2$ はそれぞれ x，y の分散）
標準偏差 $s_y=|a|s_x$ （s_x，s_y はそれぞれ x，y の標準偏差）

教 p.174

問7 変量 x の n 個の値を x_1，x_2，…，x_n として，上の性質の $\overline{y}=a\overline{x}+b$ が成り立つことを示せ。

解答 y の n 個の値を y_1，y_2，…，y_n とすると

$$y_i=ax_i+b \quad (i=1,\ 2,\ \cdots,\ n)$$

であるから，平均値 $\overline{y}$ は

$$\overline{y} = \frac{1}{n}(y_1 + y_2 + \cdots + y_n)$$
$$= \frac{1}{n}\{(ax_1 + b) + (ax_2 + b) + \cdots + (ax_n + b)\}$$
$$= \frac{1}{n}\{a(x_1 + x_2 + \cdots + x_n) + nb\}$$
$$= a \cdot \frac{x_1 + x_2 + \cdots + x_n}{n} + b$$
$$= a\overline{x} + b$$

したがって，$\overline{y} = a\overline{x} + b$ が成り立つ。

教 p.174

問 8　東京に滞在することになったアメリカ在住の友人に，東京の気温について説明したい。次の表より，滞在する 5 日間の最低気温について，平均値，分散，標準偏差をそれぞれカ氏温度（°F）で求めよ。

最低気温	1 日目	2 日目	3 日目	4 日目	5 日目	平均値	分散	標準偏差
セ氏温度(°C)	9	13	7	10	11	10	4	2
カ氏温度(°F)	48.2	55.4	44.6	50.0	51.8			

考え方　セ氏温度 x°C とカ氏温度 y°F の間には，次の関係が成り立つ。

$$y = 1.8x + 32$$

解 答　セ氏温度の

平均値　$\overline{x} = 10$（°C）

分散　$s_x{}^2 = 4$

標準偏差　$s_x = 2$（°C）

である。

セ氏温度 x°C とカ氏温度 y°F の間には

$$y = 1.8x + 32$$

が成り立つから，カ氏温度の

平均値　$\overline{y} = 1.8\overline{x} + 32$
$= 1.8 \cdot 10 + 32 = 50.0$（°F）

分散　$s_y{}^2 = 1.8^2 s_x{}^2$
$= 3.24 \cdot 4 = 12.96$

標準偏差　$s_y = 1.8 s_x$
$= 1.8 \cdot 2 = 3.6$（°F）

となる。したがって

平均値…50.0°F，分散…12.96，標準偏差…3.6°F

分散と平均値の関係式

教 p.175

分散と平均値の関係式 ……… 解き方のポイント

変量 x の分散について，次のことが成り立つ。

（x の分散）＝（x^2 の平均値）－（x の平均値）^{2}

教 p.175

問 1　下の表は，A さんの 1 日の学習時間を 5 日間記録したものである。

1 日の学習時間 x（時間）	1	2	3	1	3

このとき，1 日の学習時間の分散を求めよ。

解 答　1 日の学習時間 x の平均値 $\overline{x}$ は

$$\overline{x}=\frac{1}{5}(1+2+3+1+3)=\frac{1}{5}\cdot 10=2$$

x^2 の平均値 $\overline{x^2}$ は

$$\overline{x^2}=\frac{1}{5}(1^2+2^2+3^2+1^2+3^2)=\frac{1}{5}\cdot 24=\frac{24}{5}$$

よって，分散 s^2 は

$$s^2=\overline{x^2}-(\overline{x})^2=\frac{24}{5}-2^2=\frac{4}{5}=0.8$$

別解　x の平均値が 2 時間であるから，分散 s^2 は

$$s^2=\frac{1}{5}\{(1-2)^2+(2-2)^2+(3-2)^2+(1-2)^2+(3-2)^2\}$$

$$=\frac{1}{5}\{(-1)^2+0^2+1^2+(-1)^2+1^2\}$$

$$=\frac{1}{5}(1+0+1+1+1)$$

$$=\frac{4}{5}$$

$$=0.8$$

平均値が整数でないときは

（x の分散）＝（x^2 の平均値）－（x の平均値）^{2}

を利用して分散を求めるほうが計算が簡単である。

問　題

教 p.176

1 くじを 20 回引いて，当たった回数を得点とするゲームがある。右の表は，ある生徒 5 人がこのゲームを行ったときの得点を記録したものである。ただし，生徒 4 の得点は 5 人の得点の平均値以下であった。このとき，次の問に答えよ。

(1)　5 人の得点の平均値 m を求めよ。

(2)　表中の a の値を求めよ。

(3)　生徒全員の得点をそれぞれ 2 倍したとき，分散はどのように変化するか。

	得点
生徒 1	8
生徒 2	14
生徒 3	10
生徒 4	a
生徒 5	$18-a$
平均値	m
分散	6

解答　(1)　5 人の得点の平均値 m は

$$m=\frac{1}{5}\{8+14+10+a+(18-a)\}$$

$$=\frac{1}{5}\cdot 50$$

$$=10$$

したがって　　$m=10$

(2)　各生徒の得点の偏差は

生徒 1 … $8-10=-2$　　生徒 2 … $14-10=4$

生徒 3 … $10-10=0$　　生徒 4 … $a-10$

生徒 5 … $(18-a)-10=8-a$

分散が 6 であるから

$$\frac{1}{5}\{(-2)^2+4^2+0^2+(a-10)^2+(8-a)^2\}=6$$

が成り立つ。

この式を整理すると

$$a^2-18a+77=0$$

$$(a-7)(a-11)=0$$

したがって　　$a=7,\ 11$

条件より，$a\leqq 10$ であるから　　$a=7$

(3)　もとの得点の分散を $s_x{}^2$，2 倍した得点の分散を $s_y{}^2$ とすると

$$s_y{}^2=2^2s_x{}^2$$

が成り立つ。

$2^2=4$ であるから，分散は **4 倍になる。**

2 20人の生徒に対し，1か月の読書時間について調査したデータを表1にまとめた。この度数分布表からデータの平均値や標準偏差を求める方法について考える。

階級の真ん中の値を階級値という。階級値を用いて表1をかき直すと，表2のようになる。このとき，次の問に答えよ。

(1) 度数分布表から平均値を求めるときは，その階級に含まれるデータの値はすべてその階級の階級値に等しいと見なして考える。読書時間の平均値を求めよ。

(2) (1)と同様に考えて，読書時間の標準偏差を，四捨五入して小数第2位まで求めよ。ただし，$\sqrt{5}=2.236$ とする。

(3) 実際のデータから平均値を求める場合と，(1)の方法で度数分布表から平均値を求める場合で，値が異なることがある。その理由を説明せよ。

表1

時間	度数
以上　未満	
0 〜 4	4
4 〜 8	7
8 〜 12	5
12 〜 16	3
16 〜 20	1
計	20

表2

階級値	度数
2	4
6	7
10	5
14	3
18	1
計	20

解答 (1) 平均値を $\overline{x}$ とすると，表2より

$$\overline{x}=\frac{1}{20}(2\cdot 4+6\cdot 7+10\cdot 5+14\cdot 3+18\cdot 1)=\frac{160}{20}=8$$ **(時間)**

(2) 階級値を x とすると，$x-\overline{x}$，$(x-\overline{x})^2$ の値は次の表のようになる。

階級値 x	度数	$x-\overline{x}$	$(x-\overline{x})^2$
2	4	-6	36
6	7	-2	4
10	5	2	4
14	3	6	36
18	1	10	100

分散　$$s_x{}^2=\frac{1}{20}(36\cdot 4+4\cdot 7+4\cdot 5+36\cdot 3+100\cdot 1)=\frac{400}{20}$$

$$=20$$

標準偏差　$s_x=\sqrt{20}=2\sqrt{5}=2\cdot 2.236 \fallingdotseq 4.47$ **(時間)**

(3) 実際のデータの値 a と a を含む階級の階級値は等しいとは限らない。したがって，(1)の方法で度数分布表から求めた平均値は，実際のデータから求めた平均値とは値が異なることがある。

2節 データの相関

1 散布図と相関係数

用語のまとめ

散布図

- 2つの変量 x, y の値の組を座標とする点を平面上にとった図を **散布図** という。
- 対応する x と y の間に，一方が大きいほど他方も大きい傾向があるとき，2つの変量 x と y の間に **正の相関関係がある** という。また，x と y の間に，一方が大きいほど他方が小さい傾向があるとき，2つの変量 x と y の間に **負の相関関係がある** という。
どちらの傾向も見られないとき，相関関係がないという。

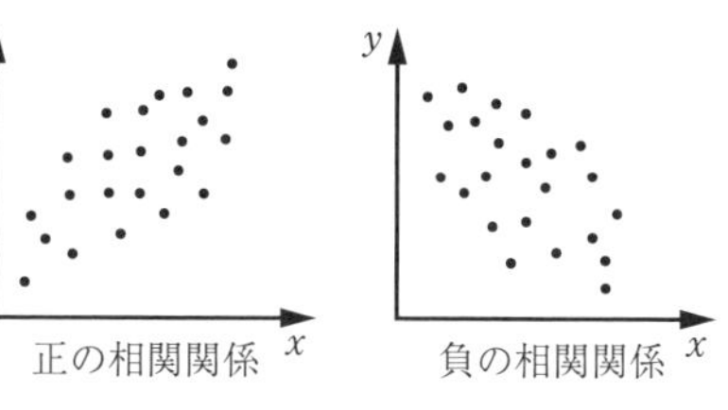

正の相関関係　負の相関関係

共分散，相関係数

- 対応する2つの変量 x, y の値の組を

$$(x_1,\ y_1),\ (x_2,\ y_2),\ (x_3,\ y_3),\ \cdots,\ (x_n,\ y_n)$$

とし，x, y のデータの平均値をそれぞれ $\overline{x}$, $\overline{y}$ とするとき

$$\frac{1}{n}\{(x_1-\overline{x})(y_1-\overline{y})+(x_2-\overline{x})(y_2-\overline{y})+\cdots+(x_n-\overline{x})(y_n-\overline{y})\}$$

の値を，x と y の **共分散** といい，s_{xy} で表す。
- 共分散を x, y の標準偏差の積で割った値を **相関係数** といい，r で表す。

外れ値

- データには，他の値から極端にかけ離れた値が含まれている場合がある。そのような値を **外れ値** という。

● 相関係数 解き方のポイント

x と y の共分散 s_{xy}

$$s_{xy}=\frac{1}{n}\{(x_1-\overline{x})(y_1-\overline{y})+(x_2-\overline{x})(y_2-\overline{y})+\cdots+(x_n-\overline{x})(y_n-\overline{y})\}$$

x，y の標準偏差 s_x，s_y

$$s_x=\sqrt{\frac{1}{n}\{(x_1-\overline{x})^2+(x_2-\overline{x})^2+\cdots+(x_n-\overline{x})^2\}}$$

$$s_y=\sqrt{\frac{1}{n}\{(y_1-\overline{y})^2+(y_2-\overline{y})^2+\cdots+(y_n-\overline{y})^2\}}$$

のとき，相関係数 r は

$$r=\frac{s_{xy}}{s_x s_y}$$

● 相関係数の値の性質 解き方のポイント

共分散は，正の相関関係があるときには正の値をとり，負の相関関係があるときには負の値をとる。x と y の間に相関関係がないときには，0 に近い値になる。
相関係数 r の値について，次の式が成り立つ。

$$-1 \leqq r \leqq 1$$

特に，正の相関関係が強いほど r の値は 1 に近付き，負の相関関係が強いほど r の値は -1 に近付く。

教 p.180

問 1　例題 1 において，5 人の身長をミリメートルで表して相関係数を計算しても値は変わらないことを確かめよ。

解答　身長の単位を cm から mm に変更すると，5 人の身長 x（cm）は 10 倍されて，$10x$（mm）と表され，$10x$ の平均値は $10\overline{x}$，標準偏差は $10s_x$ となる。
また，共分散 s'_{xy} は

$$s'_{xy}=\frac{1}{5}\{(10x_1-10\overline{x})(y_1-\overline{y})+\cdots+(10x_5-10\overline{x})(y_5-\overline{y})\}$$

$$=10\cdot\frac{1}{5}\{(x_1-\overline{x})(y_1-\overline{y})+\cdots+(x_5-\overline{x})(y_5-\overline{y})\}$$

$$=10s_{xy}$$

であるから，求める相関係数を r' とすると

$$r'=\frac{10s_{xy}}{10s_x s_y}=\frac{s_{xy}}{s_x s_y}=r$$

したがって，r' は例題 1 で求めた相関係数 r に等しい。

教 p.180

問2　右の表は，5人の生徒の数学と英語の小テストの結果である。数学の得点と英語の得点の相関係数を，小数第3位を四捨五入して小数第2位まで求めよ。ただし，$\sqrt{2}=1.414$ とする。

	数学(点)	英語(点)
a	8	7
b	7	5
c	9	9
d	9	7
e	7	7

解答　5人の生徒の数学の得点を x，英語の得点を y，その平均値をそれぞれ $\overline{x}$，$\overline{y}$ とすると

$$\overline{x}=\frac{1}{5}(8+7+9+9+7)=\frac{1}{5}\cdot 40=8\ (点)$$

$$\overline{y}=\frac{1}{5}(7+5+9+7+7)=\frac{1}{5}\cdot 35=7\ (点)$$

ここで，下のような表をつくる。

	x	y	$x-\overline{x}$	$(x-\overline{x})^2$	$y-\overline{y}$	$(y-\overline{y})^2$	$(x-\overline{x})(y-\overline{y})$
a	8	7	0	0	0	0	0
b	7	5	−1	1	−2	4	2
c	9	9	1	1	2	4	2
d	9	7	1	1	0	0	0
e	7	7	−1	1	0	0	0
計	40	35	0	4	0	8	4

したがって，相関係数 r は

$$r=\frac{\frac{1}{5}\cdot 4}{\sqrt{\frac{1}{5}\cdot 4}\sqrt{\frac{1}{5}\cdot 8}}=\frac{4}{\sqrt{4}\sqrt{8}}=\frac{\sqrt{2}}{2}=\frac{1.414}{2}=0.707$$

小数第3位を四捨五入して，相関係数は　**0.71**

教 p.181

問3　8回分の中央値は何点か。また，外れ値の影響を受けているといえるか。

解答　8回分の得点は次のようになる。

4　7　8　9　10　11　14　65

したがって，中央値は $\frac{9+10}{2}=$ **9.5（点）** である。

8回分の中央値は7回分の中央値9点と比べて差は小さい。
したがって，**中央値は外れ値の影響を受けていない** と考えられる。

問　題

教 p.183

3 次の散布図 a, b, c, d について，それぞれ対応する相関係数を ①，②，③，④ の中から選べ。

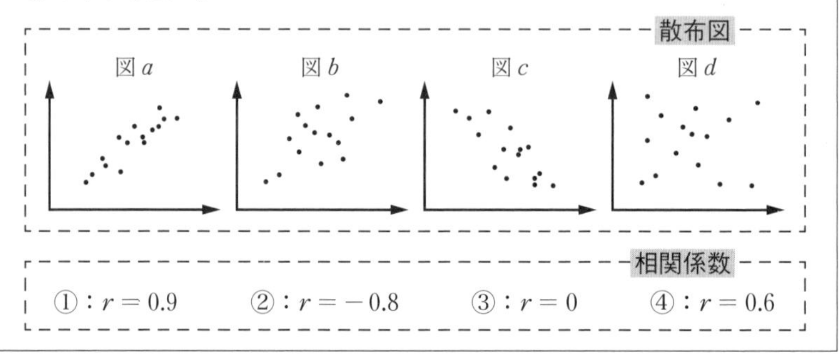

相関係数

①：$r = 0.9$　②：$r = -0.8$　③：$r = 0$　④：$r = 0.6$

考え方 相関係数は，-1 に近いほど負の相関関係が強く，1 に近いほど正の相関関係が強い。また，0 に近いほど相関関係がないといえる。

解　答 図 $\boldsymbol{a}$ … ①，図 $\boldsymbol{b}$ … ④，図 $\boldsymbol{c}$ … ②，図 $\boldsymbol{d}$ … ③

4 右の散布図は，ある高校の 1 年生女子の握力の記録 x (kg) とハンドボール投げの記録 y (m) の測定結果である。

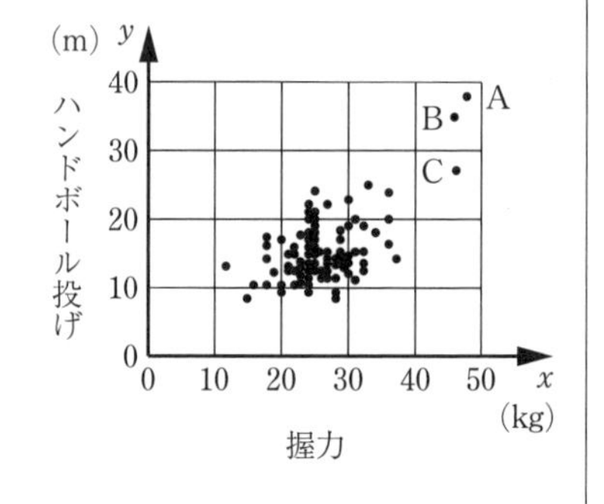

x と y の相関係数 r は 0.60 であった。ところが，集計ミスで，散布図中の点 A，B，C は男子生徒の結果であることが分かった。この 3 人の男子生徒の測定結果を除くと，r はどうなるか。①，②，③ のうち最も適するものを選べ。

① 0.60 より大きくなる

② 0.60 と変わらない

③ 0.60 より小さくなる

考え方 散布図における点の散らばりは，直線に近いほど相関関係は強く，円形に近いほど相関関係は弱い。

解　答 相関係数は 0.60 であるから，x と y の間にはやや強い正の相関関係があるといえる。点 A，B，C を除くと，残りの点の散布図の形は円形に近付くことから，相関関係は弱くなる。よって，相関係数は 0.60 より小さくなる。したがって，最も適するものは ③

3節 データの分析の応用

1 データの分析を利用した問題の解決

用語のまとめ

問題解決の枠組み

- 問題解決の進め方として，次の5つの過程からなる枠組みがよく用いられる。

①	**問題（Problem）**	…	問題の把握と設定
②	**計画（Plan）**	…	データの想定，収集の計画
③	**データ（Data）**	…	データの収集，表への整理
④	**分析（Analysis）**	…	グラフの作成，特徴や傾向の把握
⑤	**結論（Conclusion）**	…	結論付け，振り返り

- この枠組みを，①～⑤の頭文字を取ってPPDACサイクルと呼ぶことがある。

教 p.185

問1 例1において，前ページの①，②，③，④の段階にあたるのはどの部分か。それぞれ答えよ。

解答 ① 2行目～6行目　② 7行目～10行目
③ 11行目～14行目　④ 15行目～17行目（ヒストグラムまで）

教 p.185

問2 例1のヒストグラムから，どのような結論が考えられるか。

解答 紙の書籍に比べ，電子書籍のほうが読み終わるまでの時間のデータの散らばりが大きい。

教 p.186

問3 教科書196ページの表について，次の問に答えよ。

(1) 電力需要実績と最も関連があるのは，最高気温，平均気温，日照時間のいずれであるかを調べたい。どのような分析の方法を用いればよいか。

(2) (1)の方法を用いて，実際に分析をして比較せよ。また，その分析からどのような結論が考えられるか。

考え方 (2) 相関係数を，表計算ソフトなどを利用して求めると

最高気温と電力需要実績の相関係数　$r_a \fallingdotseq 0.72$

平均気温と電力需要実績の相関係数　$r_b \fallingdotseq 0.75$

日照時間と電力需要実績の相関係数　$r_c \fallingdotseq 0.37$

となる。

解答 (1) それぞれの散布図や相関係数を求めて比較する。

(2) 相関係数を比較すると，電力需要実績は最高気温や平均気温と強い正の相関関係があるといえる。一方，日照時間と電力需要実績の相関関係はほとんど見られないといえる。

以上より，**電力需要実績と最も関連があるのは**，相関係数がより1に近い**平均気温と考えられる。**

教 p.187

問4　教科書196ページの表について，次の問に答えよ。

(1) 平日と休日それぞれの電力需要実績のデータの分布を比較したい。どのような分析の方法を用いればよいか。

(2) (1)の方法を用いて，実際に分析をして比較せよ。また，その分析からどのような結論が考えられるか。

解答 (1) 平日と休日のそれぞれの箱ひげ図をかくか，度数分布表を作成してヒストグラムをかいて比較する。

または，平日と休日のそれぞれの平均値や標準偏差を求めて，数値で比較する。

(2) **平日と休日の最小値，最大値，四分位数と箱ひげ図**

	平日電力需要実績(GWh)	休日電力需要実績(GWh)
最小値	758	662
第1四分位数	910	770
中央値	970	850
第3四分位数	1011.5	934
最大値	1077	969

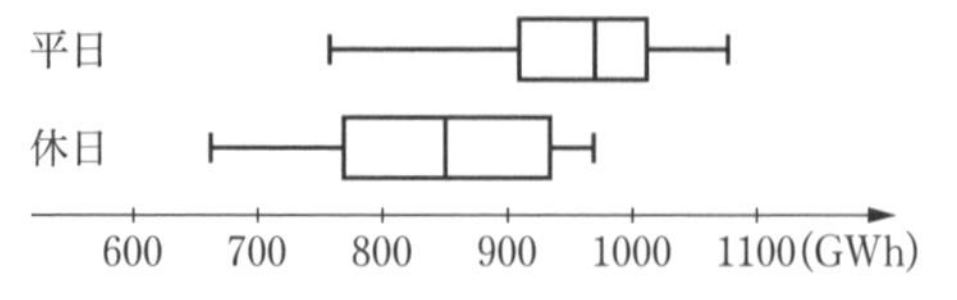

平日と休日の度数分布表とヒストグラム

電力需要実績(GWh) 以上 ～ 未満	平日	休日
650 ～ 700	0	2
700 ～ 750	0	0
750 ～ 800	2	4
800 ～ 850	3	5
850 ～ 900	3	3
900 ～ 950	9	6
950 ～ 1000	9	2
1000 ～ 1050	8	0
1050 ～ 1100	6	0
計	40	22

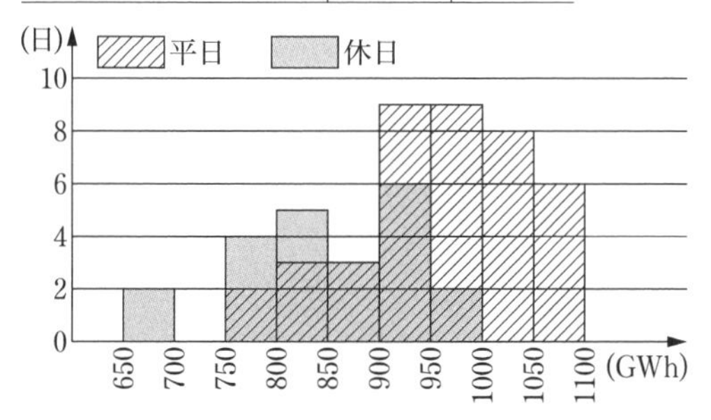

平日と休日の平均値と標準偏差

電力需要実績	平日	休日
平均値 (GWh)	956.2	846.9
標準偏差 (GWh)	80.79	87.60

箱ひげ図やヒストグラム，平均値と標準偏差のいずれからも，休日に比べ平日の電力需要実績のほうが，全体的により大きい値に分布していることが分かり，**平日と休日で電気の使われ方が異なることが分かる。**

教 p.187

問5 教科書 196 ページの表の電力需要実績と平均気温のデータについて，平日と休日に分けてそれぞれ散布図をかき，相関係数を求めよ。

解答 平日の平均気温と電力需要実績の相関係数（散布図は下の左）

$r_d \fallingdotseq 0.92$

休日の平均気温と電力需要実績の相関係数（散布図は下の右）

$r_e \fallingdotseq 0.93$

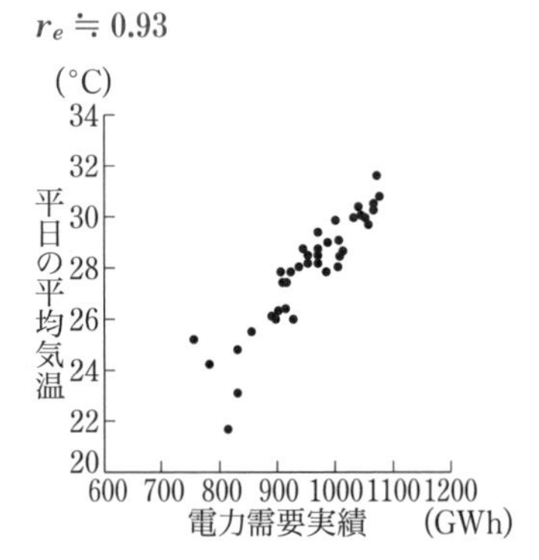

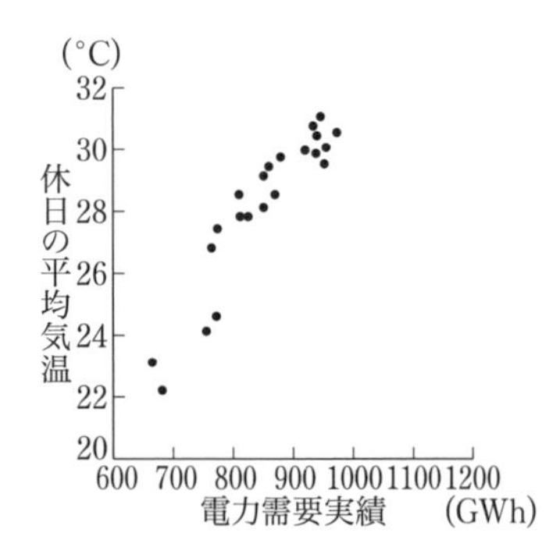

問　題

教 p.189

5 次のことを表現したり分析したりする際に有効と考えられる方法を，下の①～⑦からすべて選べ。

(1) 国連加盟各国における GDP と出生率の関係とその比較

(2) N さんの毎年の身長の変化の様子

(3) 2 種類の充電池各 1 万本について，充電 1 回あたりの持続時間のばらつきの調査

(4) 2020 年の梨の全国生産量に対する主な都道府県の生産量の割合

(5) 5 つあるクラスごとの，50 m 走の記録の分布とその比較

①折れ線グラフ　②帯グラフ・円グラフ　③ヒストグラム
④箱ひげ図　⑤散布図　⑥分散・標準偏差　⑦相関係数

解答 (1) ⑤，⑦　(2) ①　(3) ③，④，⑥
(4) ②　(5) ③，④，⑥

[課題学習]

解答 （省略）

4節 仮説検定の考え方

用語のまとめ

仮説検定

- 「当てずっぽうで予想している」という仮説を立て，その仮説のもとで，ある事象が起こり得る確率にもとづいて「この予想はよく当たる」と判断できるかどうかを検討する方法を **仮説検定** という。
- 仮説検定では，一般に，起こる確率が5%未満である事象を，ほとんど起こり得ない事象であると考える。

教 p.191

問1 ある人が，紅茶にミルクを注いだミルクティーと，ミルクに紅茶を注いだミルクティーの味の違いが分かると主張した。そこで，どちらを先に注いだか分からないようにしたミルクティー30杯について，どちらを先に注いだか当ててもらったところ，9杯で誤った回答をした。この結果から，味の違いが分かるという主張は誤りであると判断できるだろうか。前ページのコイン投げの実験の結果を利用して考察せよ。

解答 「味の違いが分かるという主張が誤りである」という仮説を立てる。
1杯につき均質なコインを1枚投げ，表が出れば主張が外れ，裏が出れば主張が的中したと考える。教科書 p.190 のコイン投げの実験から，30杯中9杯以下で誤った主張をする確率は

$150+54+22+6+2=234$ より　　2.3%

である。
これは5%未満であるから，ほとんど起こり得ない事象が起きたと考えられる。
したがって，仮説を否定して，この人は **味の違いが分かると判断できる。**

練　習　問　題　A

教 p.192

1 20 人の生徒に，数学と国語の 5 点満点の小テストを行った。数学の得点を x 点，国語の得点を y 点とする。そのときの結果が次の表である。例えば，数学が 3 点，国語が 4 点の生徒は 7 人いることが分かる。このとき，次の問に答えよ。

y \ x	0	1	2	3	4	5	計
5				1		3	4
4			3	7	1	1	12
3		3		1			4
2							0
1							0
0							0
計	0	3	3	9	1	4	20

(1) x の平均値 $\overline{x}$ と，y の平均値 $\overline{y}$ を求めよ。

(2) x と y の分散は，右の表のようになる。
x と y の相関係数 r を求めよ。

	数学	国語
分散	1.6	0.4

解答 (1) $\overline{x}=\dfrac{1}{20}(1\cdot3+2\cdot3+3\cdot9+4\cdot1+5\cdot4)=\dfrac{60}{20}=3$ (点)

$\overline{y}=\dfrac{1}{20}(3\cdot4+4\cdot12+5\cdot4)=\dfrac{80}{20}=4$ (点)

(2) $3-\overline{x}=0$，$4-\overline{y}=0$ となるから，x の値 3 の生徒と y の値が 4 の生徒については考えなくてもよい。したがって，x と y の共分散 s_{xy} は

$$s_{xy}=\frac{1}{20}\{3(5-\overline{x})(5-\overline{y})+3(1-\overline{x})(3-\overline{y})\}=\frac{3}{5}=0.6$$

したがって

$$r=\frac{s_{xy}}{\sqrt{1.6}\sqrt{0.4}}=\frac{0.6}{\sqrt{0.64}}=\frac{0.6}{0.8}=\mathbf{0.75}$$

2 標準偏差，相関係数の性質に関する次の ①，②，③ の記述はそれぞれ正しいといえるか。

① データのすべての値を -1 倍しても，標準偏差は変わらない。

② 散布図で，すべての点が直線上にあるとき，直線の傾きが大きいほど相関係数の値も大きい。

③ 変量 x と変量 y の相関係数が r であるとき，変量 y と変量 x の相関係数は $-r$ である。

解答 ① **正しい**

変量 x と変量 y の間に $y=-x$ という関係があるとき，それぞれの標準偏差を s_x，s_y とすると

$$s_y=|-1|s_x=s_x$$

となる。したがって，標準偏差は変わらない。

② **正しいとはいえない**

直線の傾きは，単位やグラフの軸のとり方によって変化する。相関係数は，それらのとり方によらない。

(単位のとり方によらないことは，教科書 p.180 問 1 で確かめている。)

③ **正しいとはいえない**

教科書 p.179 の相関係数の定義の式で x と y を入れかえても，相関係数の値は変わらない。

3 $a>0$ とする。変量 x と変量 y の相関係数が r であるとき，x を a 倍して b を加えた変量を z とすると，変量 z と変量 y の相関係数も r であることを示せ。

解答 変量 x と変量 z には $z=ax+b$ という関係があることから，それぞれの平均値 $\overline{x}$ と $\overline{z}$ の間に $\overline{z}=a\overline{x}+b$ が成り立つ。

したがって，x の偏差 $x-\overline{x}$ と z の偏差 $z-\overline{z}$ の間に次のことが成り立つ。

$$z-\overline{z}=(ax+b)-(a\overline{x}+b)=a(x-\overline{x}) \quad \cdots\cdots①$$

変量 x と変量 y の共分散を s_{xy}，変量 z と y の共分散を s_{zy} とすると，① より

$$\begin{aligned}s_{zy}&=\frac{1}{n}\{(z_1-\overline{z})(y_1-\overline{y})+(z_2-\overline{z})(y_2-\overline{y})\\&\qquad+\cdots+(z_n-\overline{z})(y_n-\overline{y})\}\\&=\frac{1}{n}\{a(x_1-\overline{x})(y_1-\overline{y})+a(x_2-\overline{x})(y_2-\overline{y})\\&\qquad+\cdots+a(x_n-\overline{x})(y_n-\overline{y})\}\\&=\frac{a}{n}\{(x_1-\overline{x})(y_1-\overline{y})+(x_2-\overline{x})(y_2-\overline{y})\\&\qquad+\cdots+(x_n-\overline{x})(y_n-\overline{y})\}\\&=as_{xy} \quad \cdots\cdots②\end{aligned}$$

$s_z=|a|s_x$ で，$a>0$ であるから　$s_z=as_x$

したがって

$$r_{zy}=\frac{s_{zy}}{s_z s_y}=\frac{as_{xy}}{as_x s_y}=\frac{s_{xy}}{s_x s_y}=r$$

したがって，変量 x と変量 y の相関係数が r であるとき，変量 z と変量 y の相関係数も r である。

練　習　問　題　B　　教 p.193

4　10 人の生徒に，数学と英語の 10 点満点の小テストを行った。数学の得点を x 点，英語の得点を y 点とする。そのときの結果が下の表と箱ひげ図である。また，x，y の平均値を $\overline{x}$，$\overline{y}$ とする。

生徒	x	y	$(x-\overline{x})^2$	$(y-\overline{y})^2$	$(x-\overline{x})(y-\overline{y})$
1	8	6	4	1	2
2	6	4	0	1	0
⋮	⋮	⋮	⋮	⋮	⋮
10	3	3	9	4	6
合計	A	B	64	36	37

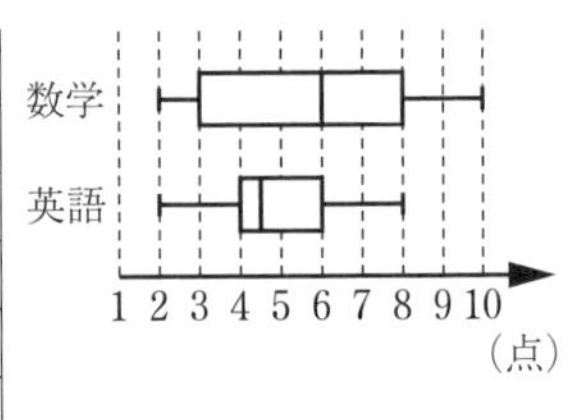

(1)　表の A，B の値を求めよ。

(2)　x の分散 $s_x{}^2$ と，y の分散 $s_y{}^2$ を求めよ。

(3)　x と y の相関係数 r を，四捨五入して小数第 2 位まで求めよ。

(4)　x と y の散布図として適切なものを，次の ①～④ の中から選べ。

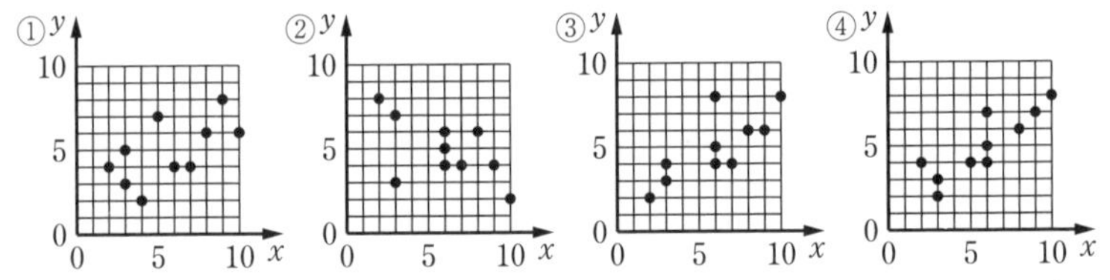

(5)　11 人目の生徒が同じ小テストを受けたところ，数学が 6 点，英語が 5 点であった。次の ①，②，③ の記述のうち，適当でないものをすべて選べ。

①　11 人の数学の平均値は，10 人のときの平均値 $\overline{x}$ と等しい。

②　11 人の英語の分散は，10 人のときの分散 $s_y{}^2$ より小さい。

③　11 人の数学の得点と英語の得点の相関係数は，10 人のときの相関係数 r より大きい。

考え方　(1)　生徒 1，2 についてのデータから $\overline{x}$，$\overline{y}$ を求める。

解　答　(1)　生徒 1 のデータから　　$(8-\overline{x})(6-\overline{y})=2$　……①

生徒 2 のデータから　　$(6-\overline{x})^2=0$　……②

② より　$\overline{x}=6$

これを ① に代入して　$\overline{y}=5$

この結果は生徒 10 のデータに適する。

よって　$A = 10\overline{x} = 60$

$B = 10\overline{y} = 50$

(2)　表より　$s_x{}^2 = \frac{64}{10} = 6.4$，$s_y{}^2 = \frac{36}{10} = 3.6$

(3)　$r = \dfrac{\frac{37}{10}}{\sqrt{\frac{64}{10}}\sqrt{\frac{36}{10}}} = \dfrac{37}{\sqrt{64}\sqrt{36}} = \dfrac{37}{8 \cdot 6} = 0.770\cdots \fallingdotseq 0.77$

(4)　① は数学の中央値が 5.5 点となり，箱ひげ図の値 6 と異なる。したがって，不適。

② は負の相関関係があると考えられる。したがって，(3) より不適。

③ は，箱ひげ図から読み取れる値と矛盾しない。

④ は英語の第 3 四分位数が 7 点となり，箱ひげ図の値 6 と異なる。したがって，不適。

よって，x と y の散布図として適切なものは　③

(5)　11 人の数学の平均値は

$$\frac{60+6}{11} = 6\ (\text{点})$$

で，$\overline{x}$ と等しい。(① は正しい。)

11 人の英語の分散は

$$\frac{36+(5-5)^2}{11} = \frac{36}{11} = 3.27\cdots < 3.6$$

で，$s_y{}^2$ より小さい。(② は正しい。)

11 人の数学と英語の得点の分散を，$t_x{}^2$，$t_y{}^2$ とし，共分散を t_{xy} とすると，11 人目の数学と英語の偏差は，いずれも 0 であるから

$$t_x{}^2 = \frac{10s_x{}^2}{11},\ t_y{}^2 = \frac{10s_y{}^2}{11},\ t_{xy} = \frac{10s_{xy}}{11}$$

したがって，11 人の数学の得点と英語の得点の相関係数 r' は

$$r' = \frac{t_{xy}}{\sqrt{t_x{}^2}\sqrt{t_y{}^2}} = \frac{\frac{10s_{xy}}{11}}{\sqrt{\frac{10s_x{}^2}{11}}\sqrt{\frac{10s_y{}^2}{\ }}} = \frac{s_{xy}}{\ } = \frac{s_{xy}}{\ }$$

相関係数は変わらないから，

したがって，適当でない

別解　(1)　生徒 1 と生徒 2 のデ

$|6-\overline{y}| =$

したがって

標準化 教 p.194

用語のまとめ

標準化

- 変量 x のデータの値 x_i の偏差 $x_i-\overline{x}$ を x の標準偏差 s_x で割った値

$$z_i=\frac{x_i-\overline{x}}{s_x}$$

を，**標準得点** という。標準得点は，そのデータの値が平均値から標準偏差いくつ分離れているかを表している。さらに，データの個々の値 x_i をそれぞれ標準得点 z_i に変換することを **標準化** という。

教 p.194

問1 標準化されたデータにおいて標準偏差が1になることを示せ。

解 答 変量 x の平均値を $\overline{x}$，標準偏差を s_x とする。

変量 x を標準化した標準得点 z は

$$z=\frac{x-\overline{x}}{s_x}=\frac{1}{s_x}x-\frac{\overline{x}}{s_x}$$

と表される。

$\frac{1}{s_x}$ と $\frac{\overline{x}}{s_x}$ は定数であるから，$y=ax+b$ の形で表され，$s_x>0$ より，z の標準偏差 s_z は

$$s_z=\left|\frac{1}{s_x}\right|\cdot s_x=1$$

教 p.194

問2 Bさんの握力と立ち幅とびの記録の標準得点をそれぞれ求めよ。

解 答 Bさんの握力の標準得点 X と立ち幅とびの標準得点 Y は，それぞれ

$$X=\frac{37.1-40.0}{7.2}=-0.402\cdots\fallingdotseq-0.4$$

$$Y=\frac{213.3-224.7}{22.8}=-0.5$$

活用　偏差値［課題学習］　教 p.195

用語のまとめ

偏差値

- 標準化されたデータについて，各値に 10 を掛けて 50 を加えたものを考えると，平均値が 50，標準偏差が 10 の変量になる。この値を **偏差値** という。

偏差値の求め方　解き方のポイント

$$\text{得点の偏差値} = 50 + 10 \times \frac{\text{得点} - \text{得点の平均値}}{\text{得点の標準偏差}}$$

考察 1　学年全体における数学の得点の標準偏差は 20 点，英語の得点の標準偏差は 6 点であった。このとき，太郎さんの数学と英語の得点の偏差値をそれぞれ求めよ。

解答

	平均値	標準偏差	得点
数学	51 点	20 点	75 点
英語	63 点	6 点	75 点

であるから

数学の偏差値 は

$$50 + 10 \times \frac{75 - 51}{20} = 62$$

英語の偏差値 は

$$50 + 10 \times \frac{75 - 63}{6} = 70$$

（参考）数学の偏差値が 62，英語の偏差値が 70 であることから，平均値と得点の差から，「数学のほうがよくできた。」とする考えは正しくない。

考察 2　偏差値の考え方を用いて，実際のデータについて調べてみよう。分析の際は，必要に応じてコンピュータなどの情報機器を利用せよ。

(1) 収集したデータについて，平均値，標準偏差を求めよ。

(2) 着目したデータの値について，偏差値を求めよ。また，収集したデータにおいて，偏差値 40，60，70 に相当する値をそれぞれ求めよ。

解答　（省略）

巻末

問題を解くときに働く見方・考え方

教 p.198-206

教 p.201

問1 不等式 $|2x-6|<x$ を，グラフを利用して解け。

考え方 絶対値記号の中の値の正負によって，場合分けをしてグラフを考える。

解答 (i) $2x-6 \geqq 0$ すなわち $x \geqq 3$ のとき

$y=2x-6$

(ii) $2x-6<0$ すなわち $x<3$ のとき

$|2x-6|=-(2x-6)=-2x+6$

であるから $y=-2x+6$

したがって，$y=|2x-6|$ のグラフは右の図のようになる。

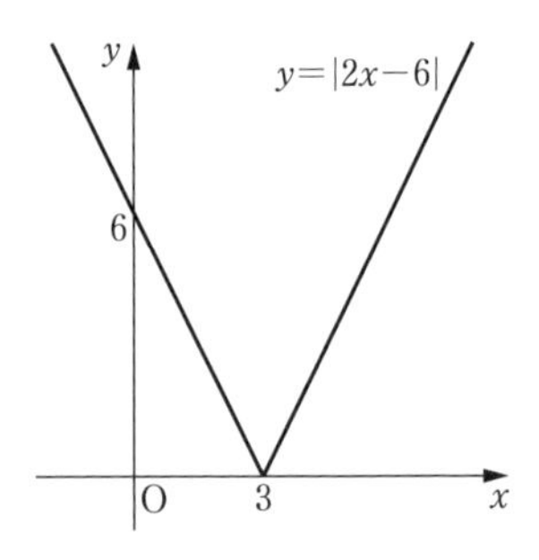

直線 $y=2x-6$ と直線 $y=x$ の共有点の x 座標は

$2x-6=x$ より $x=6$

これは，条件 $x \geqq 3$ を満たす。

直線 $y=-2x+6$ と直線 $y=x$ の共有点の x 座標は

$-2x+6=x$ より $x=2$

これは，条件 $x<3$ を満たす。

求める不等式 $|2x-6|<x$ の解は，関数 $y=|2x-6|$ のグラフが直線 $y=x$ より下側にある x の値の範囲である。

したがって，右の図より，不等式の解は

$2<x<6$

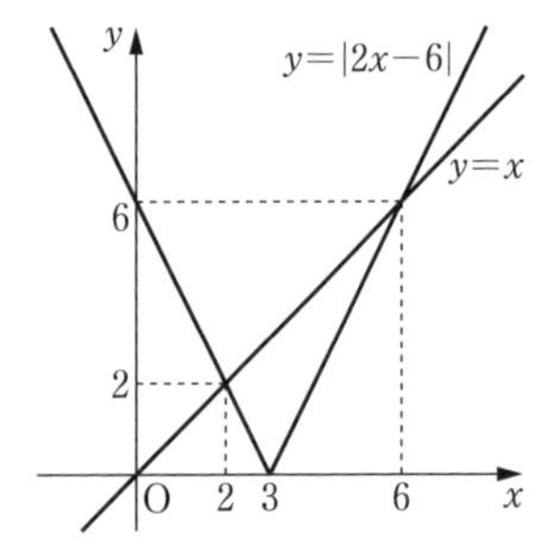

教 p.201

問2 右の図は，ある25人の生徒の数学の試験の得点 x 点と英語の試験の得点 y 点の散布図である。ここに，数学が95点，英語が40点である生徒Aの結果を加えるとき，x と y の相関係数はどのように変化すると考えられるか。

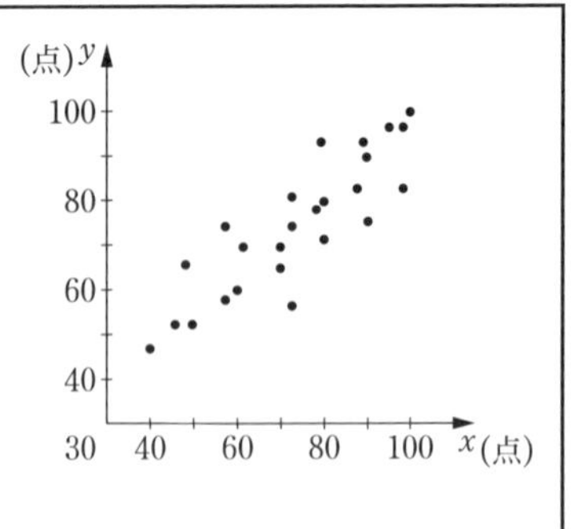

解答 散布図において，生徒Aを表す点は，もとの25人を表す点の集団から外れた位置にあり，全体として直線状から遠ざかる。
したがって，相関係数は **小さくなる** と考えられる。

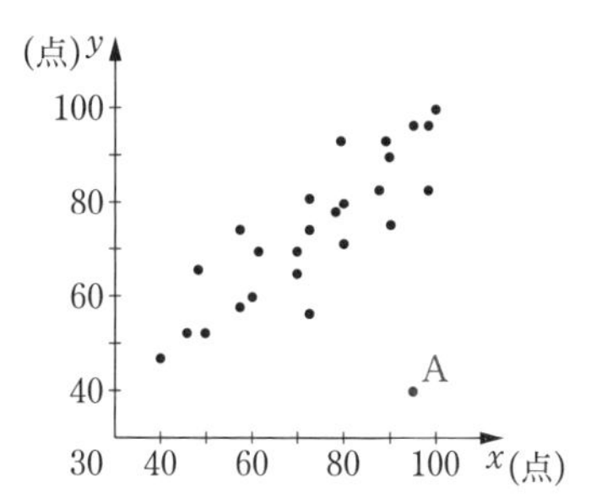

教 p.204

問3 方程式 $|x-1|+|x-3|=6$ を解け。

考え方 絶対値記号の中の値の正負によって，次の3つに場合分けして考える。

(i) $x-1<0$　(ii) $x-1\geqq 0$ かつ $x-3<0$　(iii) $x-3\geqq 0$

解答 (i) $x-1<0$ すなわち $x<1$ のとき

$$|x-1|=-(x-1),\ |x-3|=-(x-3)$$

であるから，方程式は

$$-(x-1)-(x-3)=6$$

$$-2x+4=6$$

したがって　$x=-1$

これは，条件 $x<1$ を満たす。

(ii) $x-1\geqq 0$ かつ $x-3<0$ すなわち $1\leqq x<3$ のとき

$$|x-1|=x-1,\ |x-3|=-(x-3)$$

であるから，方程式は

$$x-1-(x-3)=6$$

$$2=6$$

この式は成り立たない。

したがって，$1\leqq x<3$ のとき，方程式を成り立たせる値はない。

(iii) $x-3\geqq 0$ すなわち $3\leqq x$ のとき

$$|x-1|=x-1,\ |x-3|=x-3$$

であるから，方程式は

$$x-1+x-3=6$$

$$2x-4=6$$

したがって　$x=5$

これは，条件 $x\geqq 3$ を満たす。

(i), (ii), (iii) より，方程式 $|x-1|+|x-3|=6$ の解は

$\boldsymbol{x=-1,\ 5}$

教 p.204

問4　上の正弦定理の証明についての考え方を参考にして，△ABC の面積を S とするとき，$S=\dfrac{1}{2}ab\sin C$ が成り立つことを証明せよ。

証明　△ABC において，BC を底辺とする。

(i)　C が鋭角のとき

△ABC の高さ h は　　$h=b\sin C$

したがって，△ABC の面積 S は

$$S=\frac{1}{2}\mathrm{BC}\cdot h=\frac{1}{2}ab\sin C$$

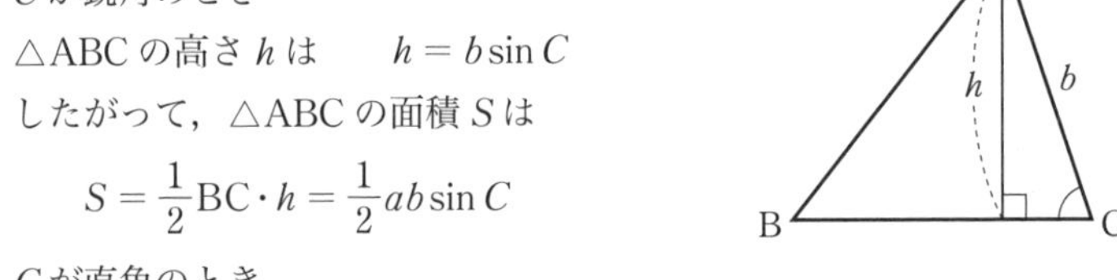

(ii)　C が直角のとき

このとき　　$\sin C=1$

△ABC の高さ h は　　$h=\mathrm{AC}=b$

したがって，△ABC の面積 S は

$$S=\frac{1}{2}\mathrm{BC}\cdot h=\frac{1}{2}ab=\frac{1}{2}ab\sin C$$

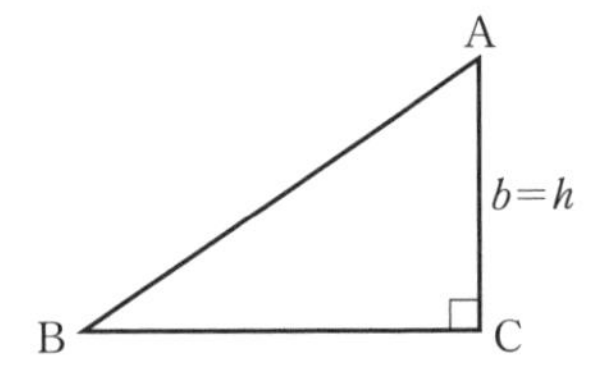

(iii)　C が鈍角のとき

△ABC の高さ h は

$$h=b\sin(180^\circ-C)=b\sin C$$

したがって，△ABC の面積 S は

$$S=\frac{1}{2}\mathrm{BC}\cdot h=\frac{1}{2}ab\sin C$$

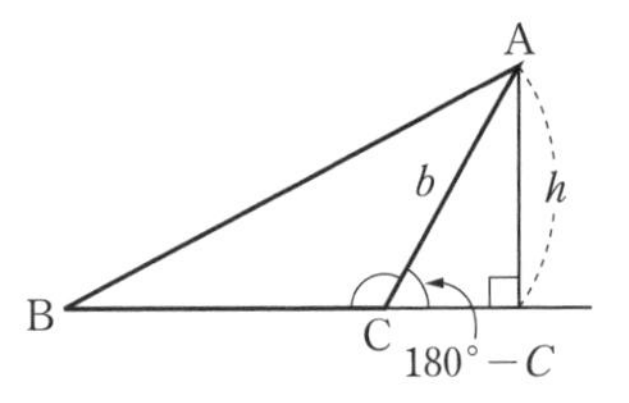

(i), (ii), (iii) より，$S=\dfrac{1}{2}ab\sin C$ が成り立つ。

教 p.206

問5　x が2次方程式 $x^2-2x-2=0$ を満たすとき，
$A=x^4-3x^3+2x^2-x-3$ の値を求めよ。

考え方　方程式を $x^2=2x+2$ と変形し，これを利用して A をより低い次数の式に表す。

解答　$x^2-2x-2=0$ より　　$x^2=2x+2$

A に $x^2=2x+2$ を代入すると

$$\begin{aligned}A&=(x^2)^2-3x\cdot x^2+2x^2-x-3\\&=(2x+2)^2-3x(2x+2)+2(2x+2)-x-3\\&=4x^2+8x+4-6x^2-6x+4x+4-x-3\\&=-2x^2+5x+5\end{aligned}$$

この式に，さらに $x^2=2x+2$ を代入すると

$$A=-2(2x+2)+5x+5$$
$$=x+1 \quad \cdots\cdots ①$$

2次方程式 $x^2-2x-2=0$ を解くと　※

$$x=1\pm\sqrt{3}$$

これを ① に代入すると

$x=1+\sqrt{3}$ のとき　$A=2+\sqrt{3}$

$x=1-\sqrt{3}$ のとき　$A=2-\sqrt{3}$

※
$$x=\frac{-(-1)\pm\sqrt{(-1)^2-1\cdot(-2)}}{1}$$
$$=1\pm\sqrt{3}$$

教 p.206

問6　右の図のように，母線 AB の長さが3，底面の直径 BC が2の円錐がある。母線 AC の中点を M とするとき，点 M から円錐の側面を通って点 B に至る曲線の最短の長さ l を求めよ。

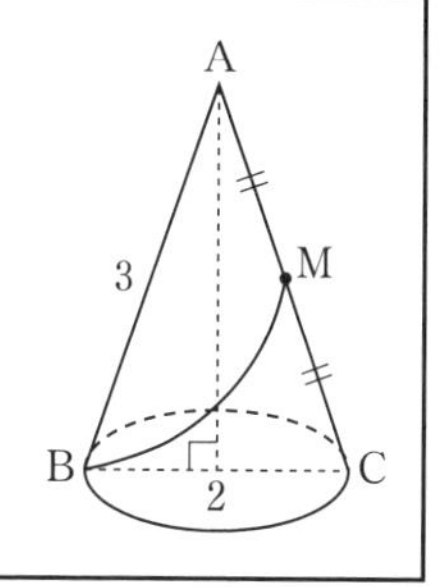

考え方　展開図に表して考える。展開図において，点 M から B までが最短となるのは，点 M と B を結ぶ線分 MB のときである。

解答　側面の扇形の弧の長さは，底面の円の周の長さに等しい。
側面の展開図のおうぎ形の中心角を $a°$ とすると
扇形の弧の長さは中心角に比例するから

$$2\pi\times3\times\frac{a}{360}=2\pi\times1$$
$$a=120$$

$\angle CAC'=120°$ で，点 B は弧 CC′ の中点であるから

$$\angle CAB=60°$$

△ABC は，2 辺 AC，AB が半径で等しいから二等辺三角形で，さらに，頂角が 60° であるから，正三角形である。
MB は辺 AC の垂直二等分線となるから

$$l=MB=AB\sin60°$$
$$=3\cdot\frac{\sqrt{3}}{2}=\frac{3\sqrt{3}}{2}$$

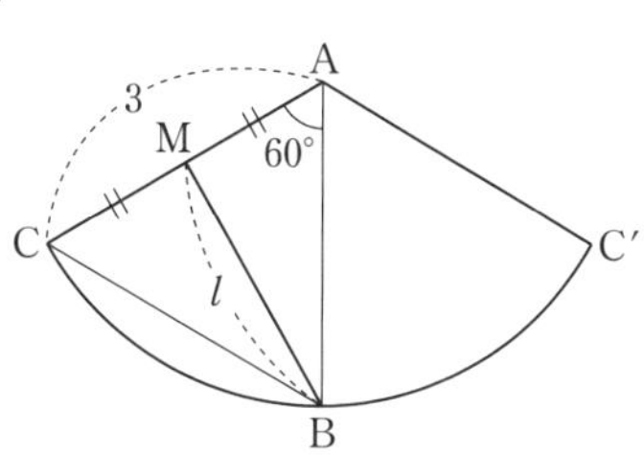

演 習 問 題

教 p.207-209

1章 数と式

教 p.207

1 次の式を展開せよ。

(1) $(a+b+c)^2+(-a+b+c)^2+(a-b+c)^2+(a+b-c)^2$

(2) $(a+b+c)^2-(a+b-c)^2$

考え方 (1) $(x+y+z)^2=x^2+y^2+z^2+2xy+2yz+2zx$ を用いて展開する。

解 答 (1) $(a+b+c)^2+(-a+b+c)^2+(a-b+c)^2+(a+b-c)^2$

$= a^2+b^2+c^2+2ab+2bc+2ca \longleftarrow (a+b+c)^2$

$+a^2+b^2+c^2-2ab+2bc-2ca \longleftarrow \{(-a)+b+c\}^2$

$+a^2+b^2+c^2-2ab-2bc+2ca \longleftarrow \{a+(-b)+c\}^2$

$+a^2+b^2+c^2+2ab-2bc-2ca \longleftarrow \{a+b+(-c)\}^2$

$=\boldsymbol{4a^2+4b^2+4c^2}$

(2) $(a+b+c)^2-(a+b-c)^2$

$=\{(a+b+c)+(a+b-c)\}\{(a+b+c)-(a+b-c)\}$ 　$x^2-y^2=(x+y)(x-y)$

$=2(a+b)\cdot 2c$

$=\boldsymbol{4ac+4bc}$

2 次の式を因数分解せよ。

(1) $(a+b)(b+c)(c+a)+abc$

(2) $(a+b)c^3-(a^2+ab+b^2)c^2+a^2b^2$

考え方 (2) まず，a について整理する。

解 答 (1) $(a+b)(b+c)(c+a)+abc$

$=\{b^2+(a+c)b+ac\}(c+a)+abc$

$=(c+a)b^2+\{(c+a)^2+ca\}b+ca(c+a)$

$=\{b+(c+a)\}\{(c+a)b+ca\}$

$=\boldsymbol{(a+b+c)(ab+bc+ca)}$

(2) $(a+b)c^3-(a^2+ab+b^2)c^2+a^2b^2$

$=(b^2-c^2)a^2+(c^3-bc^2)a+(bc^3-b^2c^2)$ 　a について整理する

$=(b+c)(b-c)a^2-c^2(b-c)a-bc^2(b-c)$

$=(b-c)\{(b+c)a^2-c^2a-bc^2\}$ 　$b-c$ でくくる

$=(b-c)\{(a^2-c^2)b+ac(a-c)\}$

$=(b-c)\{(a+c)(a-c)b+ac(a-c)\}$

$=(a-c)(b-c)\{(a+c)b+ac\}$ 　{ }の中を $a-c$ でくくる

$=\boldsymbol{(a-c)(b-c)(ab+bc+ca)}$

3 次の式を簡単にせよ。

$$\frac{2}{1+\sqrt{2}+\sqrt{3}}+\frac{2}{1-\sqrt{2}+\sqrt{3}}+\frac{3}{1+\sqrt{2}-\sqrt{3}}+\frac{3}{1-\sqrt{2}-\sqrt{3}}$$

考え方 2項ずつ組み合わせて通分する。

解答

$$\frac{2}{1+\sqrt{2}+\sqrt{3}}+\frac{2}{1-\sqrt{2}+\sqrt{3}}+\frac{3}{1+\sqrt{2}-\sqrt{3}}+\frac{3}{1-\sqrt{2}-\sqrt{3}}$$

$$=\frac{2(1-\sqrt{2}+\sqrt{3})+2(1+\sqrt{2}+\sqrt{3})}{(1+\sqrt{2}+\sqrt{3})(1-\sqrt{2}+\sqrt{3})}+\frac{3(1-\sqrt{2}-\sqrt{3})+3(1+\sqrt{2}-\sqrt{3})}{(1+\sqrt{2}-\sqrt{3})(1-\sqrt{2}-\sqrt{3})}$$

$$=\frac{4(1+\sqrt{3})}{(1+\sqrt{3})^2-(\sqrt{2})^2}+\frac{6(1-\sqrt{3})}{(1-\sqrt{3})^2-(\sqrt{2})^2}$$

$$=\frac{4(1+\sqrt{3})}{4+2\sqrt{3}-2}+\frac{6(1-\sqrt{3})}{4-2\sqrt{3}-2}$$

$$=\frac{4(1+\sqrt{3})}{2(1+\sqrt{3})}+\frac{6(1-\sqrt{3})}{2(1-\sqrt{3})}$$

$$=2+3$$

$$=5$$

4 不等式 $|x+1|+|x-2|<5$ を解け。

考え方 $x<-1$, $-1 \leqq x<2$, $2 \leqq x$ の3つの場合に分けて，絶対値記号を外す。

解答 $|x+1|+|x-2|<5$ ……①

(i) $x+1<0$ すなわち $x<-1$ のとき

$|x+1|=-(x+1)$, $|x-2|=-(x-2)$ であるから，①は

$-(x+1)-(x-2)<5$

$-2x+1<5$

これを解くと $x>-2$

条件 $x<-1$ との共通範囲は

$-2<x<-1$ ……②

(ii) $x+1 \geqq 0$ かつ $x-2<0$ すなわち $-1 \leqq x<2$ のとき

$|x+1|=x+1$, $|x-2|=-(x-2)$ であるから，①は

$x+1-(x-2)<5$

これを解くと $3<5$

$-1 \leqq x<2$ のとき，方程式は常に成り立つから

$-1 \leqq x<2$ ……③

巻末

(iii) $0 \leqq x-2$ すなわち $2 \leqq x$ のとき

$|x+1|=x+1$, $|x-2|=x-2$ であるから，① は

$$x+1+x-2<5$$
$$2x-1<5$$

これを解くと $x<3$

条件 $2 \leqq x$ との共通の範囲は

$2 \leqq x < 3$ ……④

(i), (ii), (iii) より，不等式 ① の解は

$-2<x<3$

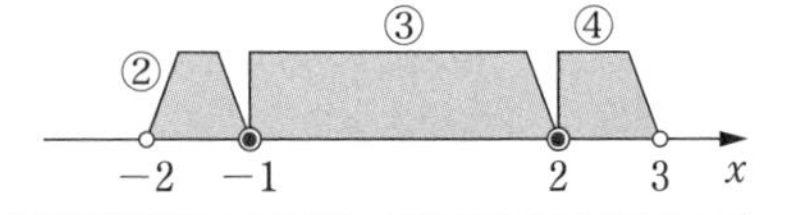

5 x についての不等式 $|x+a-3|<2b$ の解が $-1<x<11$ となるように，定数 a, b の値を定めよ。

考え方 「$a>0$ のとき $|x|<a \iff -a<x<a$」であることを用いる。

解 答 与えられた不等式より $b>0$

$|x+a-3|<2b$ より

$-2b<x+a-3<2b$ ……①

① の各辺に $-a+3$ を加えると

$$-2b+(-a+3)<x+a-3+(-a+3)<2b+(-a+3)$$

したがって

$$-a-2b+3<x<-a+2b+3$$

解が $-1<x<11$ となるのは

$$\begin{cases} -a-2b+3=-1 & \cdots\cdots ② \\ -a+2b+3=11 & \cdots\cdots ③ \end{cases}$$

のときである。これを解くと

$a=-2$, $b=3$ ※

これは，$b>0$ を満たす。

したがって

$a=-2$, $b=3$

※
②＋③ より
$$-2a+6=10$$
$$a=-2$$
$a=-2$ を ② に代入して
$$-(-2)-2b+3=-1$$
$$-2b=-6$$
$$b=3$$

2章 集合と論証

教 p.207

1 x, yを実数とするとき，下の命題について，次の問に答えよ。

命題「$x+y$が有理数であり，かつxyが有理数であるならば，
xが有理数であるか，またはyが有理数である。」

(1) この命題の対偶をつくれ。

(2) この命題が真であれば証明し，偽であれば反例を挙げよ。

考え方 (1) 「pならばqである」の対偶は，「qでないならばpでない」である。

解答 (1) この命題の対偶は

「xが有理数でない，かつyが有理数でないならば，$x+y$が有理数でないか，またはxyが有理数でない。」

すなわち

「xが無理数であり，かつyが無理数であるならば，$x+y$が無理数であるか，またはxyが無理数である。」

(2) **偽** である。反例として，$x=\sqrt{3}$，$y=-\sqrt{3}$ などがある。

$x=\sqrt{3}$，$y=-\sqrt{3}$ のとき

$x+y=0$，$xy=-3$

で，$x+y$，xyは有理数となるが，x，yは有理数ではない。

2 $\sqrt{6}$ が無理数であることを用いて，$\sqrt{3}-\sqrt{2}$ が無理数であることを証明せよ。

考え方 背理法を用いて証明する。

証明 $\sqrt{3}-\sqrt{2}$ が無理数でないと仮定すると，$\sqrt{3}-\sqrt{2}$ は有理数である。

このとき，有理数pを用いて

$\sqrt{3}-\sqrt{2}=p$ ……①

と表すことができる。

①の両辺を2乗すると

$p^2=(\sqrt{3}-\sqrt{2})^2=5-2\sqrt{6}$

したがって　$2\sqrt{6}=5-p^2$

$$\sqrt{6}=\frac{5-p^2}{2}$$

pは有理数であるから，p^2 も有理数である。

したがって，$\dfrac{5-p^2}{2}$ も有理数である。

これは $\sqrt{6}$ が無理数であるということに矛盾する。

したがって，$\sqrt{3}-\sqrt{2}$ は無理数である。

3章　2次関数　教 p.208

1　放物線 $y=-x^2$ を平行移動したもので，点 $(2,\ -6)$ を通り，頂点が直線 $y=-2x+1$ 上にある放物線をグラフとする2次関数を求めよ。

考え方　平行移動したあとの頂点の x 座標を p とおくと，直線 $y=-2x+1$ 上の点であることから，頂点の y 座標は $-2p+1$ と表すことができる。

解　答　求める2次関数のグラフの頂点は直線 $y=-2x+1$ 上にあるから，その座標は，x 座標を p とすると $(p,\ -2p+1)$ と表される。

このグラフは放物線 $y=-x^2$ を平行移動したものであるから，求める2次関数は，x^2 の係数は -1 で

$$y=-(x-p)^2+(-2p+1)\quad\cdots\cdots①$$

と表される。この関数のグラフが点 $(2,\ -6)$ を通るから

$$-6=-(2-p)^2+(-2p+1)$$

$$-6=-4+4p-p^2-2p+1$$

これを整理して

$$p^2-2p-3=0$$

$$(p+1)(p-3)=0$$

これを解いて　　$p=-1,\ 3$

$p=-1$ のとき，① に代入すると

$$y=-(x+1)^2+3\quad すなわち\quad y=-x^2-2x+2$$

$p=3$ のとき，① に代入すると

$$y=-(x-3)^2-5\quad すなわち\quad y=-x^2+6x-14$$

したがって

$$\boldsymbol{y=-x^2-2x+2,\ y=-x^2+6x-14}$$

2　2つの2次方程式 $x^2+x+k=0$，$x^2-2x-3k-2=0$ が次の条件を満たすとき，定数 k の値の範囲を求めよ。

(1)　ともに実数解をもつ

(2)　一方のみが実数解をもつ

考え方　2次方程式 $ax^2+bx+c=0$ の判別式を D とするとき，この2次方程式が実数解をもつための条件は，$D\geqq 0$ である。

解　答　2次方程式 $x^2+x+k=0$，$x^2-2x-3k-2=0$ の判別式をそれぞれ D_1，D_2 とすると

$D_1=1^2-4\cdot1\cdot k=-4k+1$

$D_2=(-2)^2-4\cdot1\cdot(-3k-2)=12k+12$

(1)　ともに実数解をもつための条件は，$D_1\geqq0$ かつ $D_2\geqq0$ である。

$-4k+1\geqq0$ を解くと　$k\leqq\dfrac{1}{4}$　　…… ①

$12k+12\geqq0$ を解くと　$k\geqq-1$　　…… ②

①，② を同時に満たす k の値の範囲を求めると　$\boldsymbol{-1\leqq k\leqq\dfrac{1}{4}}$

(2)　一方のみが実数解をもつための条件は，$D_1\geqq0$ かつ $D_2<0$　または $D_1<0$ かつ $D_2\geqq0$ である。

(i)　$D_1\geqq0$ かつ $D_2<0$ のとき

$D_1\geqq0$ より　　$k\leqq\dfrac{1}{4}$

$D_2<0$ より　　$k<-1$

したがって　　$k<-1$

(ii)　$D_1<0$ かつ $D_2\geqq0$ のとき

$D_1<0$ より　　$k>\dfrac{1}{4}$

$D_2\geqq0$ より　　$k\geqq-1$

したがって　　$k>\dfrac{1}{4}$

(i)，(ii) より，求める k の値の範囲は　$\boldsymbol{k<-1,\ \dfrac{1}{4}<k}$

3　方程式 $x^2-1=|2x-1|$ を解け。

考え方　絶対値記号の中が正または0のとき，負のときの2つの場合に分けて絶対値記号を外す。

解　答　$x^2-1=|2x-1|$　　…… ①

(i)　$2x-1\geqq0$　すなわち　$x\geqq\dfrac{1}{2}$ のとき

$|2x-1|=2x-1$ であるから，① は

$x^2-1=2x-1$

$x^2-2x=0$

これを解くと　$x(x-2)=0$ より　$x=0,\ 2$

$x\geqq\dfrac{1}{2}$ であるから　$x=2$

巻末

(ii)　$2x-1<0$　すなわち　$x<\dfrac{1}{2}$ のとき

$|2x-1|=-(2x-1)$ であるから，① は

$$x^2-1=-2x+1$$

$$x^2+2x-2=0$$

これを解くと，解の公式により　$x=-1\pm\sqrt{3}$

$x<\dfrac{1}{2}$ であるから　$x=-1-\sqrt{3}$

(i)，(ii) より，方程式 ① の解は　$\boldsymbol{x=2,\ -1-\sqrt{3}}$

4　$x\geqq 0$ を満たすすべての実数 x について，2 次不等式 $x^2+4ax+4\geqq 0$ が成り立つような定数 a の値の範囲を求めよ。

考え方　$f(x)=x^2+4ax+4$ とおいて，$x\geqq 0$ の範囲で，$f(x)$ の最小値が 0 以上となる定数 a の値の範囲を求める。

解 答　$f(x)=x^2+4ax+4$ とおくと $f(x)=(x+2a)^2-4a^2+4$ と変形できる。
よって，$y=f(x)$ のグラフは下に凸で，軸が直線 $x=-2a$，頂点が点 $(-2a,\ -4a^2+4)$ の放物線である。
求める条件は，$x\geqq 0$ の範囲における $f(x)$ の最小値が 0 以上となる定数 a の値の範囲である。
したがって，軸 $x=-2a$ が $x\geqq 0$ に含まれない場合と含まれる場合に分けて考える。

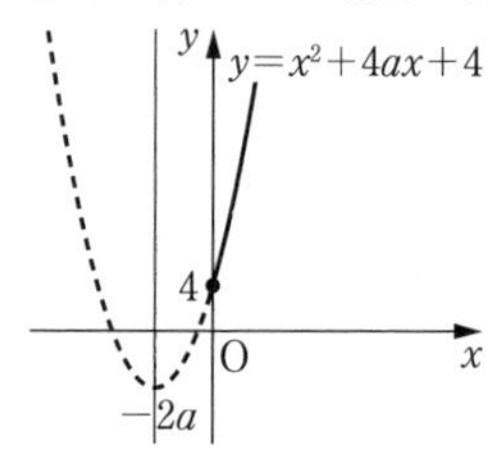

(i)　$-2a\leqq 0$　すなわち　$a\geqq 0$ のとき
$x\geqq 0$ における $f(x)$ の最小値は
$x=0$ のときで　$f(0)=4$
よって，$f(x)\geqq 0$ は常に成り立つ。

(ii)　$-2a>0$　すなわち　$a<0$ のとき
$x\geqq 0$ における $f(x)$ の最小値は
$x=-2a$ のときで

$$f(-2a)=-4a^2+4$$

これが常に 0 以上となるのは

$$-4a^2+4\geqq 0$$

$$a^2-1\leqq 0$$

すなわち　$-1\leqq a\leqq 1$

$a<0$ より　$-1\leqq a<0$

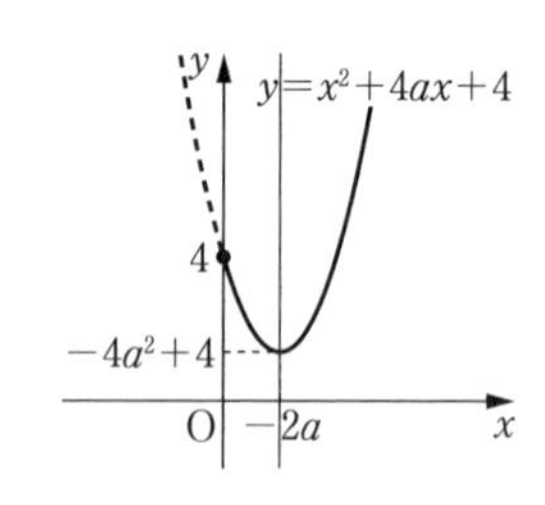

(i)，(ii) より　求める定数 a の値の範囲は
$-1\leqq a$

発展

5 実数 x, y が $2x+y=3$ を満たしながら変化するとき，x^2+y^2 の最小値を求めよ。

解答 $2x+y=3$ を y について解くと　$y=-2x+3$

これを x^2+y^2 に代入すると

$$x^2+y^2=x^2+(-2x+3)^2$$
$$=5x^2-12x+9$$
$$=5\left(x-\frac{6}{5}\right)^2+\frac{9}{5}$$

したがって

$x=\dfrac{6}{5}$，$y=\dfrac{3}{5}$ のとき，x^2+y^2 は最小値 $\dfrac{9}{5}$ をとる。

発展

6 2つの2次方程式 $x^2-2x+k=0$, $x^2+x+2k=0$ が共通な解をもつとき，定数 k の値を求めよ。また，そのときの共通解を求めよ。

解答 2つの2次方程式に共通な解を α とすると

$$\begin{cases}\alpha^2-2\alpha+k=0 & \cdots\cdots ① \\ \alpha^2+\alpha+2k=0 & \cdots\cdots ②\end{cases}$$

① より　$k=-\alpha^2+2\alpha$　……③

③ を ② に代入して整理すると

$$\alpha^2-5\alpha=0$$
$$\alpha(\alpha-5)=0$$

これを解くと　$\alpha=0,\ 5$

$\alpha=0$ のとき，③ より　$k=0$

$\alpha=5$ のとき，③ より　$k=-15$

したがって

$k=0$ のとき　共通解は 0

$k=-15$ のとき　共通解は 5

4章 図形と計量

教 p.208

1 次の不等式を満たす θ の値の範囲を求めよ。ただし，$0° \leqq \theta \leqq 180°$ とする。

(1) $\sin\theta \leqq \dfrac{1}{\sqrt{2}}$　　(2) $\cos\theta > -\dfrac{\sqrt{3}}{2}$

考え方 まず，$\sin\theta = \dfrac{1}{\sqrt{2}}$，$\cos\theta = -\dfrac{\sqrt{3}}{2}$ を満たす θ の値を，単位円を利用して求める。

解答 (1) 単位円の周上で，y 座標が $\dfrac{1}{\sqrt{2}}$ となる点は，右の図の点P，P′ である。

よって，$\sin\theta = \dfrac{1}{\sqrt{2}}$ を満たす θ の値は

$\theta = 45°，135°$

したがって，与えられた不等式を満たす θ の値の範囲は，右の図の影を付けた部分で

$0° \leqq \theta \leqq 45°，135° \leqq \theta \leqq 180°$

(2) 単位円の周上で，x 座標が $-\dfrac{\sqrt{3}}{2}$ となる点は，右の図の点Pである。

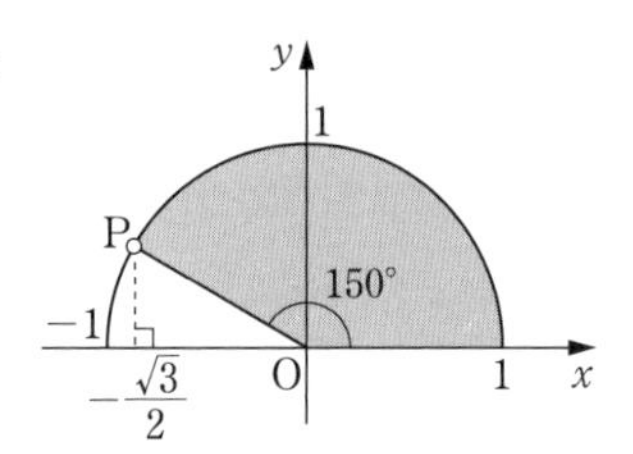

よって，$\cos\theta = -\dfrac{\sqrt{3}}{2}$ を満たす θ の値は

$\theta = 150°$

したがって，与えられた不等式を満たす θ の値の範囲は，右の図の影を付けた部分で

$0° \leqq \theta < 150°$

2 三角錐OABCについて，辺OCは底面ABCに垂直，AB = 5であり，辺AB上のAD = 3を満たす点をDとし，$\angle \mathrm{OAC} = 30^\circ$，$\angle \mathrm{ODC} = 45^\circ$，$\angle \mathrm{OBC} = 60^\circ$であるとする。このとき，次の問に答えよ。

(1) OCの長さを求めよ。

(2) 頂点Cから直線ABに下ろした垂線をCHとするとき，AHの長さを求めよ。

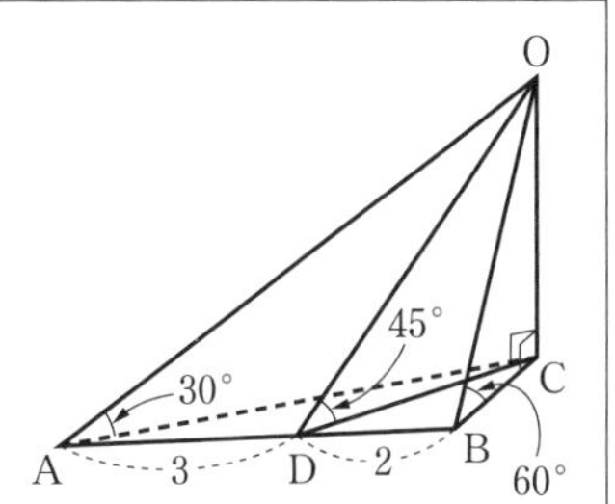

解答 (1) $\mathrm{OC} = x$とおくと

△OACにおいて

$$\mathrm{AC} = \frac{x}{\tan 30^\circ} = \sqrt{3}\,x$$

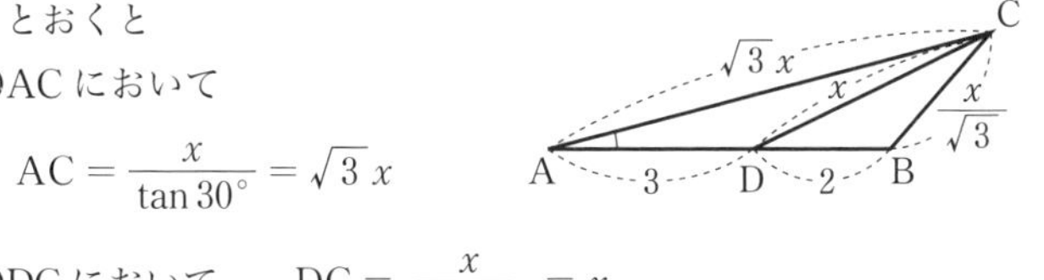

△ODCにおいて　$\mathrm{DC} = \dfrac{x}{\tan 45^\circ} = x$

△OBCにおいて　$\mathrm{BC} = \dfrac{x}{\tan 60^\circ} = \dfrac{x}{\sqrt{3}}$

△ABCに余弦定理を用いると

$$\left(\frac{x}{\sqrt{3}}\right)^2 = (\sqrt{3}\,x)^2 + 5^2 - 2\cdot\sqrt{3}\,x\cdot 5\cos A$$

よって

$$\cos A = \frac{3x^2 + 25 - \dfrac{x^2}{3}}{2\cdot 5\cdot\sqrt{3}\,x} = \frac{8x^2 + 75}{30\sqrt{3}\,x} \quad \cdots\cdots ①$$

△ADCに余弦定理を用いると

$$x^2 = (\sqrt{3}\,x)^2 + 3^2 - 2\cdot\sqrt{3}\,x\cdot 3\cos A$$

したがって

$$\cos A = \frac{3x^2 + 9 - x^2}{2\cdot 3\cdot\sqrt{3}\,x} = \frac{2x^2 + 9}{6\sqrt{3}\,x} \quad \cdots\cdots ②$$

①，②より

$$\frac{8x^2 + 75}{30\sqrt{3}\,x} = \frac{2x^2 + 9}{6\sqrt{3}\,x}$$

両辺に$30\sqrt{3}\,x$を掛ける

整理すると　$2x^2 = 30$

$x^2 = 15$

$x > 0$であるから　$x = \sqrt{15}$

したがって　$\mathbf{OC = \sqrt{15}}$

(2) (1) より

$$AC = \sqrt{3} \cdot \sqrt{15} = 3\sqrt{5}$$

$\cos A = \dfrac{13}{6\sqrt{5}}$ であるから

$$AH = AC\cos A = 3\sqrt{5} \cdot \frac{13}{6\sqrt{5}} = \frac{13}{2}$$

別解 (2) (1) より　$AC = \sqrt{3} \cdot \sqrt{15} = 3\sqrt{5}$

$$BC = \frac{\sqrt{15}}{\sqrt{3}} = \sqrt{5}$$

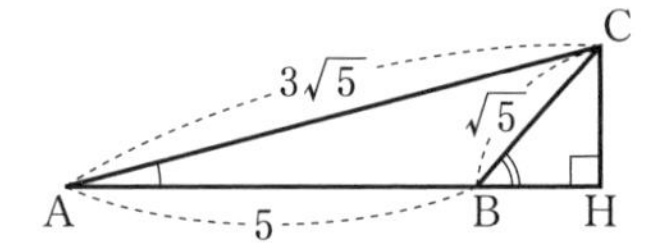

このとき

$$AC^2 = (3\sqrt{5})^2 = 45$$

$$AB^2 + BC^2 = 5^2 + (\sqrt{5})^2 = 30$$

であるから

$$AC^2 > AB^2 + BC^2$$

したがって，△ABC は ∠B が鈍角の鈍角三角形となる。

△CAH において，$BH = t\ (t > 0)$ として，三平方の定理により

$$\begin{aligned} CH^2 &= AC^2 - AH^2 \\ &= (3\sqrt{5})^2 - (5 + t)^2 \\ &= -t^2 - 10t + 20 \qquad \cdots\cdots ③ \end{aligned}$$

△CBH において，三平方の定理により

$$\begin{aligned} CH^2 &= CB^2 - BH^2 \\ &= (\sqrt{5})^2 - t^2 \\ &= 5 - t^2 \qquad \cdots\cdots ④ \end{aligned}$$

③，④ より

$$-t^2 - 10t + 20 = 5 - t^2$$

$$10t = 15$$

これを解くと　$t = \dfrac{3}{2}$

したがって

$$AH = AB + BH = 5 + \frac{3}{2} = \frac{13}{2}$$

発展

3 $0^\circ \leqq \theta \leqq 180^\circ$ のとき，次の方程式，不等式を解け。

(1) $2\cos^2\theta - 9\sin\theta + 3 = 0$　　(2) $2\cos^2\theta - 9\sin\theta + 3 > 0$

解答 (1) $\cos^2\theta = 1 - \sin^2\theta$ を与えられた式に代入すると

$$2(1-\sin^2\theta) - 9\sin\theta + 3 = 0$$
$$2\sin^2\theta + 9\sin\theta - 5 = 0$$

$\sin\theta = t$ とおくと，$0^\circ \leqq \theta \leqq 180^\circ$ より $0 \leqq t \leqq 1$ であり

$$2t^2 + 9t - 5 = 0$$

整理すると　$(2t-1)(t+5) = 0$

これを解くと　$t = \dfrac{1}{2},\ -5$

$0 \leqq t \leqq 1$ より　$t = \dfrac{1}{2}$

$\sin\theta = \dfrac{1}{2}$ を満たす θ は，$0^\circ \leqq \theta \leqq 180^\circ$ より

$\boldsymbol{\theta = 30^\circ,\ 150^\circ}$

(2) (1) と同様に $\sin\theta = t$ とおくと

$$2(1-t^2) - 9t + 3 > 0$$

整理すると　$2t^2 + 9t - 5 < 0$

$(2t-1)(t+5) < 0$

これを解くと　$-5 < t < \dfrac{1}{2}$

$0 \leqq t \leqq 1$ より　$0 \leqq t < \dfrac{1}{2}$

すなわち　$0 \leqq \sin\theta < \dfrac{1}{2}$

したがって，求める不等式の解は

$\boldsymbol{0^\circ \leqq \theta < 30^\circ,\ 150^\circ < \theta \leqq 180^\circ}$

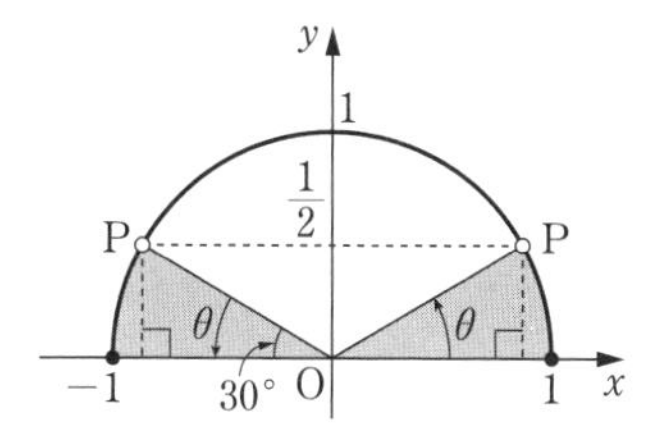

5章 | データの分析

教 p.209

1 右の表は，気温 x (℃) とある店のアイスクリームの販売数 y(個) の調査結果である。また，x と y の相関係数は 0.40 であった。ところが，1日目，2日目のアイスクリームの販売数は間違いで，実際には2日とも95個であった。このとき，正しい相関係数を求めよ。ただし，$\sqrt{921}=30.3$ とする。

	気温 x(℃)	販売数 y(個)
1日目	25.6	115
2日目	28.4	75
⋮	⋮	⋮
20日目	28.6	136
平均値	26.2	95
標準偏差	2.0	31.0

解答 アイスクリームの1日目と2日目の修正前の販売個数をそれぞれ y_1 個，y_2 個，修正後の販売個数をそれぞれ y_1' 個，y_2' 個とおく。

$y_1+y_2=y_1'+y_2'$ であるから，修正前の y の平均値と修正後の y の平均値は等しく，$\overline{y}=95$ である。

修正前の x，y の共分散 s_{xy} は，x，y の相関係数を r とすると

$$r=\frac{s_{xy}}{s_x s_y} \quad より \quad 0.40=\frac{s_{xy}}{2.0\cdot 31.0}$$

よって　$s_{xy}=24.8$

修正後の共分散を S_{xy} とすると

$$S_{xy}=s_{xy}+\frac{1}{n}\{(x_1-\overline{x})(y_1'-\overline{y})+(x_2-\overline{x})(y_2'-\overline{y})$$
$$-(x_1-\overline{x})(y_1-\overline{y})-(x_2-\overline{x})(y_2-\overline{y})\}$$

となる。$y_1'=y_2'=\overline{y}=95$ であるから

$$y_1'-\overline{y}=0,\ y_2'-\overline{y}=0$$

したがって

$$S_{xy}=24.8+\frac{1}{20}\{-(-0.6)\cdot 20-2.2\cdot(-20)\}=27.6$$

修正前の y の分散を $s_y{}^2$，修正後の y の分散を $S_y{}^2$ とすると

$$S_y{}^2=s_y{}^2+\frac{1}{n}\{(y_1'-\overline{y})^2+(y_2'-\overline{y})^2-(y_1-\overline{y})^2-(y_2-\overline{y})^2\}$$

$$=31.0^2+\frac{1}{20}\{-20^2-(-20)^2\}=921$$

ゆえに，正しい相関係数を R とすると

$$R=\frac{S_{xy}}{s_x\cdot S_y}=\frac{27.6}{2.0\cdot\sqrt{921}}=\frac{27.6}{2.0\cdot 30.3}=0.455\cdots\fallingdotseq 0.46$$